Walter Widmann
Prof. Dr. Karl Schütte

Welcher Stern ist das?

60 Sternkarten mit einer Tabelle zum Bestimmen der Sternbilder in allen Jahreszeiten, 10 Farbbildern und einer kurzen Einführung in unser Wissen von den Sternen sowie einer ausklappbaren Mondkarte

Mit 74 Zeichnungen und 47 Fotos im Text
22., durchgesehene Auflage
bearbeitet von Ernst-Jochen Beneke

Kosmos
Gesellschaft der Naturfreunde
Franckh'sche Verlagshandlung
Stuttgart

Farbtafeln nach Aufnahmen von Dr. med. H. Seifert und von den Hale Observatorien. Alle Farbtafeln, ausgenommen die Aufnahmen der Sonnenkorona und Schwarz-weiß-Aufnahme S. 75:

Sternkarten von H. und B. von Römer, München.
Textzeichnungen von K. Porupsky und Hans-Hermann Kropf.

Umschlaggestaltung von Edgar Dambacher unter Verwendung einer Aufnahme der Hale Observatorien.
Titelfoto: Crabnebel im Stier.

Englische Ausgabe bei Burke Ltd., London/England

Die Tabelle zum Bestimmen der jeweils in Betracht kommenden Sternkarten steht auf Seite 37.

Die Sternkarten dieses Naturführers sind für eine Breite von 50° berechnet und gelten jeweils um 22 Uhr MEZ unter einer Länge von 10° östlich Greenwich.
Für je 1° Länge westlich vom 10. Längengrad gelten die Karten je 4 Minuten später, für 1° Länge östlich vom 10. Längengrad je 4 Minuten früher.
Für andere Breitengrade als den 50. Breitengrad gelten die Karten nicht mehr ganz genau, doch sind die Abweichungen innerhalb Deutschlands praktisch bei der hier angestrebten Genauigkeit nicht von Bedeutung.

CIP-Kurztitelaufnahme der Deutschen Bibliothek

Widmann, Walter:
Welcher Stern ist das? : 60 Sternkt. mit e. Tab. zum Bestimmen d. Sternbilder in allen Jahreszeiten, 10 Farbbildern u.e. kurzen Einf. in unser Wissen von d. Sternen sowie e. ausklappbaren Mondkt. / Walter Widmann ; Karl Schütte. [Textzeichn. von K. Porupsky u. Hans-Hermann Kropf]. – 22., durchges. Aufl. / bearb. von Ernst-Jochen Beneke. – Stuttgart : Franckh, 1985. –
(Kosmos-Naturführer)
ISBN 3-440-05517-5
NE: Schütte, Karl :; Beneke, Ernst-Jochen [Bearb.]

22. Auflage / 251.–260. Tausend
Franckh'sche Verlagshandlung, W. Keller & Co., Stuttgart / 1985

Printed in Germany / Imprimé en Allemagne / L 10 IN H He / ISBN 3-440-05517-5
Gesamtherstellung: Konrad Triltsch, Graphischer Betrieb, Würzburg

Welcher Stern ist das?

Vorwort

Dieser Kosmos-Naturführer will ohne Gelehrsamkeit in die Wunder des Sternhimmels einführen. Er enthält leicht verständliche Sternkarten, die abschnittsweise nach den vier Himmelsrichtungen orientiert sind. Für jeden Monat sind 5 Sternkarten vorhanden. 4 von ihnen zeigen die Sternbilder des Nord-, Ost-, Süd- und Westhimmels bis 70° Höhe. Die 5. Karte, eine Zenitkalotte, enthält die jeweils über unserem Kopf zu findenden Sternbilder. Alle Karten gelten für die Breite von 50° (Mitteldeutschland) und eine Länge von 10° Ost für den ersten jedes Monats um 22 Uhr abends nach mitteleuropäischer Zeit; sie sind aber auch auf andere Zeiten und Daten zu übertragen.
Am Rand tragen die Seiten der Sternkarten die Zahlen 1–12. Diese Zahlen bedeuten die Monate, für welche die Sternkarten um 22 Uhr gelten. Will man zu einer anderen Zeit den Himmel betrachten, dann entnimmt man der Tabelle auf S. 37, welche Karten nun in Betracht kommen.
Die Sternkarten enthalten nur die wichtigsten Sternbilder und einige Sternnamen, damit eine klare Übersicht erhalten bleibt. Die Sternbilder selbst mit der Benennung aller hellen Sterne findet man vorher auf den Seiten 19–30 im „Kleinen Sternbilder-ABC". Dem Zeichnen guter Sternkarten stellen sich erhebliche Schwierigkeiten entgegen. In der Natur wölbt sich der Sternhimmel gleich einer Halbkugel über die Erde. Eine Sternkarte bedeutet aber eine Abbildung in einer Ebene. Dies ist nicht ohne Verzerrungen möglich, die sich besonders an den Rändern der Karte bemerkbar machen.
Auf den 4 Hauptkarten jedes Monats befinden sich alle Sterne gleicher Höhe am Himmel auf einer waagerechten Geraden. Im übrigen gestattet die rohe, von 5° zu 5° gehende Skala am Rand jeder Karte das genäherte Ablesen von Höhe und Richtung (Azimut) jedes Sterns. Die Angaben gelten genau nur für eine Breite von 50°. Innerhalb Deutschlands können für andere Orte Abweichungen bis zu einigen Grad entstehen. Auf der eingezeichneten Ekliptik bewegen sich Sonne und angenähert auch die Planeten und der Mond. Da die Planeten ihre Stellungen dauernd verändern, sind sie auf den Sternkarten nicht eingezeichnet. Das Wichtigste über sie findet sich in den Tabellen der Seiten 160, 161, 170. Genauere Angaben für die Planeten und für die Finsternisse befinden sich in dem alljährlich im Kosmos-Verlag erscheinenden Sternjahrbuch „Das Himmelsjahr".
Möge „Welcher Stern ist das?" neben den alten recht vielen jungen und neuen Sternfreunden immer wieder Anregung geben und Freude bereiten.

Grundbegriffe, die der Sternfreund kennen muß

Wenn wir Menschen von der Erde aus zum Himmel sehen, dann erscheint es uns, als sei die Erde eine Scheibe, über die sich, gleich einer Glasglocke, der Himmel wölbt. Die Erde ist aber nichts anderes als ein kleiner runder Weltkörper unter vielen Milliarden anderen im gewaltigen Weltall. Und der Himmel ist in Wirklichkeit keine Halbkugel, sondern er umgibt von allen Seiten die kleine Erde. Es ist nur eine Täuschung, wenn uns der Horizont als kreisförmige Scheibe und der Himmel als Halbkugel erscheint.

Die Erde dreht sich in rund 24 Stunden einmal um ihre Achse und ruft so den Wechsel von Tag und Nacht hervor. Von einem fernen Stern aus betrachtet, würde man unsere Erde allerdings nicht als strahlenden Stern sehen, denn sie ist ein erkalteter Stern, der kein eigenes Licht mehr ins Weltall hinaus sendet und alles Licht von der Sonne empfängt. Die Erde ist ein *Wandelstern* oder *Planet,* der mit einigen anderen Wandelsternen die Sonne umkreist. Wenn wir uns mit den Sternkarten in diesem Buch vertraut gemacht haben, werden wir finden, daß manchmal ein oder mehrere Sterne hell am Himmel leuchten, die auf keiner Sternkarte verzeichnet sind. Dann haben wir es fast immer mit einem der Wandelsterne zu tun, also einem der Geschwister unserer Erde. Da die Wandelsterne ihre eigenen Bahnen ziehen, d. h. dauernd ihre Stellung unter den anderen Sternen wechseln, können sie natürlich auf den Sternkarten *nicht* eingetragen sein.

Zu einem Umlauf um die Sonne benötigt die Erde rund 365 Tage und bestimmt damit die Länge eines Erdjahres. So unbedeutend die Erde auch im Vergleich zu den anderen Himmelskörpern ist, so beschäftigt sie uns Menschen doch als unsere Heimat im Weltall am meisten. Für uns ist die Erde die „Welt". Die Welt des Sternhimmels können wir nur bei Nacht sehen, wenn das Sonnenlicht nicht mehr stört und uns aus vielen tausend kleinen Lichtpünktchen die fernen Welten entgegenleuchten. Am Tage hingegen sehen wir nur unsere Erde, wenn die Sonne mit ihren Strahlen uns leuchtet und im bunten Wechsel ihres Farbenspiels die Schönheiten unseres Wandelsterns Erde zeigt.

Die Erde ist nahezu eine Kugel von 12 756 km Durchmesser und rund 40 000 km Umfang am Äquator. Infolge der Umdrehung um ihre Achse ist sie an den Polen etwas abgeplattet, so daß der Durchmesser an den Polen etwa 40 km kleiner ist als am Äquator. Denkt man sich den Nord- und Südpol durch eine Gerade verbunden, so erhält man die *Erdachse.* Verlängert man diese Erdachse weiter in den Himmelsraum, so bekommt man die *Himmelsachse.* Genau wie die Erde einen Nord- und einen Südpol hat, so gibt es auch an der Himmelskugel einen Nord- und einen Südpol. Diese Pole liegen an den Stellen, an denen die Himmelsachse die scheinbare Himmelskugel trifft. Der *Erdäquator* teilt die Erde in eine nördliche und eine südliche Halbkugel und verläuft senkrecht zur Erdachse. Denkt man sich die Ebene des Erdäquators verlängert, bis sie die Himmelskugel schneidet, so erhält man den *Himmelsäquator.*

In rund 365 Tagen läuft die Erde einmal um die Sonne. Da wir Menschen diese Reise um die Sonne mitmachen, aber dabei nichts von ihr spüren, entsteht die Täuschung, als ob die Sonne um die Erde wandere. Diese scheinbare Kreisbahn, die die Sonne im Lauf eines Jahres am Himmelsgewölbe beschreibt, nennt man *Ekliptik.* Ekliptik und Himmelsäquator sind um rund $23^1/_2{}^\circ$ gegeneinander geneigt.

Fast genau senkrecht über dem Nordpol der Erde steht ein Stern, der daher den Namen *Nordstern* oder *Polarstern* erhalten hat. Er steht praktisch genau im Norden, und man kann also mit seiner Hilfe in sternklaren Nächten die Himmelsrichtungen leicht bestimmen.

Wenn die Astronomen auch von einer Himmelskugel sprechen, so wissen sie doch sehr genau, daß das Weltall keine Kugel ist. Nur uns Menschen erscheint der Himmel wie eine Kugelschale über die Erde gestülpt. In Wirklichkeit ist das Weltall sehr groß, wenn nicht unendlich. Wenn wir mit einem Raumschiff die

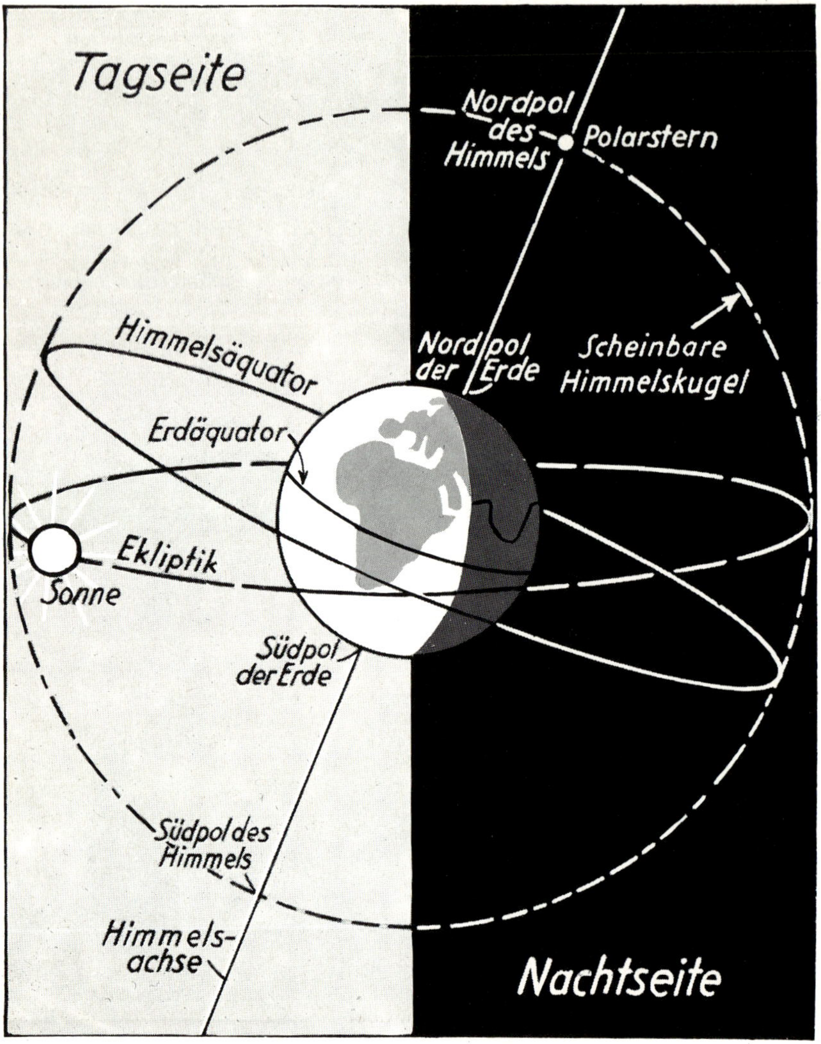

Erdkugel und Himmelskugel

Erde verlassen und in das Weltall hinausfahren würden, Jahrmillionen, ja eine Ewigkeit lang würden wir unterwegs sein, ganz selten an ungezählten Sternen vorbeikommen – ohne jemals ein Ende zu sehen.

Wie findet man die Himmelsrichtung bei Tag u. Nacht?

Bei Tag: Mit Hilfe der Taschenuhr

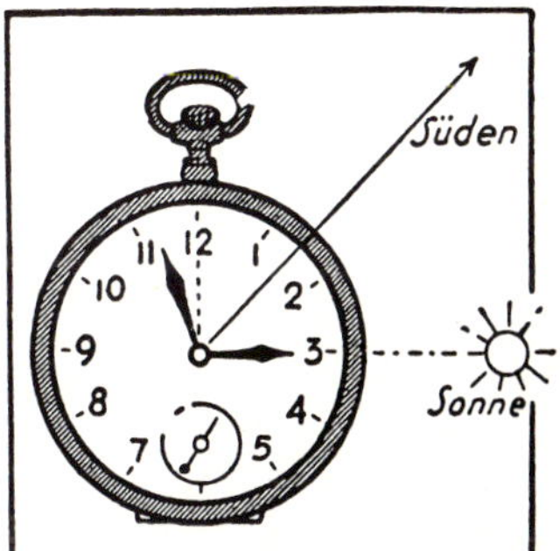

Die Taschenuhr als Kompaß

Die Sternkarten dieses Buches sind nach den 4 Haupthimmelsrichtungen eingeteilt. Es ist daher notwendig, vor jeder Sternbeobachtung zunächst die Himmelsrichtung zu ermitteln, in der die Sterne, die wir kennenlernen wollen, stehen. Am einfachsten geschieht das natürlich mit Hilfe eines Kompasses, den wohl jeder Naturfreund besitzt. Doch ist es wünschenswert, dazu auch die magnetische Mißweisung, die von Ort zu Ort wechselt, zu kennen. Im Notfall ersetzt uns bei Tag und wenn die Sonne scheint, jede richtiggehende Taschen- oder Armbanduhr einen Kompaß. Um mit ihrer Hilfe die Südrichtung genähert zu bestimmen, legt man die Uhr so, daß der kleine Zeiger nach der Sonne zeigt. Halbiert man dann den Winkel, der zwischen der Zahl 12 und dem kleinen Zeiger liegt, so hat man die Südrichtung. In entgegengesetzter Richtung liegt dann natürlich Norden, links Osten und rechts Westen. Somit kann man also schon bei Tage die Himmelsrichtungen an unserem Beobachtungsort festlegen und dann abends gleich die richtige Karte aufschlagen.
Diese Regel, mit Hilfe der Taschenuhr und der Sonne die Südrichtung zu bestimmen, ist nur roh, es ist nur eine Faustregel. In unseren Breiten kann der Fehler, der hierbei entsteht, im Winter auf etwa 8°, im Sommerhalbjahr sogar auf etwa 24° anwachsen.

Bei Nacht: Der Polarstern als Kompaß

Nach den Sternen ist die Bestimmung der Himmelsrichtung viel einfacher und viel genauer möglich. Wie wir schon gehört haben, steht der Polarstern fast genau über dem Nordpol der Erde. Er gibt uns mit einer für alle praktischen Zwecke ausreichenden Genauigkeit von 1° die Nordrichtung an. Man findet den Polarstern leicht, von dem bekannten Sternbild des Großen Bären oder Himmelswagens ausgehend. Verlängert man die beiden letzten Sterne des Wagens nach „oben" um etwa das Fünffache, so trifft man auf einen zwar nicht besonders hellen, aber in einer verhältnismäßig sternarmen Gegend doch recht auffälligen Stern. Das ist der gesuchte Polarstern.
Das Bild auf Seite 12 zeigt deutlich, wie man vom Himmelswagen aus den Polarstern findet. Es zeigt aber auch, daß der Himmelswagen nicht immer die gleiche Stellung am

Vom Himmelswagen findet man leicht den Polarstern, der über dem Nordpol der Erde steht. Fällt man vom Polarstern ein Lot nach unten, so erhält man den Nordpunkt auf der Erde und hat damit die genaue Nordrichtung.

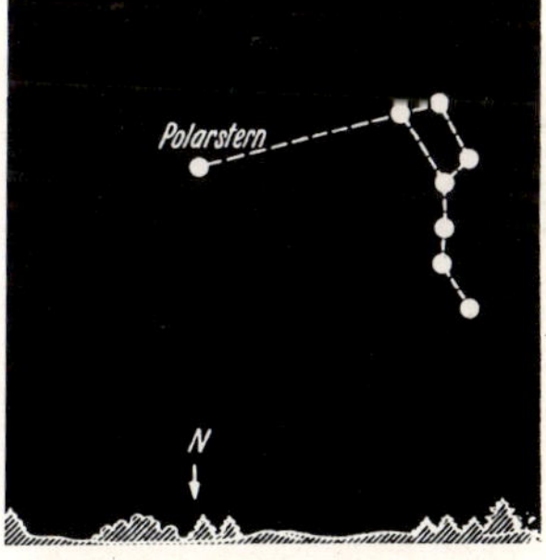

Himmel einnimmt. Je nach der Jahreszeit und der Zeit der Beobachtung, also je nachdem, ob man im Frühjahr, Sommer, Herbst oder Winter, ob man abends um 10 Uhr, um Mitternacht oder gegen Morgen den Himmel betrachtet: immer steht der Himmelswagen in einer anderen Stellung am Himmel, aber immer zeigt die Verlängerung der beiden letzten Sterne auf den Polarstern.
Um Mitternacht z. B. finden wir den Himmelswagen im Herbst in seiner tiefsten, im Frühling hingegen in seiner höchsten Stellung in der Nähe des Zenits.
Der Polarstern gibt also zu jeder Nachtzeit die Nordrichtung an. Steht man so, daß man den Polarstern vor sich sieht, dann ist links Westen, rechts Osten und im Rücken Süden. Wer die Sterne und Sternbilder kennenlernen will, der tut gut daran, zunächst einmal den Polarstern am Himmel aufzusuchen, bis er ihn

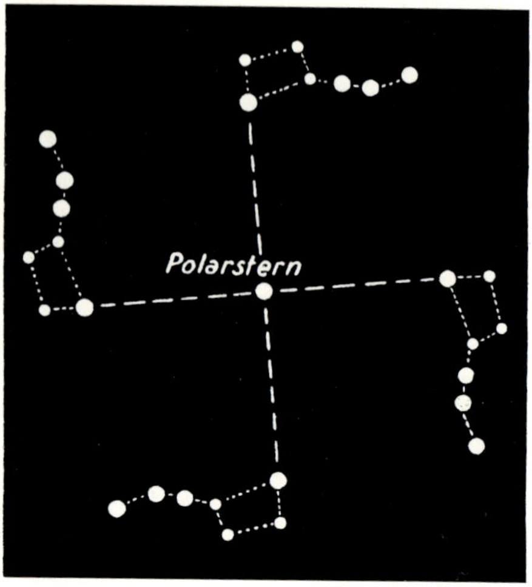

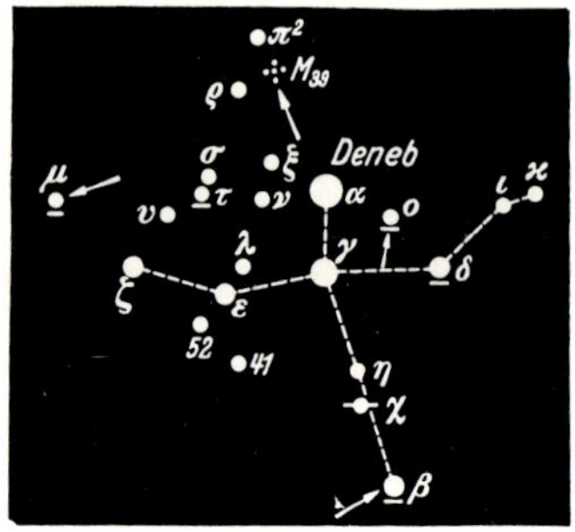

Die Fixsterne bilden die Sternbilder.

Der Himmelswagen hat nicht immer die gleiche Stellung. Er ist aber das ganze Jahr hindurch zu sehen. Wie er auch immer stehen mag, stets zeigt die Verlängerung der beiden letzten Wagensterne auf den Polarstern.

immer mit Sicherheit wiederfinden kann. Mit seiner Hilfe kann man leicht die Himmelsrichtungen bestimmen, und von ihm geht man somit immer am zweckmäßigsten aus, wenn man sich am Sternenhimmel zurechtfinden will.
Ganz strenggenommen steht der Polarstern etwa 1° ab vom Himmelspol, doch ist das für Orientierungszwecke ohne jede Bedeutung. Für uns genügt der Polarstern als Himmelsnordpol. Der Astronom hingegen wird bei seinen Beobachtungen immer auch die kleinsten Unterschiede und Abweichungen berücksichtigen. Er weiß, daß der Polarstern und der Himmelsnordpol einander noch näher kommen, und um das Jahr 2100 wird der Himmelsnordpol dem Polarstern am nächsten sein. Er ist dann nur noch 28′ (Minuten) – das ist ziemlich genau eine Vollmondbreite – von ihm entfernt. Dann aber rückt der Himmelsnordpol langsam wieder vom Polarstern ab, immer weiter und kehrt erst nach rund 26 000 Jahren wieder an den gleichen Punkt zurück. In der Zwischenzeit werden andere Sterne die Rolle des „Polarsternes“ spielen. Im Jahre 4100 z. B. wird ein Stern im Kepheus, später der helle Stern Deneb im Schwan diesen Platz einnehmen. Um 14 000 kommt der hellste Stern des ganzen nördlichen Sternhimmels, die Wega in der Leier, an die Reihe, und erst nach weiteren rund 12 000 Jahren kehrt der Himmelspol wieder zu „unserem Polarstern“ zurück. Dann werden die Bewohner der Erde ihn wieder als nächtliche Orientierungshilfe benutzen können.

Welche Himmelskörper unterscheidet der Astronom?

Bevor man an die eigentlichen Sternbeobachtungen geht, ist es zweckmäßig, sich mit einigen Begriffen aus der Fachsprache der Sternkundigen vertraut zu machen. Nur dann, wenn man die wichtigsten Ausdrücke kennt und sich unter ihnen auch etwas vorzustellen vermag, wird man erst den rechten Genuß an den Himmelsbeobachtungen haben und langsam in die Schönheiten des Universums einzudringen vermögen.

Fixsterne

Die Fixsterne bilden die Sternbilder. Die alten Völker bezeichneten mit den Fixsternen die überwiegende Zahl der Sterne, welche unveränderlich zueinander immer dieselbe Stellung einnehmen. Allerdings wissen wir heute, daß auch die Fixsterne ihre eigenen Bewegungen im Raum haben, aber die Entfernungen zwischen der Erde und den Fixsternen sind so riesengroß, daß sie für das bloße Auge erst nach Jahrtausenden eine merklich andere Stellung einnehmen. D. h., für die Dauer unseres Lebens können wir sie als zueinander feststehend annehmen. Wenn man ein Fernrohr zu Hilfe nimmt und genaueste Messungen ausführt, vermag man die „Eigenbewegung" vieler Fixsterne schon bald zu erkennen. Genauere Angaben über die Eigenbewegungen der Fixsterne findet man auf S. 108.
Die Sternkarten in diesem Buch enthalten alle wichtigen hellen Fixsterne des nördlichen Himmels sowie auch alle bei uns sichtbaren hellen Sterne des Südhimmels.
Es gibt am Himmel eine ganze Menge Sterne, die dem bloßen Auge als einfache Sterne erscheinen, sich im Fernrohr jedoch als zwei nahe beieinander stehende Sterne zu erkennen geben. Solche Sterne nennt man *Doppelsterne.* Bis heute kennt man bereits rund 64 000 Doppelsterne. Es gibt wirkliche (physische) Doppelsterne und scheinbare (optische) Doppelsterne. Wirkliche Doppelsterne gehören tatsächlich zusammen und zeigen eine gemeinsame Bewegung umeinander. Von scheinbaren Doppelsternen spricht der Astronom, wenn die Sterne nur scheinbar, d. h. perspektivisch gesehen, sehr dicht beieinander stehen, in Wirklichkeit aber durch riesige Entfernungen voneinander getrennt sind. Sie liegen also von der Erde aus gesehen nur zufällig auf fast derselben Sehlinie, stehen in Wirklichkeit aber weit hintereinander.

Die Milchstraße

Milchstraße im Stier und Fuhrmann

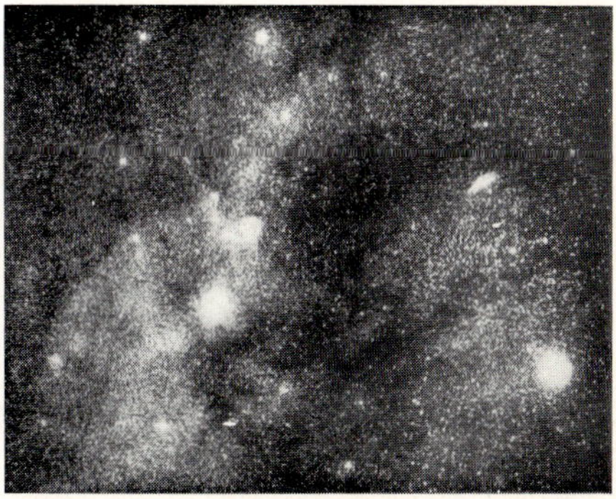

Wie ein zartschimmerndes Band überspannt die Milchstraße den Himmel. In alten Zeiten konnte man sich die Milchstraße nicht erklären. Seit der Erfindung des Fernrohres weiß man aber, daß die Milchstraße nichts anderes ist als eine Ansammlung von Sternen, Sonnen wie unsere Sonne, die auch nur ein Stern in der Milchstraße ist. Diese Sterne sind so weit von uns entfernt, daß sie dem bloßen Auge nur noch als verwaschenes, mattschimmerndes Band erscheinen. Alle die

vielen einzelnen Sterne, die das bloße Auge zu erkennen vermag, gehören der näheren Umgebung der Sonne an, liegen also innerhalb des Milchstraßensystems. Wer die Milchstraße genau durchforscht, wird in ihr auch merkwürdige dunkle Stellen finden, in denen sehr viel weniger Sterne vorhanden sind. Wir wissen heute, daß hier ganz fein verteilte staubförmige Materie als dünne, aber riesengroße Wolken im Raum liegt und das Licht der dahinterliegenden Sterne stark schwächt.
Der ungeheuere Raum zwischen den Sternen ist also nicht leer; er ist mehr oder weniger angefüllt mit Staub und Gasmassen, allerdings in unvorstellbarer Verdünnung, sehr viel feiner als das höchste „Vakuum“, das wir im Labor herstellen können.

Nebel

An verschiedenen Stellen des Himmels sieht man schon mit dem bloßen Auge – und natürlich noch viel besser im Fernrohr – schwach leuchtende Wolken, die wie Nebel aussehen und deswegen auch den Namen „Nebel“ haben. Die nähere physikalische Untersuchung dieser Gebilde hat jedoch gezeigt, daß es sich durchaus nicht bei allen wie Nebel aussehenden Objekten auch tatsächlich um Nebel handelt. Nur eine kleine Anzahl von ihnen sind wirkliche Nebel, d. h. Gasnebel, während die allermeisten, die sogenannten „Spiralnebel“, in Wirklichkeit Sternansammlungen sind. Diese Sternansammlungen befinden sich aber so weit weg, daß man sie nicht als einzelne Sterne erkennen kann. Erst in neuester Zeit ist es gelungen, den größten der Spiralnebel, den bekannten *Andromedanebel,* in modernen Fernrohren in einzelne Sterne aufzulösen. Er ist eine Ansammlung von wahrscheinlich Milliarden von Sternen, eine „Welteninsel“, eine andere Milchstraße.
Der *Orionnebel* im wohl bekanntesten Wintersternbild, im Orion, ist dagegen ein wirklicher Gasnebel, der übrigens ziemlich nahe steht – man kann ihn mit bloßem Auge sehen – und natürlich zur Milchstraße gehört.

Großer Andromedanebel

Je nach ihrer Gestalt unterscheidet man Spiralnebel, Ringnebel, planetarische Nebel usw. Die Spiralnebel werden heute meist Galaxien genannt.
Das nebenstehende Bild zeigt den wohl bekanntesten Vertreter der Spiralnebel, den großen Andromedanebel, der unter günstigen Bedingungen gerade noch mit dem bloßen Auge als milchiges Wölkchen zu erkennen ist.

Sternhaufen

Wenn viele Fixsterne ganz eng beieinander stehen, spricht man von *Sternhaufen.* Schon im Feldstecher bieten einige Sternhaufen einen entzückenden Anblick. Je nach ihrer Form und nach der Konzentration spricht man von *kugelförmigen* und *offenen* Sternhaufen. In offenen Sternhaufen sind nur verhältnismäßig wenig Sterne vorhanden, während in kugelförmigen Sternhaufen die Sterne nach der Mitte zu so eng stehen, daß man sie optisch nicht mehr zu trennen vermag. Die Anzahl der Sterne in einem kugelförmigen Sternhaufen wird auf mindestens einige hunderttausend geschätzt. Man kennt etwa 900 offene und rund 120 kugelförmige Sternhaufen. Letztere bilden ein das Milchstraßensystem umgebendes Gerippe.

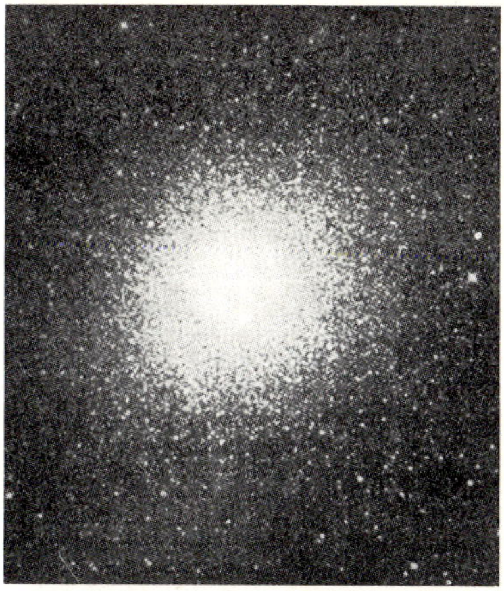

Kugelsternhaufen M 13 im Herkules

Veränderliche Sterne

Die nähere Untersuchung der Sterne hat gezeigt, daß manche unter ihnen nicht immer gleich hell leuchten. Man nennt diese Sterne daher „Veränderliche". Unter den hellen, mit bloßem Auge sichtbaren Sternen sind nur wenige veränderlich. Geht man herunter bis zu den schwächsten Sternen, so kennt man heute schon über 23 000 Veränderliche.

Kometen

Ab und zu taucht am Himmel ein Stern mit einem langen Schweif auf, ein Komet. Einige Zeit hindurch ist er sichtbar, dann verschwindet er wieder im Weltraum. In früheren Zeiten galt das Erscheinen eines Kometen als Vorzeichen für Krieg und Hungersnot. Die neuzeitliche Sternkunde hat mit diesen Vorstellungen aufgeräumt. Wir wissen, daß die Kometen recht fadenscheinige Gesellen sind. Sie bestehen aus einem Kopf, dem sich ein Schweif anschließt. Der Schweif oder Schwanz bildet sich erst in der Nähe der Sonne und ist der Sonne stets abgewandt. Er entsteht wohl aus den Kopf oder Kern umhüllenden Gaswolken, die durch den Strahlungsdruck der Sonnenstrahlen fortgeschleudert werden. Die Gasdichte im Schweif ist extrem gering. Wir können das selbst beobachten, denn wenn ein Komet am Himmel steht, sieht man selbst die schwächsten Sterne noch durch den oft sich über viele Millionen Kilometer erstreckenden Schweif hindurchleuchten.
Einige Kometen besitzen eine deutlich ausgeprägte elliptische Bahn. Sie müssen daher in bestimmten, berechenbaren Zeiträumen zurückkehren. Man nennt diese Kometen *periodische Kometen,* zum Unterschied von jenen Weltenbummlern, die nur ein kurzes Gastspiel bei uns geben und dann wieder spurlos im Weltraum verschwinden. Wohl der interessanteste periodische Komet ist der Komet Halley. Der englische Astronom Halley erkannte 1705 bei der Berechnung der Bahnen von verschiedenen Kometen, daß die Kometen von 1531, 1607 und 1682 fast dieselben Bahnen beschrieben hatten. Halley kam auf den Gedanken, daß es sich jedesmal um denselben Kometen gehandelt haben müsse. Als erster Astronom sagte er die Wiederkehr des Kometen für 1758 oder 1759 voraus. Tatsächlich erschien der Komet im vorhergesagten Zeitraum! 76 Jahre später, 1835, und zuletzt 1910, kam er ebenfalls wieder (Bahn des Kometen Halley s. S. 78). Die nächste Wiederkehr ist 1985/86 zu erwarten.

Sternschnuppen

Wohl jeder, der den nächtlichen Himmel häufig beobachtet, hat schon Sternschnuppen gesehen. Sie dringen in großer Zahl in unsere Atmosphäre ein und hinterlassen meistens eine leuchtende Spur.
Es handelt sich dabei um recht kleine Materieteilchen, die mit großer Geschwindigkeit in die Lufthülle der Erde eindringen. Das Aufleuchten entsteht dadurch, daß diese Meteore schon in großer Höhe mit den Luftmolekülen zusammen-

stoßen; dabei werden sowohl letztere als auch einzelne Moleküle des Meteors zum Leuchten angeregt. Hierzu kommt noch, daß viele Moleküle ionisiert werden, und so entsteht die leuchtende Spur. Mitunter gelangen die Meteore auch auf die Erdoberfläche, man spricht dann von Meteoriten. Nur zu einem kleinen Teil sind die Meteore als Überreste von Kometen anzusehen; die meisten kommen aus den Tiefen des Weltraums. Eine Tabelle der wichtigsten Meteorströme findet sich auf S. 171.

Wandelsterne oder Planeten

Die Wandelsterne oder Planeten bilden den Gegensatz zu den Fixsternen. Sie wandern zwischen den Fixsternen und kreisen wie unsere Erde um die Sonne. Man kann ein Stück ihrer Bahn wohl in eine Sternkarte einzeichnen, wenn man aber die Sternkarte immer wieder benutzen will, läßt man die Planetenbahnen besser fort. Wenn wir also am Himmel einen auffallenderen Stern finden, der in den Sternkarten nicht verzeichnet ist, so wird es sich ziemlich sicher um einen der 4 hellen, mit dem bloßen Auge sichtbaren Planeten handeln. Dies sind *Venus* ♀, *Mars* ♂, *Jupiter* ♃ und *Saturn* ♄. Auch der innerste Planet *Merkur* ☿ kann mit bloßem Auge gesehen werden, doch erreicht er nie sehr auffallende Helligkeit und steht immer tief, in der Nähe des Horizontes. Alle Planeten erhalten ihr Licht von der Sonne, sie strahlen kein eigenes Licht aus. Ihr Licht ist in der Regel viel ruhiger als das der Fixsterne.

Monde

Nicht nur unsere Erde hat einen treuen Begleiter, den Mond. Auch einige der anderen Planeten haben Monde. *Mars* ist von 2 Monden umgeben. *Jupiter* von 16, *Saturn* von 17, *Uranus* von 5, *Neptun* von 2 Monden und *Pluto* von einem. So kennen wir insgesamt in unserem Sonnensystem 43 Monde. Alle diese Monde haben kein eigenes Licht, sondern reflektieren ebenfalls nur einen Teil des von der Sonne empfangenen Lichtes.
Die 4 hellen Jupitermonde sind z. T. merklich größer als der Erdmond. Auch der hellste Saturnmond, Titan, und Triton, der innerste Neptunmond, sind größer als der Erdmond. Alle anderen Monde sind merklich kleiner. Mit die kleinsten Monde, welche wir kennen, sind die beiden Marsmonde von 22,5 und 13,5 km Durchmesser.

Zodiakallicht (Tierkreislicht)

Das Zodiakallicht ist eine schwache Lichtpyramide, die im Februar und März nach Sonnenuntergang am Westhimmel, im September und Oktober am Morgenhimmel längs der Ekliptik beobachtet werden kann, wenn kein Mondschein vorhanden ist. Es wird durch eine die Sonne umgebende Schicht dünn verteilter, staubförmiger Materie erzeugt, die bis über die Erdbahn hinausreicht. Der *Gegenschein,* ein Lichtfleck, der in der Ekliptik der Sonne gegenüber steht, und die Lichtbrücken, welche den Gegenschein mit dem Abend- und Morgenlicht verbinden, sind in unseren Breiten nur unter günstigsten Bedingungen sichtbar.

Kleines Sternbilder-ABC

Die alten Völker sahen im Sternhimmel nichts anderes als eine Halbkugel, an deren Innerem zur Freude der Menschen leuchtende Sterne angeheftet waren. Sie verbanden die einzelnen helleren Sterne durch zarte Linien und bildeten Gruppen. So entstanden Figuren aus ihren Mythen und Legenden: die Sternbilder. Die Namen der meisten Sternbilder sind uralt, ihre Benennung geht wahrscheinlich teilweise schon bis auf das 2. Jahrtausend v. Chr. zurück.
Die hellsten Sterne haben vielfach Namen, die meist auf die arabische Sprache zurückgehen. Dies erklärt sich dadurch, daß im Mittelalter vor allem die Araber die Sternkunde pflegten und uns Beobachtungen und Namen überlieferten, die heute oft nur noch in verstümmelter Form vorhanden sind. Der Leser möge sich durch die in der astronomischen Literatur häufig anzutreffende unterschiedliche Schreibweise bestimmter Stern- und Sternbildnamen nicht verwirren lassen. Die Astronomen schreiben nach internationaler Gepflogenheit Sternnamen in der lateinischen Form, also z. B. „Hercules", „Cassiopeia", „Castor". Im Deutschen schreibt man diese Namen entsprechend ihrer Herkunft aus dem Griechischen und nach Duden jedoch mit K, also „Herkules", „Kassiopeia", „Kastor". So finden Sie in den Texten dieses Bändchens stets die Duden-Schreibweise, während die Schreibung der Namen in den Sternkärtchen dem internationalen Brauch folgt.
Die Astronomen bezeichnen die hellsten Sterne der Sternbilder mit griechischen, mitunter auch mit lateinischen Buchstaben und alle schwächeren dann mit Zahlen. Und zwar hat in der Regel der hellste Stern eines Sternbildes den ersten Buchstaben des griechischen Alphabets: α, der zweithellste dann den zweiten Buchstaben: β, usw.

Die Buchstaben des griechischen Alphabets

α Alpha
β Beta
γ Gamma
δ Delta
ε Epsilon
ζ Zeta
η Eta
ϑ Theta
ι Jota
$\varkappa$ Kappa
λ Lambda
μ My
ν Ny
ξ Xi
o Omikron
π Pi
ϱ Rho
σ Sigma
τ Tau
υ Ypsilon
φ Phi
χ Chi
ψ Psi
ω Omega

Schon seit dem Altertum teilt man die mit bloßem Auge sichtbaren Sterne in 6 Größenklassen ein und nennt die hellsten Sterne 1. Größe, die nächst schwächeren 2. Größe usf., so daß die letzte Gruppe von Sternen, die gerade noch für das bloße Auge sichtbar ist, zur 6. Größe gehört. Wenn ein Stern etwa genau in der Mitte zwischen den Größen 1 und 2 liegt, sagt man heute, er hat die Größe 1,5 und schreibt dafür $1^m,5$ (m = magnitudo, Größe). Unsere Karten enthalten alle Sterne bis zur Größe $4^m,5$ sowie auch einige schwächere, insgesamt rund 650 verschiedene Sterne (außerdem 40 Sternhaufen und Nebel); mit ihrer Hilfe kann man sich in allen Sternbildern am Himmel leicht zurechtfinden.
Heute haben wir am ganzen Himmel 88 Sternbilder, deren früher oft willkürliche Grenzen 1928 durch internationale Vereinbarung neu festgesetzt wurden.

Ehe die Sternbilder einzeln abgebildet und kurz beschrieben werden, sollen sie mit ihren deutschen und lateinischen Namen einmal aufgezählt werden, wobei alle Sternbilder weggelassen sind, die bei uns nicht sichtbar sind oder infolge ihrer stark südlichen Stellung nur ganz wenig über dem Horizont erscheinen. Es bleiben dann die folgenden 54 Sternbilder:

Adler	Áquila	Kepheus	Cépheus
Andromeda	Andrómeda	Krebs	Cáncer
Bär, Großer	Úrsa májor	Krone, nördl. . . .	Coróna boreális
Bär, Kleiner	Úrsa mínor	Leier	Lýra
Bärenhüter	Boótes	Löwe	Léo
Becher	Cráter	Löwe, Kleiner . .	Léo mínor
Delphin	Delphínus	Luchs	Lýnx
Drache	Dráco	Orion	Oríon
Dreieck	Triángulum	Pegasus	Pégasus
Eidechse	Lacérta	Perseus	Pérseus
Einhorn	Monóceros	Pfeil	Sagítta
Eridanus	Eridánus	Rabe	Córvus
Fische	Písces	Schiff	Árgo
Fisch, südlicher . .	Píscis austrínus	Schlange	Sérpens
Fuhrmann	Auríga	Schlangenträger .	Ophiúchus
Fuchs	Vulpécula	Schild	Scútum
Füllen	Equúleus	Schütze	Sagittárius
Giraffe	Camelopardális	Schwan	Cýgnus
Haar der		Skorpion	Scórpius
Berenike	Cóma Bereníces	Steinbock	Capricórnus
Hase	Lépus	Stier	Taúrus
Herkules	Hércules	Taube	Colúmba
Hund, Großer . . .	Cánis májor	Waage	Líbra
Hund, Kleiner . . .	Cánis mínor	Walfisch	Cétus
Jagdhunde	Cánes	Wassermann . . .	Aquárius
	venátici	Wasserschlange .	Hýdra
Jungfrau	Vírgo	Widder	Áries
Kassiopeia	Cassiopéia	Zwillinge	Gémini

Der Akzent bezeichnet jeweils die betonte Silbe.

Außer Einhorn, Pfeil und Schild sind alle übrigen Sternbilder, im ganzen 51, im folgenden dargestellt. Ihr Aussehen stimmt genau, die Größenverhältnisse der einzelnen Stern*bilder* zueinander stimmen nicht, weil der Platz nicht ausreichen würde, jedoch sind die Sterngrößen aufeinander abgestimmt.
In diesen *Einzel*sternbildern sind allen Sternen die Bezeichnungen beigefügt. Diese sind später auf den Sternkarten der Übersichtlichkeit wegen weggelassen. Veränderliche Sterne sind durch einen Querstrich, interessante Doppelsterne durch einen Strich unter dem Stern gekennzeichnet. Wichtige Sternhaufen und Nebel sind ebenfalls mit aufgenommen. Alle Sterne, die in den Sternbildern vorkommen, kommen auch auf den Karten vor und umgekehrt. Natürlich sind nicht alle Doppelsterne, die ein Sternbild enthält, gekennzeichnet. Ebenso sind *nicht* alle eingetragenen Doppelsterne sofort mit kleinen Instrumenten sichtbar (s. S. 164).
Die gesamte Himmelsfläche umfaßt 41 253 Quadratgrad. Die drei an Fläche größten Sternbilder sind die Wasserschlange, die Jungfrau und der Große Bär mit 1303, 1294 und 1279 Quadratgrad Fläche.
Sternbilder, die das ganze Jahr nicht oder nur zum Teil untergehen, werden als „zirkumpolar" (vgl. S. 33, 34) oder „teils zirkumpolar" bezeichnet. Ihre Grenzen für die nördlichen Breiten 45°, 50° und 55° sind auf den Abb. S. 34 eingezeichnet. In der folgenden Beschreibung der Sternbilder bezieht sich die Angabe „zirkumpolar" oder „teils zirkumpolar" auf die Breite von 50°.

Adler. Schon um das Jahr 1000 v. Chr. taucht der Name des Sternbildes in babylonischen Inschriften auf. Seine Form läßt sich leicht mit einem fliegenden Adler vergleichen. Der hellste Stern α heißt *Atair* (fliegender Adler); er ist uns als der Stern mit der größten Rotationsgeschwindigkeit von 200 km/sec bekannt. Die Milchstraße ist hier besonders hell und zeigt schon im Feldstecher ihren Sternreichtum. Unterhalb des Sternes λ liegt das kleine Sternbild Schild. Sehr bekannt ist auch der Veränderliche η.

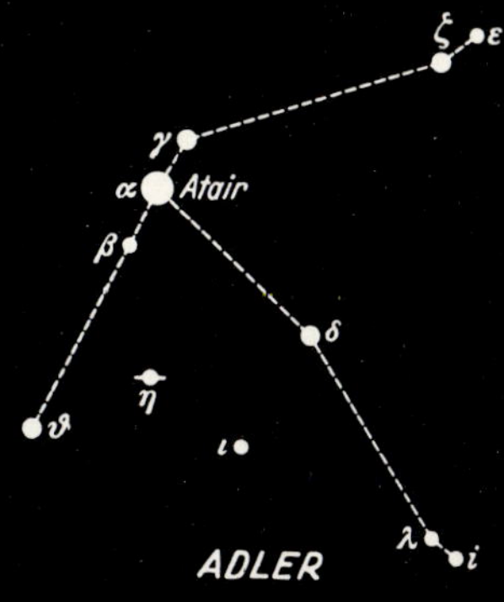

Andromeda (teils zirkumpolar). Andromeda war die Tochter des Königs Kepheus und seiner Gemahlin Kassiopeia. Die 4 hellen Sterne bilden eine schöne Kette, und der östlichste Stern γ *(Alamak)* ist ein schöner Doppelstern, der sich schon im kleinen Fernrohr als ein heller rötlich-gelber und als ein zweiter schwächerer, bläulich-weißer Stern zeigt. Am bekanntesten ist aber der berühmte *Andromedanebel* (M 31), ein Milchstraßensystem wie das unsrige, das man in der Verlängerung der Sterne β und μ gerade mit dem bloßen Auge als milchiges Wölkchen erkennen kann. Er ist rund 2 400 000 Lichtjahre entfernt und gehört zu den nächsten Nachbarn unserer Milchstraße (s. Abb. auf S. 14). Nahe bei γ findet man den großen offenen Sternhaufen 752.

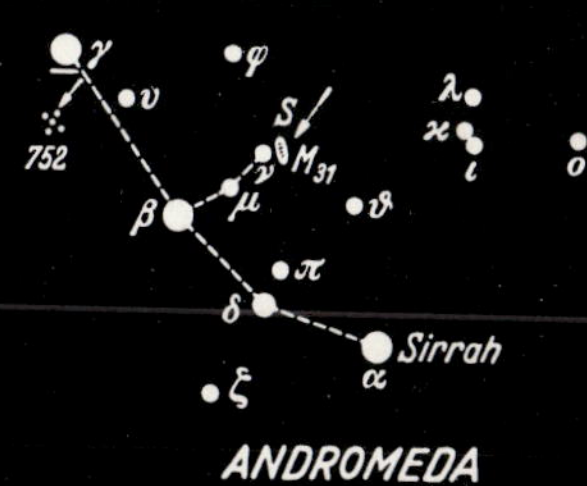

Großer Bär (zirkumpolar). Der Große Bär, auch „Himmelswagen" genannt, gehört zu den ältesten Sternbildern; er ist auch wohl das bekannteste Sternbild, weil es bei uns nie untergeht und das ganze Jahr über am Himmel zu sehen ist, in immer wechselnder Stellung. Vier helle Sterne bilden ein Viereck, das zusammen mit den 3 hellen Deichselsternen die Gestalt eines Wagens annimmt. Sieht man aber in dem Sternbild den Bären, dann bildet der Wagen den Leib, die Deichsel den Schwanz des Bären. Kopf und Pfoten sind durch eine ganze Zahl schwächerer Sterne angedeutet. Besonders bekannt ist der Doppelstern ζ *(Mizar)* in der Deichsel mit dem in 11′ Abstand befindlichen Begleiter 4. Größe, *Alkor* (Reiterlein), den ein gutes Auge gerade noch zu erkennen vermag. Im 2-Zöller ist Mizar wieder doppelt.

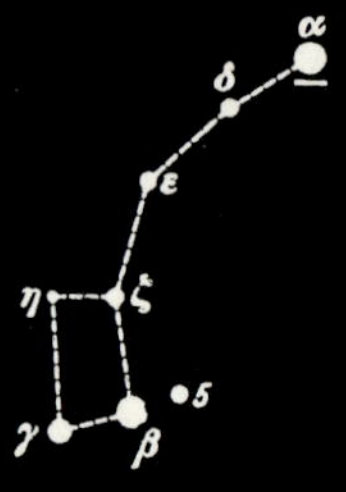

KL. BÄR

Kleiner Bär (zirkumpolar). Wenn auch der Kleine Bär nur aus wenig auffallenden Sternen besteht, so enthält er doch als letzten Stern an der Deichsel den wichtigen *Polarstern,* der dem Himmelspol bis auf 1° nahe kommt. Um ihn scheinen sich alle anderen Sterne zu drehen. Der Polarstern heißt auch Nordstern, weil die Verlängerung der Erdachse nahezu auf ihn zeigt und er für uns immer im Norden steht. Der Abstand des Nordsterns vom Himmelspol ist nicht immer der gleiche. Er kommt dem Pol bis zum Jahre 2102 noch näher und entfernt sich dann wieder langsam. Der Polarstern ist ein weiter Doppelstern (18″), der aber wegen des großen Helligkeitsunterschiedes von 7 Größenklassen zwischen beiden Sternen erst im 2-Zöller als Doppelstern zu erkennen ist.

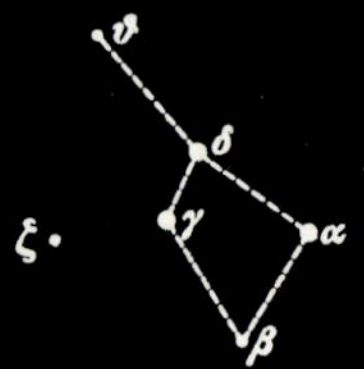

BECHER

Becher. Der Becher ist ein unscheinbares Sternbild, tief im Süden, zwischen Wasserschlange und Jungfrau. Vier seiner schwachen Sterne bilden ein unregelmäßiges Viereck.

BOOTES

Bootes (Ochsentreiber oder Bärenhüter) (teils zirkumpolar). Verlängert man den Deichselbogen des Großen Bären nach unten, so trifft man auf einen hellen rötlich-gelben Stern 1. Größe, den hellsten Stern des Bärenhüters. Er heißt *Arkturus,* was soviel bedeutet wie „Wächter des Bären". Der Name Bootes geht ebenfalls auf die griechische Sage zurück. Der Bärenhüter enthält einige schöne Doppelsterne, von denen vor allem die Sterne δ und μ genannt seien, die schon im Feldstecher zu erkennen sind. Die Begleiter sind in beiden Fällen 2–4 Größenklassen schwächer als der Hauptstern.

DELPHIN

Delphin. Ein kleines, markantes Sternbild aus fünf nahe beieinander stehenden Sternen. Es liegt eingebettet zwischen Adler, Wassermann, Pegasus und Schwan (Fuchs). γ ist ein Doppelstern für den 2-Zöller.

Drache (zirkumpolar). Zwischen dem Großen und Kleinen Bären hindurch windet sich der aus vielen, meist schwächeren Sternen bestehende Drache. Sein geöffneter Rachen weist auf Herkules, der Schwanz auf den Polarstern. Besonders bekannt ist der Doppelstern ν, der aus zwei genau gleich hellen Sternen 5. Größe besteht, die man im Opernglas zu erkennen vermag. Die beiden anderen Doppelsterne ε und η sind wesentlich enger und vor allem wegen des großen Helligkeitsunterschiedes der beiden Komponenten erst im 3- bis 4zölligen Instrument zu trennen.

Dreieck. Ein unscheinbares Sternbild zwischen Widder und Andromeda, aber seit alten Zeiten bekannt. Berühmt ist der Spiralnebel M 33 in der Nähe des Sternes α; er ist unter günstigen Bedingungen gerade noch mit einem kleinen Instrument zu erkennen und gehört zu den nächsten Spiralnebeln.

Eidechse (teils zirkumpolar). Ein ebenfalls wenig auffallendes kleines Sternbild zwischen Andromeda und Schwan.

Eridanus. Das Sternbild wird auch „Fluß Eridanus“ genannt. Es beginnt am Fuße des Orion bei Rigel und erstreckt sich in weiten Bögen bis unter den Südhorizont. Sein heller Hauptstern *Achernar* (das Ende des Flusses) bleibt für uns stets unter dem Horizont.

Fische. Ein wenig auffallendes Sternbild, das südlich vom Pegasus beginnt, sich bis an den Walfisch hinüberzieht und dann fast bis zur Andromeda aufsteigt. ψ_1 und ζ sind zwei leicht trennbare Doppelsterne, denen sich noch α und φ für größere optische Hilfsmittel hinzugesellen.

Südlicher Fisch. Ganz tief im Süden, unter dem Wassermann, steht der südliche Fisch, mit dem hellen Stern 1. Größe *Fomalhaut* (arabisch, Maul des Fisches).

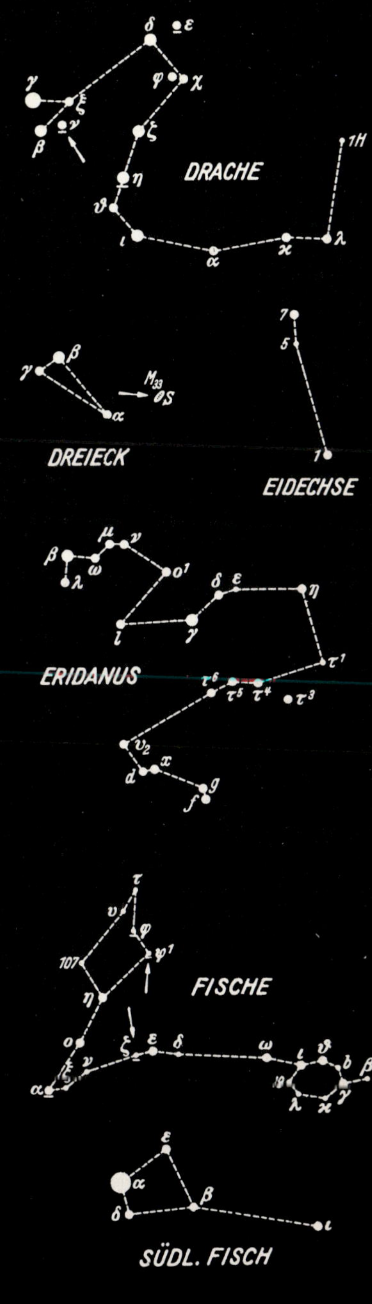

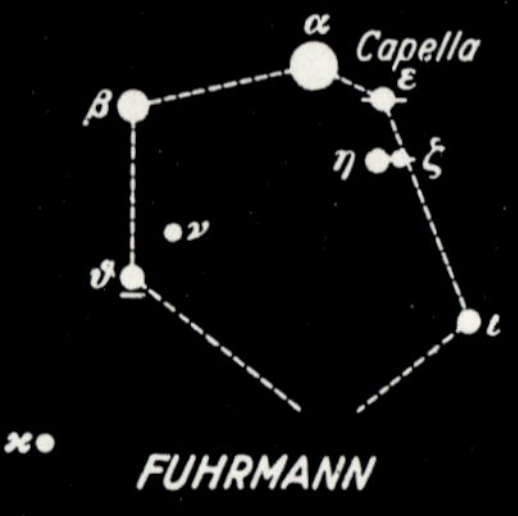

Fuhrmann (teils zirkumpolar). Das große Sternbild des Fuhrmanns mit dem hell leuchtenden Riesenstern 1. Größe *Kapella* (Ziegenböckchen) ist leicht auffindbar. Das Sternbild wurde früher als Fünfeck, heute meist als Viereck gezeichnet, denn der untere Stern gehört schon zum Stier. Als enger Doppelstern ist nur der Stern ϑ zu erwähnen (trennbar im 4-Zöller), während ε und ζ zwei interessante Bedeckungsveränderliche sind mit sehr großen Perioden von 9883 und 972 Tagen. ε Aurigae hatte 1983 ein Minimum.

Fuchs. Zwischen Schwan und Adler liegt dies Sternbild, aus vielen schwachen Sternen bestehend, inmitten der Milchstraße. Stern 6 ist ein sehr weiter optischer Doppelstern, dessen Komponenten 4,4 und 5,7 Größe sind, im Abstand von 400″. Besondere Erwähnung verdient noch der *Dumbbellnebel* (M 27, NGC 6853), ein planetarischer Nebel $7^m,0$ von 4′ Durchmesser in 975 Lichtjahren Entfernung. Er bildet mit den Sternen 12 und 13 ein nahezu gleichseitiges Dreieck in Richtung Stern 29.

Füllen. Etwas unterhalb des Delphins, nach dem Wassermann zu, findet man noch ein kleines, unscheinbares Sternbild, das Füllen, in dem vier Sterne ein kleines Viereck bilden. δ ist ein sehr enger Doppelstern.

Giraffe (zirkumpolar). Zwischen Fuhrmann und Kassiopeia beginnt die Giraffe, die mit vielen schwachen Sternen sich bis über den Polarstern hinaus erstreckt. Von den in diesem Sternbild bezeichneten Doppelsternen ist β ein Objekt für den Feldstecher, während 19 H erst im 3–4-Zöller trennbar ist.

Haar der Berenike. Zwischen Jungfrau und Jagdhunden erstreckt sich dieses aus vielen schwachen Sternen bestehende Sternbild, das durch seine vielen, nur im Teleskop sichtbaren Spiralnebel bekannt ist. Als weiter Doppelstern ist nur der Stern 24 zu bemerken, während 35 und 42 sehr eng sind. Bemerkenswert ist noch der Spiralnebel M 100 (südlich des Sternes 11) sowie der Kugelsternhaufen M 53, die im Feldstecher erkennbar sind.

Hase. Unterhalb des Orions ist der Hase leicht zu finden; er steht rechts vom Sirius, im Meridian in gleicher Höhe mit diesem und bildet eine auffallende Konstellation, obgleich er keine besonders hellen Sterne enthält.

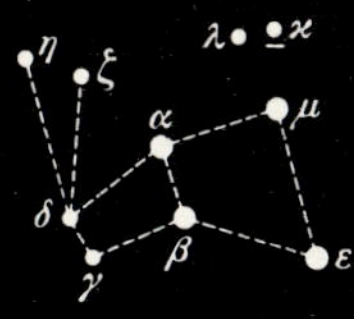

HASE

Herkules (teils zirkumpolar). Der Herkules ist eines der ausgedehntesten Sternbilder mit zahlreichen Sternen. Er liegt zwischen Krone und Leier und zieht sich bis zum Drachenkopf und Schlangenträger hin. Als Veränderlicher ist der hellste Stern α (*Ras Algethi,* 3^m, 1–3^m,9), ein gelbroter Riesenstern, bemerkenswert, dessen Durchmesser den der Sonne um mehr als das 300-fache übertrifft. Zugleich ist er ein Doppelstern, dessen Begleiter 5,4 Größe in 4″,6 Abstand zu finden ist. (Hauptstern rötlichgelb, Begleiter blau.) Von besonderem Interesse sind aber die beiden Kugelsternhaufen M 13 und M 92, von denen der erste als der glänzendste Kugelsternhaufen des nördlichen Himmels gilt; beide sind unter günstigen Umständen gerade noch mit bloßem Auge zu erkennen. Auch die Sterne δ, μ, ϱ und γ sind lohnende Objekte für den 2-Zöller.

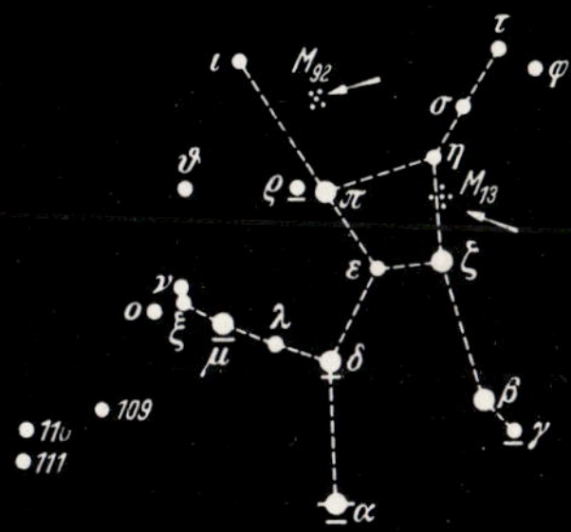

HERCULES

Großer Hund. Der Große Hund mit *Sirius,* dem hellsten Stern des Himmels, folgt dem Orion und ist jedem, der den Wintersternhimmel beobachtet hat, bekannt. Das Sternbild enthält noch eine Reihe weiterer heller Sterne, die aber wegen ihrer tiefen Stellung nicht sehr auffallen. Sirius ist als Doppelstern bekannt und berühmt, obgleich der Begleiter wegen des großen Helligkeitsunterschiedes von 10 Größenklassen nur in großen Instrumenten sichtbar ist. Der Begleiter ist einer der bekannten weißen Zwerge großer Dichte. Sirius gehört zu den 10 sonnennächsten Sternen. Etwa 5° unter ihm ist der offene Sternhaufen M 41 gerade noch mit dem bloßen Auge zu erkennen.

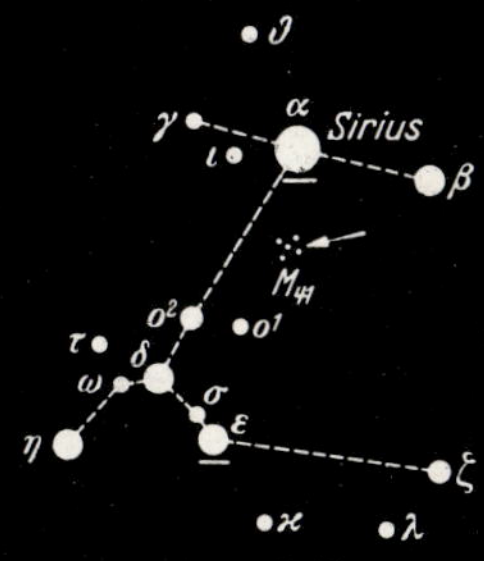

GR. HUND

Kleiner Hund. Zwischen Sirius und Zwillingen, aber auf der anderen Seite der Milchstraße, steht der Kleine Hund, mit dem ebenfalls auffälligen hellen *Prokyon,* dessen Begleiter ebenso wie der des Sirius 10 Größenklassen schwächer ist als der Hauptstern und der ebenfalls zu den seltenen weißen Zwergen zählt. Er ist nur wenig weiter als der Sirius von der Sonne entfernt. Großer und Kleiner Hund begleiten den Himmelsjäger Orion (s. S. 26).

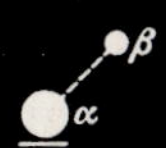

KL. HUND

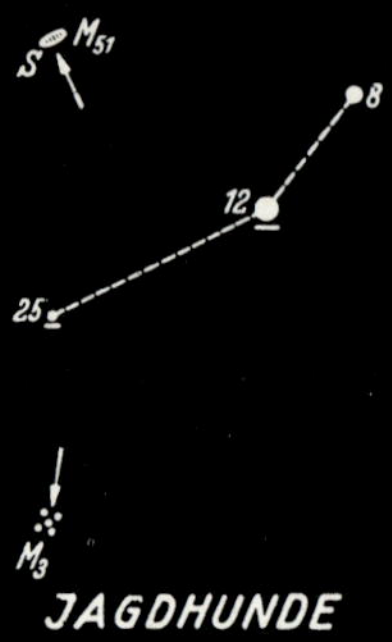

Jagdhunde (teils zirkumpolar). Unter der Deichsel des Himmelswagens liegen die Jagdhunde, mit vielen schwachen, aber nur drei Sternen heller als 4,5 Größe. Der hellste Stern 12 ist ein bekannter Doppelstern für den 2-Zöller. Unterhalb des Sternes 25 befindet sich einer der hellsten Kugelsternhaufen, bekannt als *M 3,* unter günstigsten Bedingungen gerade mit dem bloßen Auge erkennbar. Auf der anderen Seite des Sternes 25 steht der Spiralnebel M 51, der allerdings für kleine Instrumente nicht erreichbar ist.

Jungfrau. Das Sternbild war schon den Babyloniern bekannt. Der hellste Stern 1. Größe, α, *Spika* (Kornähre), steht fast genau in der Ekliptik. Etwas über der Ekliptik steht der bekannte Doppelstern γ, dessen beide gleich helle Komponenten 3,6 Größe schon im 2-Zöller zu erkennen sind (Umlaufszeit 172 Jahre).

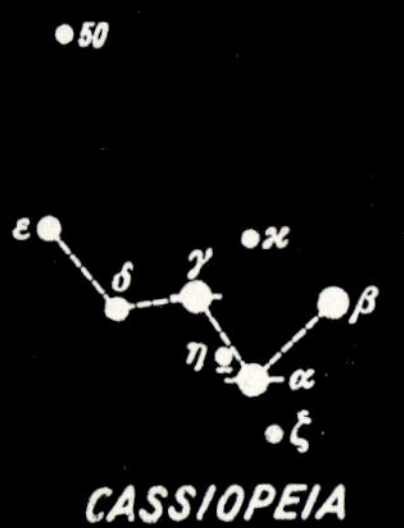

Kassiopeia (zirkumpolar). Wenn man die Verbindungslinie von der Mitte des Großen Bären über den Polarstern hinaus nach der anderen Seite verlängert, trifft man auf das markante W der Kassiopeia, das aus fünf hellen Sternen besteht. Kassiopeia ist nach der griechischen Sage die Gemahlin des Kepheus. In diesem Sternbild leuchtete 1572 ein neuer Stern auf (eine Supernova), der kurze Zeit so hell war wie die Venus. Von den fünf hellen Sternen sind α und γ veränderlich. η ist ein im 2-Zöller trennbarer Doppelstern mit einer Umlaufszeit von 480 Jahren.

Kepheus (zirkumpolar). Kepheus war nach der griechischen Sage der Gemahl der Kassiopeia und Vater der Andromeda. Fünf nicht sehr helle Sterne bilden ein deutliches Fünfeck, das sich zwischen Kassiopeia und Kleinen Bär einschiebt. Zwei sehr bekannte Veränderliche sind zu erwähnen: δ, dessen Helligkeit mit großer Präzision alle 5,37 Tage zwischen den Größen $3^m,6$ und $4^m,2$ wechselt, und der tiefrote Granatstern μ, der unregelmäßig veränderlich ist ($4^m,0$–$4^m,8$). β und ξ sind Doppelsterne für den 2-Zöller.

Krebs. Der unscheinbare Krebs gehört ebenfalls zu den in der Ekliptik gelegenen Sternbildern. In ihm liegen die Doppelsterne ι und ζ, von denen der erste schon im Feldstecher zu erkennen ist und der zweite als dreifaches System berühmt geworden ist. Außerdem finden wir schon mit bloßem Auge in der Nähe des Sternes δ den offenen Sternhaufen *Praesepe* (M 44) oder Krippe sowie bei α den schwächeren gedrängten Sternhaufen M 67 im Feldstecher.

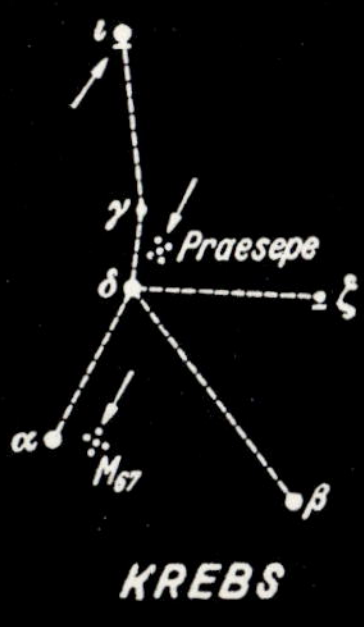

Krone. Die Krone oder nördliche Krone ist ein kleines, sehr charakteristisches Sternbild, dessen sechs hellste Sterne wie eine Krone angeordnet sind. Sie steht links vom Bärenhüter, zwischen ihm und Herkules. Der hellste Stern α heißt *Gemma* (Edelstein). ζ ist ein bekannter Doppelstern mit 6″ Abstand und schon im 2-Zöller trennbar. (Es gibt auch eine südliche Krone.)

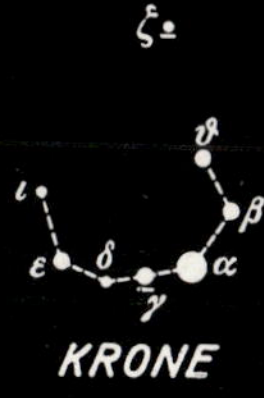

Leier (zirkumpolar). Die Leier gehört zu den kleinen, aber sehr markanten Sternbildern, enthält sie doch den hellsten Stern des nördlichen Sternhimmels, die *Wega.* Zusammen mit ε und ζ bildet Wega ein kleines gleichseitiges Dreieck, ε ist ein weiter Doppelstern von 208″ Abstand, den sehr scharfe Augen noch getrennt sehen können. ζ und β sind weite Doppelsterne für den Feldstecher. β ist zudem auch noch ein sehr bekannter Vertreter von Veränderlichen Sternen. Der ebenfalls sehr berühmte *Ringnebel* in der Leier liegt etwa in der Mitte der Verbindungslinie der Sterne β und γ, er ist 8,7 Größe und nur im Fernrohr zu sehen (vgl. Farbtafel S. 134). Er ist 2200 Lichtjahre von uns entfernt. Auch Stern R ist veränderlich.

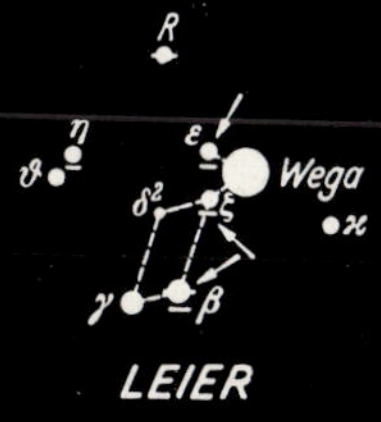

Löwe und Kleiner Löwe. Es ist nicht schwer, aus den hellen Sternen die Figur eines liegenden Löwen zu erkennen. Der hellste Stern α, *Regulus* (Königstern), liegt genau in der Ekliptik. γ und 54 sind bekannte Doppelsterne für den 2-Zöller. (γ hat eine Umlaufszeit von 620 Jahren.) Nahe bei Regulus steht noch der Spiralnebel M 96, der ebenfalls im Feldstecher erkennbar ist. Oberhalb des Großen Löwen schließt sich nach dem Großen Bären zu der Kleine Löwe an, von dem nur 3 Sterne heller als 4^{m},5 sind.

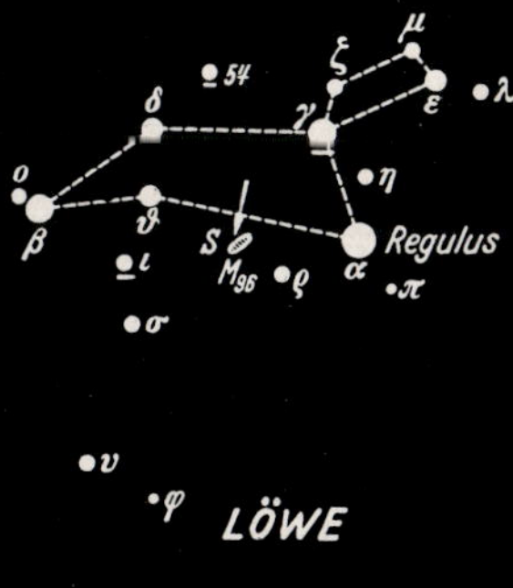

LUCHS

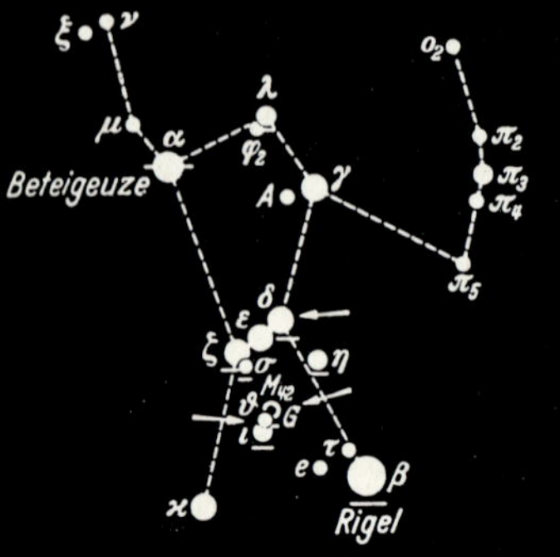

ORION

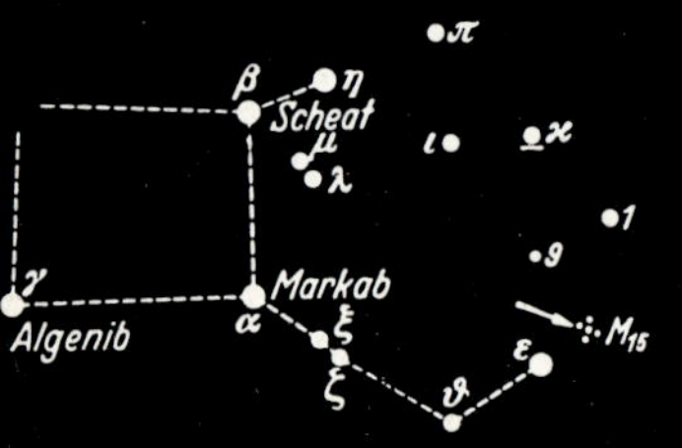

PEGASUS

PERSEUS

Luchs (zirkumpolar). Eine Reihe von unregelmäßig hingestreuten Sternen zwischen Himmelswagen, Fuhrmann, Krebs und Zwillingen bilden das unscheinbare Sternbild Luchs. Man muß schon „Luchsaugen" haben, um die schwachen Sterne unterscheiden zu können. Die Sterne 38 und 15 sind ziemlich enge Doppelsterne (38 im 3–4-Zöller trennbar).

Orion. Dies schönste Sternbild des Winterhimmels mit 7 hellen Sternen ist allgemein bekannt. Als hellster Stern leuchtet an der linken Schulter der Stern α *(Beteigeuze)*, ein rötlich-gelber Riesenstern, mit fast 500fachem Sonnendurchmesser. Er ist außerdem unregelmäßig veränderlich, und sein Licht schwankt um eine Größenklasse. **Am rechten Fuß leuchtet** β ***(Rigel)***, dessen Leuchtkraft die von Beteigeuze noch übersteigt und die Sonne um etwa das 15 000fache übertrifft. Die drei Gürtelsterne ζ, ε, δ bilden den bekannten *Jakobsstab*, durch dessen obersten Stern δ nahezu der Himmelsäquator verläuft. Aus der großen Zahl von Doppelsternen seien genannt: Für Opernglas und Feldstecher trennbar: ϑ_1, ϑ_2, δ. Für den 2-Zöller trennbar: ϑ_1, die erste Komponente des Trapezsternes, 4fach; ferner ι, λ, σ und β. Seine größte Bedeutung aber hat der Orion durch den berühmten *Orionnebel* (M 42), der das bekannteste Beispiel für die zahlreichen diffusen hellen Nebel am Himmel ist. Unterhalb des Gürtels erkennt man ihn in klaren, mondlosen Nächten als mattes Wölkchen. Er hat eine Ausdehnung von 89 Lichtjahren und ist rund 1700 Lichtjahre von uns entfernt (s. Farbtafel auf S. 100).

Pegasus. Auch der Pegasus, ein uraltes Sternbild, ist leicht zu finden. Die Hauptsterne bilden ein großes Viereck, das der Andromeda vorangeht. Verlängert man die Linie α Sirrah (α Andromedae) – Algenib um sich selbst, so trifft man auf den Frühlingspunkt. Helle Veränderliche und gut erkennbare Doppelsterne sind in diesem Sternbild nicht vorhanden. In der Nähe des Sternes ε befindet sich jedoch der Haufen M 15, einer der hellsten Kugelsternhaufen.

Perseus (teils zirkumpolar). Zwischen Andromeda und Fuhrmann, mitten in der Milchstraße, liegt der Perseus, eines der sternreichsten Sternbilder. Der wichtigste **Stern in ihm ist der Veränderliche** β, ***Algol*** (Teufel), dessen Licht mit einer Periode von 2 Tagen, 20 Std., 48,9 Min. wie ein Blinkfeuer regelmäßig wechselt. Er ist der Typ der sogenannten „Bedeckungsveränderlichen“ und schon 300 Jahre bekannt. Bei diesen Sternen wird der Hauptstern regelmäßig von einem dunkleren Begleiter umkreist, der bei jedem Umlauf den Hauptstern teilweise verdeckt, d. h. verdunkelt. Hierbei sinkt das Licht von Algol von $2^m,2$ kurze Zeit bis auf $3^m,5$. Außer dem Bedekkungspaar gehören noch 2 Sterne, die bisher nur indirekt ermittelt werden konnten, zu Algol, so daß wir hier ein vierfaches System vor uns haben. Direkt unter Algol steht der Stern ϱ, dessen Licht ebenfalls veränderlich ist. Im 2-Zöller sind die Doppelsterne ε, ζ und η zu trennen. Ganz besonderes Interesse beanspruchen aber die beiden prächtigen offenen Sternhaufen h und χ, die schon mit bloßem Auge als milchiger Fleck erkennbar sind.

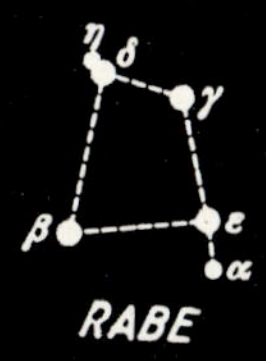

Rabe. Unterhalb der Jungfrau, zwischen Spika und Becher, findet man ein kleines Sternbild aus fünf oder sechs helleren Sternen. Es steht für uns immer sehr tief, ist aber auffälliger als der Becher.

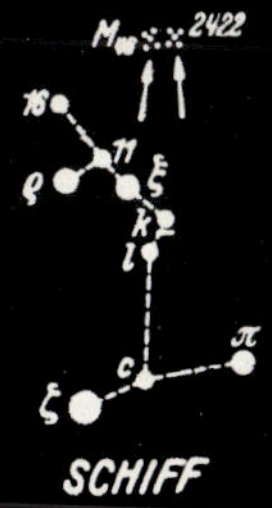

Schiff. Unterhalb des Sternbildes Großer Hund, ihm folgend, findet man das Sternbild Schiff, das sich bis unter den Horizont noch weit in den Südhimmel erstreckt. Seine sehr tiefe Stellung läßt es bei uns kaum zur Beachtung kommen. Erwähnt seien deshalb nur die beiden etwa in der gleichen Höhe wie Sirius kulminierenden grob zerstreuten Sternhaufen M 46 und 2422 (Feldstecher).

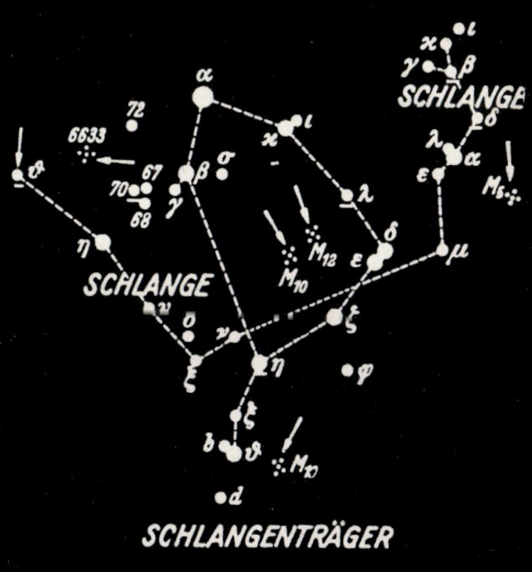

Schlange und **Schlangenträger.** Zwischen Herkules und Skorpion erstrecken sich die beiden weit ausgedehnten Sternbilder Schlange und Schlangenträger, die kaum voneinander zu lösen sind. Von den drei helleren Doppelsternen der Schlange ist der Schwanzstern ϑ bereits im Feldstecher zu trennen. Im Schlangenträger ist der Stern 70 besonders bekannt; seine beiden Komponenten von gelber und rötlicher Farbe umkreisen einander einmal in 88 Jahren und sind im 2-Zöller zu trennen. Beide Sternbilder sind reich an Sternhaufen, von denen der Kugelsternhaufen M 5 nahe bei Stern α in der Schlange der hellste ist (bloßes Auge). Wesentlich schwächer sind die Kugelsternhaufen M 10, M 12 und M 19 im Schlangenträger und der offene galaktische Haufen 6633 nahe beim Schwanzstern der Schlange (Feldstecher).

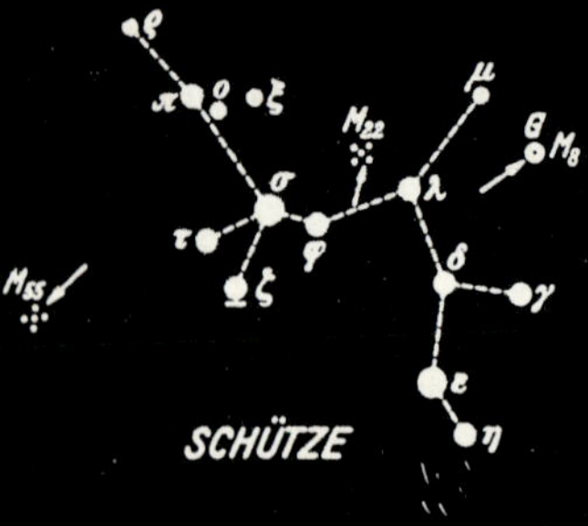

Schütze. In der tiefsten Stellung der Ekliptik schließt sich an den Skorpion der Schütze an. In dieser Richtung suchen wir das Zentrum unseres Milchstraßensystems, das uns teilweise durch dunkle kosmische Wolken verdeckt wird. Besonders erwähnenswerte Doppelsterne oder Veränderliche sind nicht vorhanden. Aber man findet viele interessante Sternhaufen, von denen die hellen Kugelsternhaufen M 22 und M 55 erwähnenswert sind, vor allem aber M 8, ein großer, diffuser galaktischer Gasnebel. Verschiedene helle und nebelhafte Sterne scheinen in diesen Gasnebel eingebettet. M 22 ist nach M 13 (im Herkules) der schönste Kugelsternhaufen, der bei uns sichtbar ist.

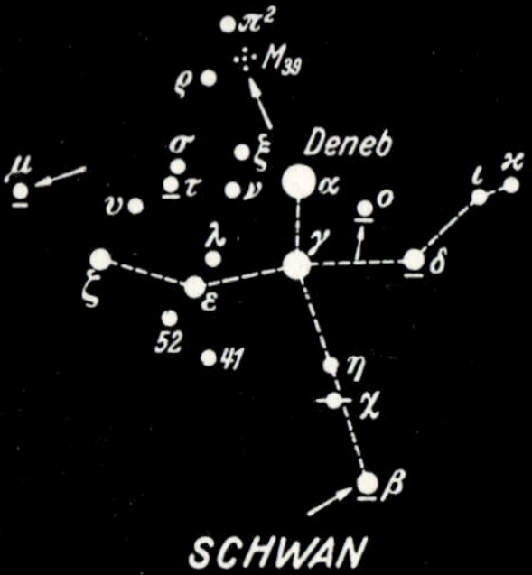

Schwan (teils zirkumpolar). Der Schwan gehört zu den prächtigsten Sternbildern unseres Sommerhimmels, das sich zwischen Leier, Pegasus, Kepheus und Fuchs erstreckt. Es ist nicht schwer, aus den hellsten Sternen die Figur eines fliegenden Schwans zu erkennen, wie dies schon die alten Völker taten. Der hellste Stern α *(Deneb)* ist der Schwanz, der Stern β *(Albireo)* bildet den Kopf des Schwans. Drei helle Doppelsterne β, μ, o_2 sind schon im Feldstecher zu erkennen, o_2 ist ein dreifacher Stern. Der Stern χ ist ein Veränderlicher vom Typ der Mirasterne, der innerhalb von 413 Tagen um 10 Größenklassen schwankt. Das Sternbild liegt innerhalb des schönsten Teiles der Milchstraße, doch findet der aufmerksame Beobachter auch dunkle Stellen – sternleere Stellen –, wo Wolken feinstverteilter kosmischer Materie den Blick in die Tiefe versperren. Es sei noch auf den offenen Sternhaufen M 39 oberhalb von Deneb hingewiesen (Feldstecher).

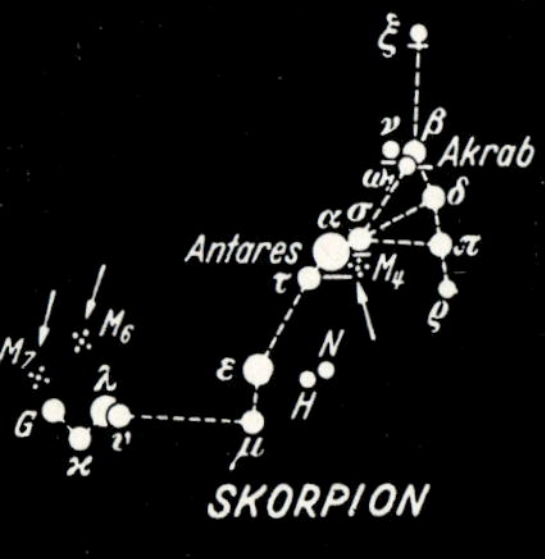

Skorpion. Der Skorpion gehört ebenfalls zu den Sternbildern, deren Namen schon in babylonischen Inschriften auftauchen. Das Sternbild ist reich an hellen Sternen, und nur wegen seiner tiefen Stellung kommt es bei uns so wenig zur Geltung. Der hellste Stern α, der rötliche *Antares* (Gegenmars), ist ein Überriese mit rund 300fachem Sonnendurchmesser und über 2000facher Sonnenhelligkeit. Gleichzeitig ist er ein Doppelstern, dessen schwacher Begleiter in 3″ Abstand steht. Das Sternbild enthält viele weitere Doppelsterne, von denen nur ξ als für den 2-Zöller geeignet erwähnt sei. Nahe bei Antares steht noch der helle Kugelsternhaufen M 4, mehrere Grade tiefer über dem Stachel des Skorpions die galaktischen, d. h. zur Milchstraße gehörenden Haufen M 6 und M 7 (Feldstecher).

Steinbock. Der Steinbock gehört zu den wenig auffälligen Sternbildern der Ekliptik in tiefer Stellung. Erwähnenswert sind die weiten Doppelsterne α_2 und β sowie der Kugelsternhaufen M 30 (Feldstecher).

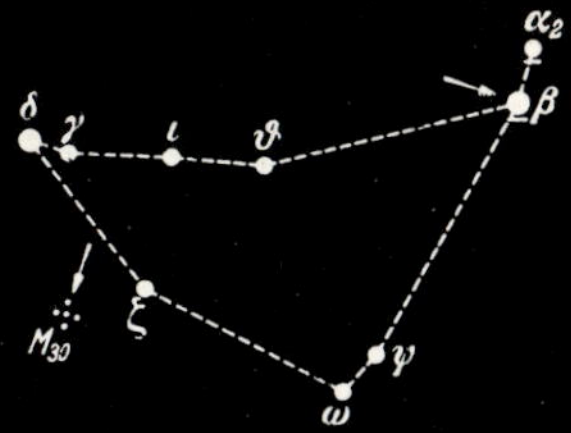

STEINBOCK

Stier. Der helle, rot leuchtende *Aldebaran,* das Auge des Stiers, ist fast jedem bekannt. Er ist zugleich der Hauptstern der V-förmig angeordneten Gruppe α, ϑ, γ, δ und ε, die den Namen *Hyaden* (Regengestirn) trägt. ϑ ist ein sehr weiter Doppelstern und schon mit dem bloßen Auge erkennbar. τ ist ein Objekt für den Feldstecher. Die Hyaden sind eine Gruppe von etwa 50 Sternen, die mit einheitlicher Geschwindigkeit durch den Raum eilen. Sehr bekannt ist auch die Gruppe der *Plejaden* (Siebengestirn), in der ein gutes Auge 6 bis 8 einzelne Sterne zu sehen vermag. Der hellste Stern η *(Alkyone)* ist ein weiter Doppelstern. Im Feldstecher wächst die Zahl der Sterne der Plejaden schon auf 20 bis 30, auf der fotografischen Platte im Fernrohr auf Hunderte an. Der Stern λ ist ein Bedeckungsveränderlicher von fast 4 Tagen Periode. Ganz nahe bei ζ im Stier steht der schwache *Crabnebel* (M 1), eine der intensivsten Quellen für Radiostrahlung (vgl. Farbtafel S. 133).

STIER

Taube. Zu den ganz tiefen südlichen Sternbildern, die bei uns nur wenige Grad Höhe erreichen, gehört die Taube, unterhalb des Hasen.

TAUBE

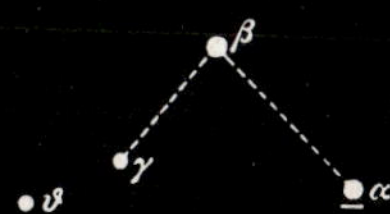
WAAGE

Waage. Zwischen Jungfrau und Skorpion finden wir die Waage, deren heller Stern α *(Zuben-el-dschenubi)* genau in der Ekliptik steht und ein sehr weiter Doppelstern (230″, Opernglas) ist.

Walfisch. Dem Wassermann folgt der Walfisch, der aber ganz unter der Ekliptik steht und am Winterhimmel unterhalb der Fische zu finden ist. α *(Menkar)* bildet den Kopf und β *(Deneb Kaitos)* den Schwanz des Walfisches. Der Stern o, der auch den Namen *Mira* trägt, ist der erste Veränder-

WALFISCH

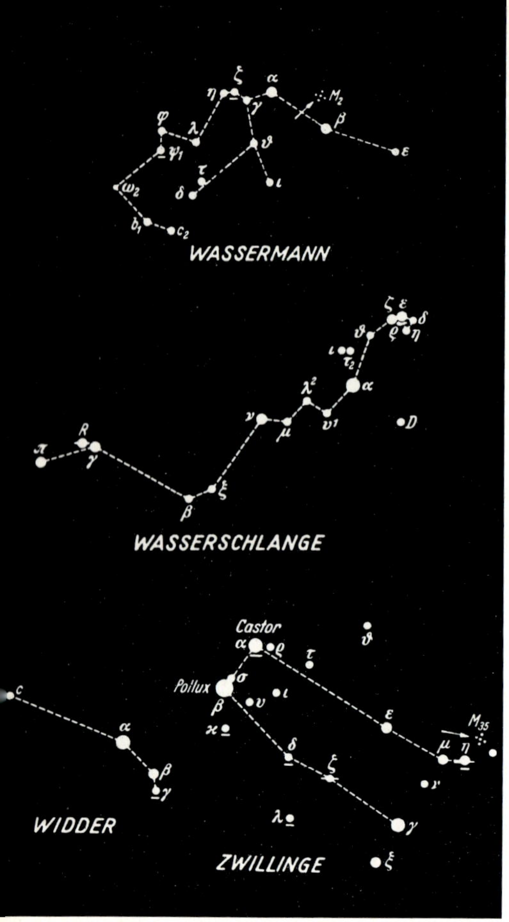

liche, der überhaupt entdeckt worden ist (1596). Er schwankt innerhalb von 331 Tagen zwischen den Größen 2,0 und 10, d. h. seine Helligkeit wechselt in diesem Zeitraum um mehr als das 1000fache. Man kennt heute mehr als 3000 Veränderliche, die die gleiche Art des Lichtwechsels zeigen.

Wassermann. Der Wassermann ist ein ziemlich unauffälliges Sternbild der Ekliptik zwischen Pegasus und südlichem Fisch. Nahe bei seinem hellsten Stern β findet man den Kugelsternhaufen M 2, der unter günstigsten Bedingungen gerade noch mit bloßem Auge erkennbar ist. ψ_1 ist im Feldstecher ein schöner Doppelstern, ζ im 3–4-Zöller.

Wasserschlange. Der Kopf dieses ausgedehntesten Sternbildes liegt unterhalb des Krebses. Es zieht sich dann immer tiefer gehend unter Becher, Rabe und Jungfrau hin. Als einziger heller Stern ist α *(Alphard)* im ersten Drittel unter dem Kopf zu erwähnen. R ist ein Veränderlicher vom Miratyp mit einer Periode von 442 Tagen.

Widder. Dieses dem Namen nach so bekannte Sternbild liegt unter dem Dreieck und weist nur vier Sterne mäßiger Helligkeit auf. γ ist ein bekannter Doppelstern für den 2-Zöller.

Zwillinge. Eines der ältesten Sternbilder, das mit zahlreichen Mythen verbunden ist, sind die Zwillinge. *Kastor* und *Pollux* waren in der griechischen Sage die Söhne des Zeus und der Leda. Sie sind die beiden hellsten Sterne des Sternbildes und gehören auch zu den der Erde nächsten Sternen (Entfernung 45 und 33 Lichtjahre). α (Kastor) ist ein sechsfaches System, von dem die beiden Hauptsterne 2,0 und 2,8 Größe in 420 Jahren umeinander kreisen. Sie sind im 2-Zöller zu trennen. Beide Komponenten haben sich als spektroskopische Doppelsterne erwiesen; sie werden außerdem noch von einem schwachen fünften Stern umkreist, der Bedeckungsveränderlicher ist. M 35, ein schöner offener Sternhaufen von rund 120 Sternen, ist unter günstigen Bedingungen gerade noch mit dem bloßen Auge zu erkennen. Als Veränderliche sind die Sterne ζ und η zu erwähnen.

Was versteht man unter dem Tierkreis?

Mit *Tierkreis* oder *Zodiakus* bezeichnet man eine schmale, zu beiden Seiten der Ekliptik gelegene Zone des Himmels, innerhalb der sich Sonne, Mond und Planeten bewegen. Der Tierkreis wird seit alten Zeiten in 12 gleich große Zei-

Komet 1942 g (Whipple-Fedtke) am 27. Januar 1943 (nach einer Aufnahme der Vatikan-Sternwarte)

chen, die *Tierkreiszeichen,* eingeteilt. Er beginnt dort, wo die Ekliptik den Himmelsäquator schneidet. Da der ganze Himmelskreis 360° hat, umfaßt jedes Tierkreiszeichen 30°. Die Tierkreiszeichen erhielten ihre Namen von 12 Sternbildern, in denen sich die Sonne im Laufe eines Jahres bewegte. Heute stimmen die Tierkreiszeichen mit den Sternbildern *nicht* mehr überein, da sich im Laufe der Zeit die Ebene des Äquators verschiebt. Der *Frühlingspunkt,* das ist der Schnittpunkt des Himmelsäquators mit der Ekliptik, wandert langsam rückwärts und liegt so heute nicht mehr im ersten Tierkreissternbild, dem Widder, sondern in den Fischen. Man darf daher die Sternbilder *nicht* mit den Tierkreiszeichen verwechseln.
Die Tierkreiszeichen sind:
Widder (♈), Stier (♉), Zwillinge (♊), Krebs (♋), Löwe (♌), Jungfrau (♍), Waage (♎), Skorpion (♏), Schütze (♐), Steinbock (♑), Wassermann (♒) und Fische (♓). Die Zeichen für die Tierkreisbezeichnungen sind in Klammern beigefügt. Man findet sie in manchen Kalendern abgedruckt.

Von Ost nach West

Die tägliche Bewegung am Himmel

Wir alle wissen, daß die Sonne im Osten aufgeht, um die Mittagszeit im Süden ihre höchste Stellung am Himmel erreicht und im Westen wieder untergeht. Wenn wir „Osten" und „Westen" sagen, so meinen wir damit allerdings nicht den genauen Ost- und Westpunkt am Horizont, sondern nur ungefähr diese Richtungen.
Auch die Sterne steigen im Osten empor, erreichen genau im Süden ihre höchste Stellung und sinken im Westen wieder herab. Es ist ein ewiges Kreisen von Osten über Süden nach Westen. In einer klaren langen Winternacht können wir, den Blick nach Süden gerichtet, dieses Kreisen besonders gut verfolgen. Es gibt Sterne, die genau im Osten aufgehen, andere weit im Nordosten und wieder andere im Südosten. Ganz entsprechend verhält es sich mit dem Untergang im Westen. Von der Lage des Aufgangspunktes hängt es ab, wie hoch die einzelnen Sterne im Süden, bei ihrer höchsten Stellung, kommen können. Je weiter ein Stern nach Nordosten zu aufgeht, um so höher wird seine Stellung sein, wenn er den Gipfelpunkt, die Kulmination, im Süden erreicht. Je mehr ein Stern nach Süden zu aufgeht, um so tiefer bleibt er während seines Tageslaufes (vergleiche hierzu die unten stehende Zeichnung). Die hier geschilderten Verhältnisse gelten nur für mittlere Breiten der Nordhalbkugel.
Die einzelnen Sternbilder sind nun nicht das ganze Jahr hindurch in derselben Stellung am Himmel zu sehen. Wir sehen im Frühjahr, Sommer, Herbst und Winter jeweils andere Sternbilder, sofern wir zur gleichen Zeit den Himmel beobachten. Woher das kommt, kann man durch eine aufmerksame Beobachtung des gestirnten Himmels an mehreren Abenden leicht feststellen. Wir werden dann z. B. finden, daß bestimmte Sterne, die man sich gemerkt hat, jeden folgenden Abend 4 Minuten früher aufgehen. Das ist so wenig, daß man das von einem Abend zum nächsten kaum bemerkt. Innerhalb einer Woche beträgt aber diese Verfrühung schon rund eine halbe Stunde! Die Zeit von einem Aufgang eines Sternes bis zum nächsten heißt auch ein Sterntag. Man erkennt somit, daß ein Sterntag rund 4 Minuten kürzer ist als ein Sonnentag, und dieser Unterschied bewirkt, daß sich die Stellung der Sternbilder im Laufe eines Monats schon merklich ändert. Wenn wir die entsprechenden Karten, etwa die

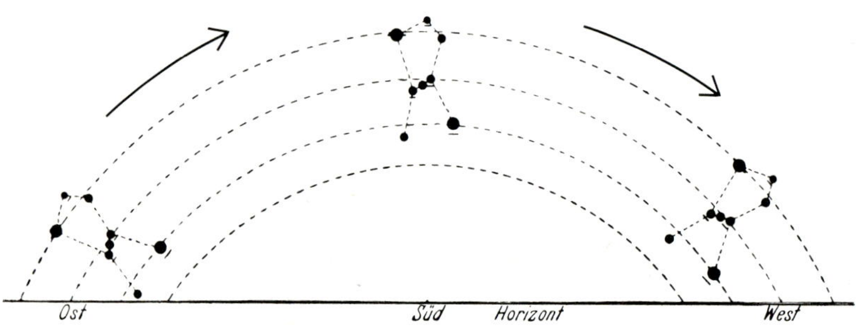

Alle Sterne erreichen im Süden ihre höchste Stellung. Wie hoch sie dann über dem Horizont stehen, hängt von ihrem Aufgangspunkt ab, wie das aus der Zeichnung hervorgeht. Die Bewegung erfolgt von Osten über Süden nach Westen.

Südkarte vom Januar mit der vom Februar und März vergleichen, dann sehen wir sehr deutlich, wie sich die Stellung der Sternbilder, immer um die gleiche Zeit gesehen, verändert hat. Die Sternbilder sind immer weiter nach Westen gerückt. Nach genau einem Jahr aber haben sie wieder die gleiche Stellung erreicht, denn der tägliche Unterschied von rund 4 Minuten macht im Laufe eines Jahres genau 24 Stunden aus. Daraus folgt, daß ein Jahr somit 365 „Sonnentage", aber 366 „Sterntage" hat.

Sternbilder, die das ganze Jahr zu sehen sind

Es gibt eine ganze Reihe von Sternbildern, die niemals untergehen, die also die ganze Nacht über am Himmel stehen und die zu jeder Jahreszeit, einerlei, ob es Frühling, Sommer, Herbst oder Winter ist, am Himmel zu finden sind. Mit diesen Sternbildern, welche auch *zirkumpolar* genannt werden, macht

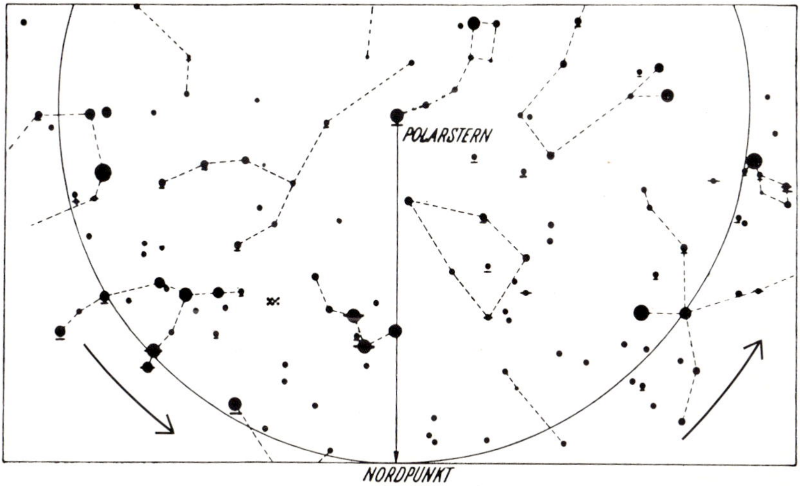

Alle Fixsterne, die vom Polarstern nicht weiter entfernt sind als der Nordpunkt, sind das ganze Jahr über am Himmel zu sehen (Zeichnung gilt für 50° Breite und gibt die ungefähre Stellung am 1. Mai gegen 22 h MEZ).

sich der Anfänger zunächst vertraut. Von ihnen geht er aus, wenn er neue, ihm noch unbekannte Sternbilder aufsuchen will. Welche Sternbilder zirkumpolar sind, das hängt nur von der geographischen Breite des Beobachtungsortes ab. Am Nordkap z. B. sind viel mehr Sternbilder zirkumpolar als in Süditalien.
Vom Himmelswagen, der wohl jedem bekannt ist, sucht man zunächst den Polarstern. Fällt man vom Polarstern aus ein Lot nach unten, so erhält man da, wo das Lot den Horizont trifft, den Nordpunkt. *Alle Sterne, die vom Polarstern nicht weiter entfernt sind als sein Abstand vom Nordpunkt, die also innerhalb eines gedachten Kreises mit dem Halbmesser Polarstern–Nordpunkt liegen, sind zu jeder Nachtzeit während des ganzen Jahres am Himmel zu sehen, sie sind zirkumpolar.* Nur nehmen sie, wie wir es beim Himmelswagen schon kennengelernt haben, je nach der Jahreszeit und Beobachtungszeit eine andere Stellung am Himmel ein.
Unsere oben stehende Abbildung zeigt einen Teil der zirkumpolaren Sterne für eine Breite von 50°.
Man erkennt z. B. daraus, daß Wega, der hellste Fixstern des ganzen nörd-

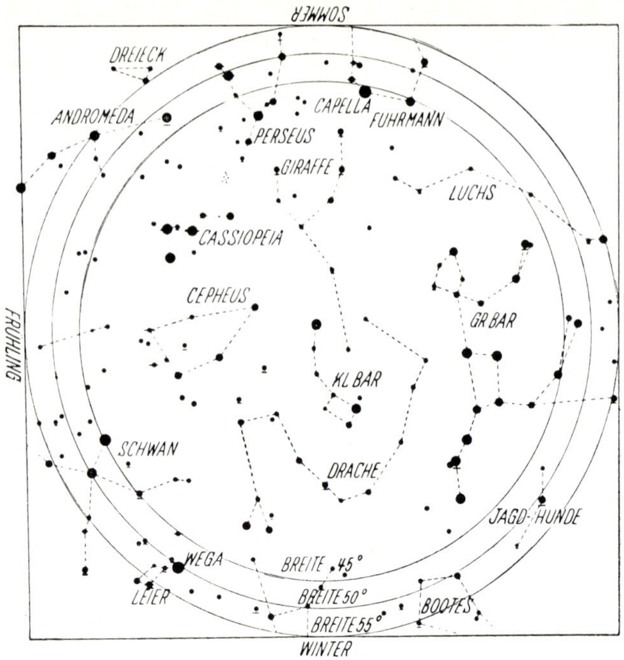

Die innerhalb der 3 Kreise liegenden Sterne gehören zu den zirkumpolaren Sternbildern für die Breiten 45°, resp. 50° oder 55°. Lege das Buch so, daß die in Betracht kommende Angabe der Jahreszeit unten steht. Dann zeigt die Sternkarte die ungefähre Stellung der zirkumpolaren Sternbilder in der betreffenden Jahreszeit um 22 Uhr beim Blick nach Norden.

lichen Sternhimmels, in Süddeutschland (Breite unter 50°) noch untergeht, während sie in Norddeutschland (nördlich von 51° Breite) zu den zirkumpolaren Sternen gehört und nicht mehr untergeht.
Alle Sterne scheinen sich also um den Polarstern zu drehen. Das ist aber natürlich ebenso eine Täuschung wie die scheinbare Bewegung der Sonne um die Erde. Nicht die Sterne drehen sich um den Polarstern, sondern die Erde dreht sich um ihre Achse. Da aber die Verlängerung der Erdachse nach dem Polarstern zeigt, so entsteht die Täuschung, als ob sich die Sterne um den feststehenden Polarstern bewegen würden.
Die Sternkarte auf dieser Seite zeigt die wichtigsten Sternbilder, die in verschiedenen Breiten (45°, 50° und 55°) zirkumpolar sind. Die Karte trägt am Rande die Angaben von Jahreszeiten. Legt man die Karte so, daß die Jahreszeit unten steht, so zeigt sie die ungefähre Stellung der zirkumpolaren Sternbilder in der betreffenden Jahreszeit um 10 Uhr abends (22 Uhr MEZ) beim Blick nach Norden.

Was enthalten die Sternkarten und wie liest man sie?

Die Abbildung der Kugel auf einer Ebene ist nicht ohne Verzerrung möglich. Durch das Aufteilen in je fünf Abschnitte und durch die Wahl einer geeigneten Projektion konnte die Verzerrung jedoch möglichst gering gehalten werden. Die nach den vier Haupthimmelsrichtungen ausgerichteten Karten gehen bis

70° Höhe und enthalten am Rande eine Höhenskala von 5° zu 5° und ebenso eine Richtungsskala von 5° zu 5°. Je zwei benachbarte Karten greifen an den Rändern etwas übereinander, so daß man z. B. die Sterne am rechten Rand der einen Karte am linken Rand der Nachbarkarte wiederfindet.
Im einzelnen ist zum Verständnis der Karten noch folgendes zu sagen:
Die Sterne sind entsprechend ihrer unterschiedlichen Helligkeit mit verschiedenen Durchmessern gezeichnet:

Sterne	heller als	0,5 Größe		.....	3,0 mm	Durchmesser
„	zwischen	0,5 und	1,5 Größe	..	2,5 „	„
„	„	1,5 „	2,5 „	..	2,0 „	„
„	„	2,5 „	3,5 „	..	1,5 „	„
„	„	3,5 „	4,5 „	..	1,0 „	„
„	schwächer als		4,5 „	..	0,5 „	„

Um dies anschaulich vor Augen zu führen, seien die Bilder in der richtigen Größe noch hier abgebildet:

Eine Auswahl von Sternen, an denen etwas Besonderes zu beobachten oder zu sehen ist, ist besonders gekennzeichnet. Hierzu ist das folgende zu sagen:
Veränderliche Sterne. Aus der großen Zahl der veränderlichen Sterne sind nur solche besonders bezeichnet worden, die im Maximum heller als $4^{m},5$ werden, also mit dem bloßen Auge beobachtet werden können. Diese rund 20 verschiedenen Sterne sind durch –●– bezeichnet (s. Tabelle auf S. 163).

Doppelsterne. Alle Sterne, die durch das Zeichen ● hervorgehoben sind, sind Doppelsterne. Ist außerdem ein Pfeil dabei, dann bedeutet dies, daß der betreffende Stern mit dem bloßen Auge oder mit dem Feldstecher zu trennen ist. Aus der großen Zahl von Doppelsternen sind rund 110 Objekte ausgewählt. Alle Doppelsterne ohne Pfeil erfordern – mit Ausnahmen – mindestens einen 2-Zöller, um getrennt werden zu können (s. Tab. auf S. 164–166).

Sternhaufen sind eingetragen, soweit sie mit bloßem Auge oder dem Feldstecher erkannt werden können, und mit einem Pfeil versehen. Es handelt sich hierbei um 14 Kugelhaufen und 19 offene Sternhaufen (s. Tab. auf S. 167–168).

Spiralnebel. 5 Spiralnebel, die mit dem bloßen Auge oder dem Feldstecher erkannt werden können, sind eingezeichnet und mit einem Pfeil versehen (s. Tabelle auf S. 167–168).

Gasnebel (Diffuse Nebel). 2 Gasnebel, die beide mit dem Fernglas sichtbar sind, sind eingezeichnet und mit einem Pfeil versehen worden (s. Tabelle auf S. 167–168).
Man merke sich also: *Alle Objekte, die mit einem Pfeil versehen worden sind, sind mit dem bloßen Auge oder mit dem Feldstecher zu erkennen!*
Im übrigen sind die Pfeile so gezeichnet, daß man aus ihrer Richtung ersehen kann, zu welchem Sternbild das betreffende Objekt gehört; denn der Pfeilschaft zeigt möglichst immer auf das zugehörige Sternbild.
Insgesamt kommen auf den Karten vor: 656 verschiedene Sterne, davon rund 110 Doppelsterne und 20 Veränderliche. Außerdem 14 Kugelsternhaufen, 19 offene Sternhaufen, 5 Spiralnebel und 2 Gasnebel.
Eingetragen ist ferner noch mit einer strich-punktierten Linie der rohe Umriß der *Milchstraße* und mit einer fein-punktierten Linie die *Ekliptik.* Letztere wird besonders für die Identifizierung von Planeten wertvoll sein, die sich ja immer in der Nähe der Ekliptik aufhalten.

Auf welchen Karten finde ich ein Sternbild?

Wenn *nur ein kleiner Teil* des Sternbildes auf einer Karte vorkommt, ist es hier *nicht* erwähnt. Nicht aufgenommen sind Einhorn, Pfeil und Schild.

Sternbild	Nord	Ost	Süd	West	Zenit
Adler		6, 7	8, 9	10, 11	
Andromeda	7	8, 9, 10		1, 2, 3	11, 12
Bär, Großer . . .	1–8, 9–12	2, 3		7	4, 5, 6
Bär, Kleiner . . .	1–12				
Becher			3, 4, 5, 6		
Bootes		3, 4, 5		7, 8, 9, 10	6, 7
Delphin		6, 7, 8	9, 10	11, 12	
Drache	1–4, 10, 11, 12				
Dreieck		8–11		1–4	12
Eidechse	2, 3, 5, 6	7, 8		1, 12	9, 10, 11
Eridanus		11	1, 2, 12		
Fische		9, 10	11, 12	1	
Fisch, südlicher .			9, 10, 11		
Fuhrmann	6, 9	10–12		3, 4, 5	1, 2
Fuchs		5, 6, 7	8, 9	10–12	
Füllen		7, 8	9, 10	11, 12	
Giraffe	3–10, 11, 12				
Haar der Berenike		2–4	5, 6	7, 8, 9	
Hase		12	1–3		
Herkules		4, 5, 6		9, 10, 11	7, 8
Hund, Großer . .		12	1–3	4	
Hund, Kleiner . .		1, 12	2, 3	4, 5	
Jagdhunde	1, 10	2–4		7, 8, 9	5, 6
Jungfrau		3, 4	5, 6, 7	8	
Kassiopeia	2–8	9			11, 12
Kepheus	1–8, 11, 12				10
Krebs		1, 2, 12	3, 6	5, 6	
Krone		3–5		8–10	7
Leier	1, 4	5, 6, 7		10–12	8, 9
Löwe		1, 2, 3	4, 5	6, 7	
Löwe, Kleiner . .		1–3		5, 6, 7	4
Luchs	4, 8, 10, 11	1, 12		4, 5, 6	2, 3
Orion		11, 12	1, 2	3, 4	
Pegasus		7, 8, 9	10, 11	1, 12	
Perseus	5, 6, 7, 8	9, 10, 11		2, 3, 4	1, 12
Rabe			4–6	7	
Schiff			3		
Schlange		5	6, 7, 8	9	
Schlangenträger .		5	7, 8	9	
Schütze			7, 8, 9		
Schwan		6, 7, 8		11, 12	8, 9, 10
Skorpion			6, 7, 8		
Steinbock			8–10	11	
Stier		10, 11, 12	1, 2	3, 4	
Taube			1, 2		
Waage			5–7	8	
Walfisch		10	11, 12		
Wassermann . . .			9, 10, 11	12	
Wasserschlange .		2	3, 4, 5	6	
Widder		9–11	12	1–3	
Zwillinge		1, 11, 12	2	4, 5	

Welche Sternkarte brauche ich?

Die folgenden 60 Sternkarten zeigen den Anblick des Sternhimmels für 50° Breite in den einzelnen Monaten um 10 Uhr MEZ abends (= 22 Uhr) nach den 4 Himmelsrichtungen unterteilt und mit einer Zenitkalotte. Will man z. B. die Sternbilder des Westhimmels im April um 10 Uhr abends betrachten, so hat man nur die Karte „4 West“ aufzuschlagen (da April der 4. Monat ist). Die schwarzen Felder mit den weißen Zahlen am Rand der Sternkarten erleichtern das Finden der in Betracht kommenden Karte. Alle Zeitangaben verstehen sich in Mitteleuropäischer Zeit (MEZ). Bei Sommerzeit gilt: Sommerzeit weniger 1 Stunde = Mitteleuropäische Zeit.
Wer zu einer anderen Zeit als 10 Uhr abends beobachten will, kann aus der folgenden Tabelle entnehmen, welche Karte dann in Betracht kommt. Die Zahl im Schnittpunkt von Datum und der auf volle Stunden abgerundeten Uhrzeit gibt die richtige Karte an. Je nach der Himmelsrichtung, in die der Beobachter sieht, ist dann natürlich noch die Nord-, Ost-, Süd- oder Westkarte bzw. die Zenitkarte unter der gefundenen Zahl aufzuschlagen.
Steht an den Schnittpunkten von Datum und Uhrzeit keine Zahl, so sind die Sterne noch nicht (oder nicht mehr) zu sehen, weil es noch (oder schon wieder) zu hell ist, oder aber wir müssen die vorhergehende oder nachfolgende Karte aufschlagen und das Buch mit den Sternkarten etwas schräg halten, damit die Sternkarten ungefähr mit dem Himmelsanblick übereinstimmen.
Als Datum wählt man den jeweils nächstgelegenen 1. oder 15. des in Frage kommenden Monats.

Die Zahl am Schnittpunkt von Datum und Uhrzeit nennt die Karte!

UHRZEIT MEZ	18^h	19^h	20^h	21^h	22^h	23^h	24^h	1^h	2^h	3^h	4^h	5^h	6^h	7^h
Datum														
1. Januar			12		1		2		3		4		5	
15. „		12		1		2		3		4		5		6
1. Februar			1		2		3		4		5		6	
15. „		1		2		3		4		5		6		
1. März			2		3		4		5		6		7	
15. „		2		3		4		5		6		7		
1. April			3		4		5		6		7			
15. „				4		5		6		7				
1. Mai					5		6		7		8			
15. „				5		6		7		8				
1. Juni					6		7		8					
15. „						7		8		9				
1. Juli					7		8		9					
15. „						8		9		10				
1. August					8		9		10		11			
15. „				8		9		10		11				
1. September			8		9		10		11		12			
15. „		8		9		10		11		12				
1. Oktober			9		10		11		12		1		2	
15. „		9		10		11		12		1		2		
1. November	9		10		11		12		1		2		3	
15. „		10		11		12		1		2		3		
1. Dezember	10		11		12		1		2		3		4	
15. „		11		12		1		2		3		4		

Die Karten sind so angeordnet, daß es sehr leicht ist, von einem Monat z. B. auf den nächsten oder den vorhergehenden überzugehen. Wenn man wissen will, wie der Himmel *vor* einem Monat ausgesehen hat oder *nach* einem Monat aussehen wird, braucht man nur die vorhergehende bzw. die folgende Karte gleicher Himmelsrichtung aufzuschlagen.

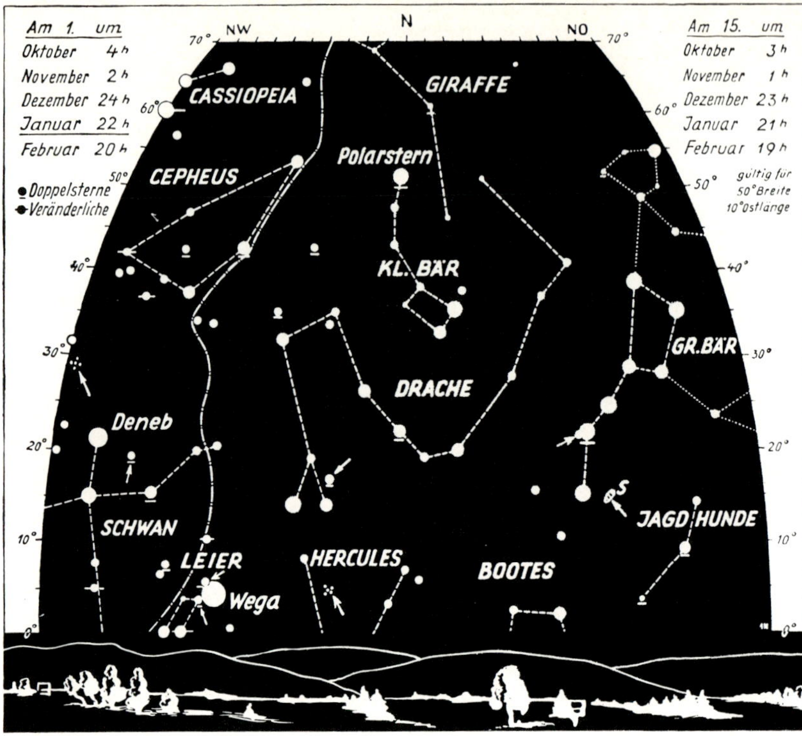

Was die Sternkarte zeigt

Man findet sich am besten am Himmel zurecht, indem man von dem bekanntesten Sternbild, dem *Großen Bären,* ausgeht. Dieser steht auf unserer Karte im NO in mittlerer Höhe. Verlängert man die beiden oberen Sterne des *Wagens* um etwa das 5fache nach links, so trifft man auf den *Polarstern,* um den sich das ganze Himmelsgewölbe zu drehen scheint und der infolgedessen immer an fast genau der gleichen Stelle steht. Fast senkrecht unter ihm schließt sich der *Kleine Bär* an. Zwischen beiden windet sich der *Drache* hindurch, dessen Kopf im NNW auf den *Herkules* zeigt. Links vom *Polarstern,* nach NW zu, steht der *Kepheus,* und über diesem sind in größerer Höhe einige Sterne der *Kassiopeia* sichtbar. In etwa 20° Höhe im NW leuchtet *Deneb,* der hellste Stern des *Schwans.* Rechts unterhalb des *Schwans* sehen wir die *Wega,* den hellsten Stern des ganzen nördlichen Himmels, nur 5° hoch.
Die *Milchstraße* steigt im NW als steiles Band durch *Schwan* und *Kepheus* auf in die *Kassiopeia.*

In mehr als 10° Höhe findet man die folgenden bemerkenswerten Objekte:

Veränderliche Sterne fürs bloße Auge: R in der Leier (über Wega), δ und μ im Kepheus im NW und darüber γ in der Kassiopeia.
Doppelsterne: Bloßes Auge: ζ (Mizar-Alkor) im Gr. Bären. Feldstecher: ν im Drachen, o_2 im Schwan (dreifach). 2-Zöller: β und ξ im Kepheus, ζ im Gr. Bären, α im Kl. Bären (Polarstern). 3–4-Zöller: $\varkappa$ im Kepheus, ε und η im Drachen, 19 H in der Giraffe, δ im Schwan.
Sternhaufen und Nebel: Feldstecher: Sternhaufen M 39 im Schwan (oberhalb von Deneb), Spiralnebel M 51 in den Jagdhunden.

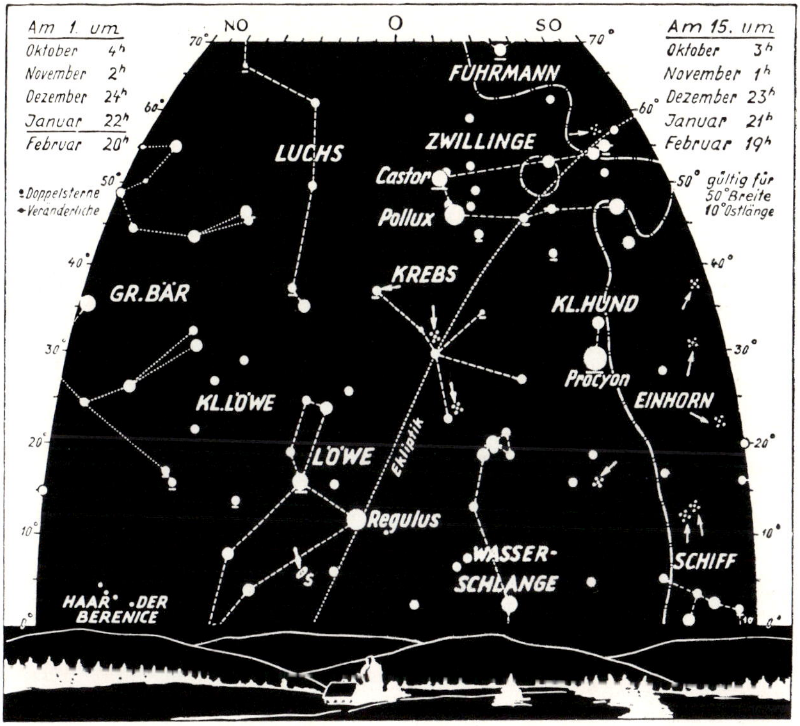

Was die Sternkarte zeigt

Der Osthimmel wird ganz beherrscht von drei Sternbildern mit sehr vielen hellen Sternen. Das sind tief im Osten der *Löwe* mit dem hellen *Regulus* in der Ekliptik, im SO in etwa 30° Höhe der *Kleine Hund* mit *Prokyon* und etwas höher links über *Prokyon Kastor* und *Pollux* mit den *Zwillingen.* Alle übrigen Sternbilder treten demgegenüber zurück, als da sind: nahe der Mitte der Karte der unscheinbare *Krebs,* über den *Zwillingen* einige Sterne des *Fuhrmanns,* im NO in größerer Höhe Teile des *Luchs,* die schwächeren Sterne des *Großen Bären* und der *Kleine Löwe.* Unter dem *Krebs* strebt der Kopf der *Wasserschlange* steil aufwärts. Die *Milchstraße* steigt im SO durch *Schiff, Einhorn* und *Zwillinge* steil in die Höhe. Die *Ekliptik* beginnt etwas unterhalb von *Regulus,* geht nahezu durch diesen und die Mitte des *Krebses* in die *Zwillinge.*

In mehr als 10° Höhe findet man die folgenden bemerkenswerten Objekte:

Veränderliche Sterne fürs bloße Auge: Die bekannten Veränderlichen ζ und η in den Zwillingen.
Doppelsterne: Bloßes Auge: Keine. Feldstecher: ι im Krebs. 2-Zöller: ζ im Krebs (dreifach), 54 und γ im Löwen, α in den Zwillingen (Kastor, mehrfach), λ in den Zwillingen. 3–4-Zöller: ε in der Wasserschlange, δ und $\varkappa$ in den Zwillingen, 38 im Luchs, ι, ξ ν im Gr. Bären.
Sternhaufen und Nebel: Bloßes Auge: Praesepe im Krebs. Feldstecher: M 35, nahe bei η in den Zwillingen, M 67 im Krebs (unter Praesepe), 4 offene Sternhaufen im Einhorn, 2 zerstreute offene Sternhaufen im Schiff.

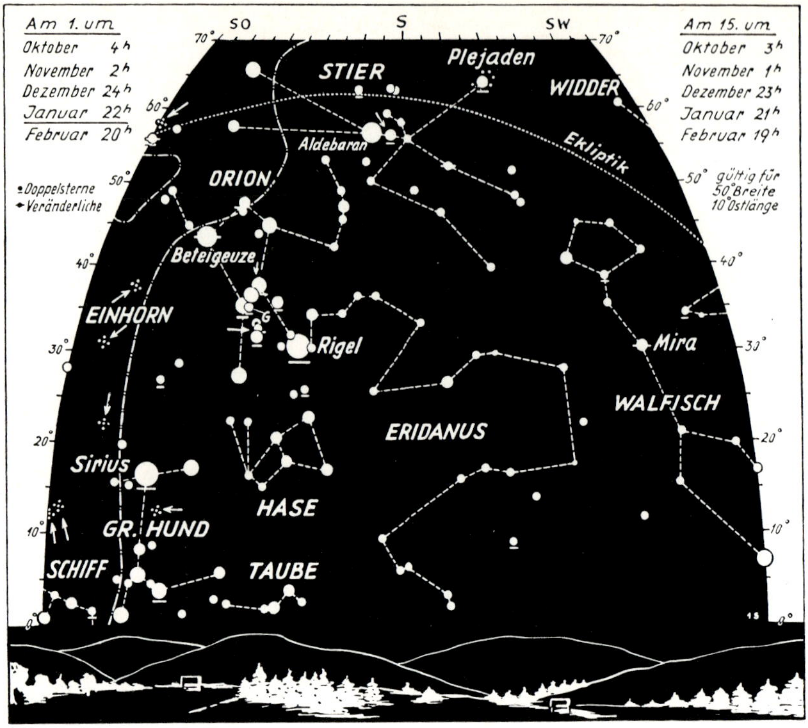

Was die Sternkarte zeigt

Die linke Seite des Südhimmels wird völlig beherrscht von den 7 hellen Sternen des *Orion* in mittlerer Höhe. Über ihm steht der rötlich leuchtende *Aldebaran* im *Stier* fast genau im Süden. Unter dem Fuße des *Orion* erscheint der *Hase* schon in nahezu höchster Stellung, darunter horizontnah die *Taube.* Im SO hat der *Sirius* schon 15° Höhe erklommen, über ihm ragt ein Stück des *Einhorns* ins Feld der Karte.
Die rechte Hälfte wird nur von schwächeren Sternen ausgefüllt, vor allem vom ausgedehnten *Eridanus,* der bei *Rigel* seinen Anfang nimmt und sich fast bis zum Südpunkt hinzieht. Im SW finden wir fast den ganzen *Walfisch* sowie ein Stückchen der *Fische* und vom *Widder.*
Die *Milchstraße* steigt im SO durch *Kleinen Hund, Einhorn* und *Orion* steil in die Höhe; die *Ekliptik* zieht in hohem Bogen von den *Zwillingen* über *Aldebaran* in die *Fische.*

In mehr als 10° Höhe findet man die folgenden bemerkenswerten Objekte:

Veränderliche Sterne fürs bloße Auge: α im Orion (Beteigeuze), Bedeckungsveränderlicher λ im Stier, ganz am linken Rand der Stern η in den Zwillingen, Mira im Walfisch.
Doppelsterne: Bloßes Auge: ϑ im Stier (leicht für gute Augen). Feldstecher: ϑ_1, ϑ_2 und δ im Orion. 2-Zöller: β im Einhorn (dreifach), β, ι, λ, σ, ϑ_1 im Orion. 3–4-Zöller: α in den Fischen, $\varkappa$ im Hasen, ζ im Orion, γ im Walfisch.
Sternhaufen und Nebel: Bloßes Auge: Plejaden und Gasnebel M 42 im Orion, offener Sternhaufen M 41 im Gr. Hund (unter Sirius). Feldstecher: 3 zerstreute offene Sternhaufen im Einhorn, 2 grob zerstreute offene Sternhaufen im Schiff.

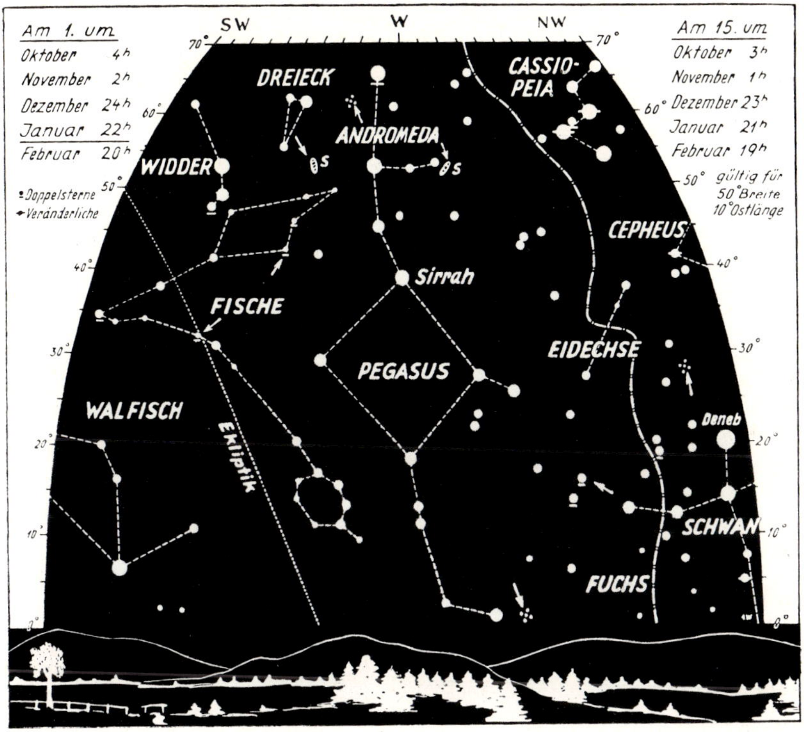

Was die Sternkarte zeigt

Der Westhimmel wird völlig beherrscht von dem in mittlerer Höhe stehenden großen Viereck des *Pegasus* und der darüber befindlichen *Andromeda.* Hoch im NW sehen wir das markante W der *Kassiopeia,* darunter zeigen sich einige Sterne des *Kepheus* und die *Eidechse.* Über dem NW-Horizont prangt noch ein Teil des *Schwans, Deneb* hat noch eine Höhe von 20°. Vom Westpunkt aus liegen auf der anderen Seite des *Pegasus* einmal die *Fische,* die sich von Horizontnähe bis in Höhen von fast 50° ausdehnen, über ihnen finden wir die beiden zierlichen Sternbilder *Widder* und *Dreieck.* Tief im SW neigt sich der *Walfisch* dem Untergang zu.
Die *Milchstraße* richtet sich am NW-Rand der Karte ganz steil auf und verläuft durch *Schwan, Kepheus* und *Kassiopeia,* während die *Ekliptik* durch die *Fische* steil aufwärts steigt.

In mehr als 10° Höhe findet man die folgenden bemerkenswerten Objekte:

Veränderliche Sterne fürs bloße Auge: α und γ in der Kassiopeia, ferner der bekannte Veränderliche δ im Kepheus, der einer ganzen Klasse den Namen gegeben hat.
Doppelsterne: Bloßes Auge: Keine. Feldstecher: ζ und ψ_1 in den Fischen, μ im Schwan. 2-Zöller: γ in der Andromeda, η in der Kassiopeia, γ im Widder. 3–4-Zöller: α und φ in den Fischen.
Sternhaufen und Nebel: Bloßes Auge: Unter günstigen Bedingungen ist der bekannte Spiralnebel M 31 in der Andromeda gerade zu erkennen. Er ist eines der uns am nächsten gelegenen Milchstraßensysteme. Feldstecher: Die beiden Sternhaufen 752 in der Andromeda (nahe bei dem Stern γ) und M 39 im Schwan, über Deneb, ferner unter günstigen Bedingungen der Spiralnebel M 33 im Dreieck.

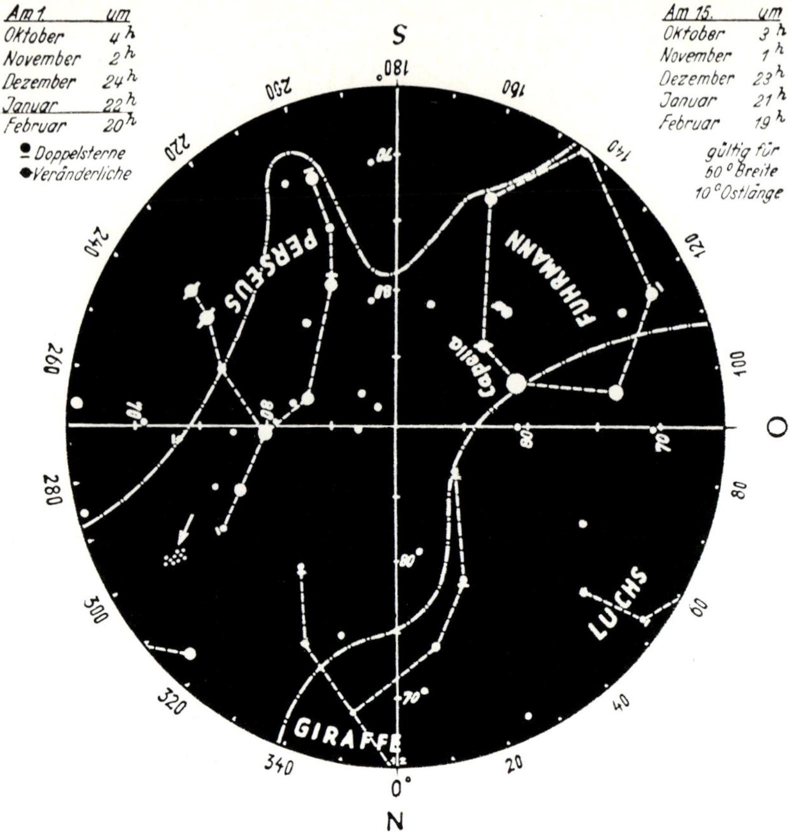

Was die Sternkarte zeigt

Die auf die Hauptkarten jeweils folgenden Zenitkalotten enthalten alle Sterne in Höhen über 70°, wobei außerdem auch noch die Anschlußsterne bis 65° gegeben sind, damit ohne Schwierigkeiten die Verbindung mit den Hauptkarten gefunden werden kann.

Im Norden erstreckt sich der größte Teil der *Giraffe* bis fast in den Zenit. Im NO ragt ein kleiner Teil des *Luchses* herein, der SO ist ganz ausgefüllt vom *Fuhrmann* mit der hellen *Kapella* in 80° Höhe. Von Süden her füllen fast alle Sterne des *Perseus* den Quadranten bis zum Westhimmel.

Die *Milchstraße* zieht sich durch *Fuhrmann, Perseus* und *Giraffe* und geht mitten durch den Zenit.

Veränderliche Sterne fürs bloße Auge: In 80° Höhe die beiden Bedeckungsveränderlichen ε und ζ im Fuhrmann. Zu ihnen gesellen sich noch Algol und ϱ im Perseus.

Doppelsterne: Bloßes Auge: Keine. *Feldstecher:* Keine. *2-Zöller:* ε, ζ und η im Perseus. *3–4-Zöller:* ϑ im Perseus.

Sternhaufen und Nebel: Doppelsternhaufen h und χ im Perseus.

Sonnenauf- und -untergangszeiten (MEZ) für +50° Breite und 10° östliche Länge

	1. Jan.	11. Jan.	21. Jan.
SA	8.19	8.16	8.08
SU	16.28	16.40	16.55

Der Mond, der Begleiter der Erde

Rund 384 400 km von der Erde entfernt zieht der Mond seine Bahn. Er hat kein eigenes Licht. Wie die Wandelsterne erhält er es von der Sonne und strahlt einen Teil ($^{1}/_{14}$) wieder zurück. Das Licht legt 300 000 km in der Sekunde zurück. Es benötigt nur $1^{1}/_{3}$ Sekunden, um vom Mond auf die Erde zu kommen. Der Mond umkreist die Erde und braucht zu einem Umlauf rund 27 Tage. In einem Jahr umläuft er die Erde also 13mal. Der Durchmesser des Mondes beträgt 3476 km, das ist nur etwa $^{1}/_{4}$ von dem der Erde mit 12 756 km.

Je nach der Stellung von Sonne, Mond und Erde sehen wir den Mond mehr oder weniger von der Sonne beleuchtet. Wir haben als Hauptphasen somit Neumond, erstes Viertel, Vollmond und letztes Viertel. Der Mond ist eine tote, öde Welt, ohne Wasser und Luft. Da eine Lufthülle fehlt, gibt es auf dem Mond keine Dämmerung und keine gemäßigten Temperaturen. In den von den Sonnenstrahlen getroffenen Gebieten ist es heiß, in der Dunkelzone herrscht eisige Kälte. Ein Beobachter auf dem Mond kann auch bei Tag neben der Sonne die Sterne sehen, denn es ist ja keine Lufthülle da, die das Sonnenlicht zerstreut.

Bei seinem Lauf um die Erde kommt der Mond manchmal genau zwischen Sonne und Erde zu stehen. Er verdeckt dann, von der Erde aus gesehen, die Sonne: Wir haben eine *Sonnenfinsternis.* Sonnenfinsternisse können nur bei Neumond entstehen; aber nicht jeder Neumond bedingt eine Sonnenfinsternis. Es kommt aber auch vor, daß die Erde zwischen Sonne und Mond tritt. Dann kann der Mond kein Sonnenlicht mehr erhalten, und es kommt zu einer *Mondfinsternis.* Mondfinsternisse können nur bei Vollmond entstehen. Sonnen- und Mondfinsternisse ereignen sich verhältnismäßig selten, da die Bahnen von Mond und Erde in verschiedenen Ebenen liegen. Die Sonnen- und Mondfinsternisse folgen dem ersten Anschein nach unregelmäßig aufeinander. Seit alters her ist jedoch der sogenannte *Saroszyklus* von 18 Jahren und 11 Tagen bekannt, nach dem für eine bestimmte Zeit – also nicht für Jahrtausende – eine genäherte Wiederholung der Finsternisse stattfindet.

Mondfinsternisse können immer überall dort beobachtet werden, wo der Mond über dem Horizont steht. Sternfreunde finden die genauen Angaben über Finsternisse in dem alljährlich im Kosmos-Verlag erscheinenden Jahrbuch „Das Himmelsjahr".

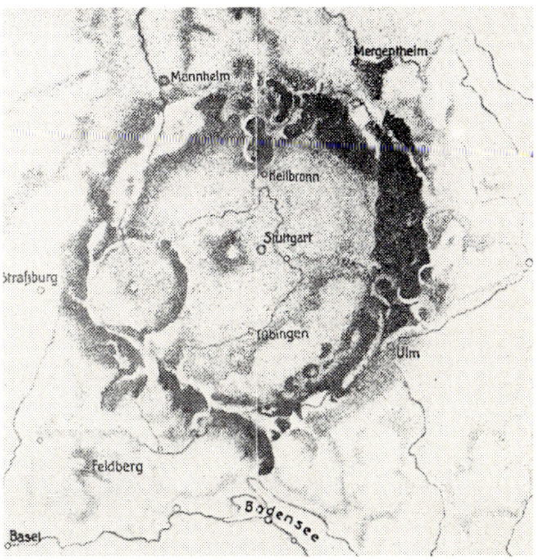

Wie groß die Mondkrater sind, zeigt dieses Bild, das den Mondkrater Albategnius auf Süddeutschland übertragen darstellt.

Wie die Finsternisse entstehen

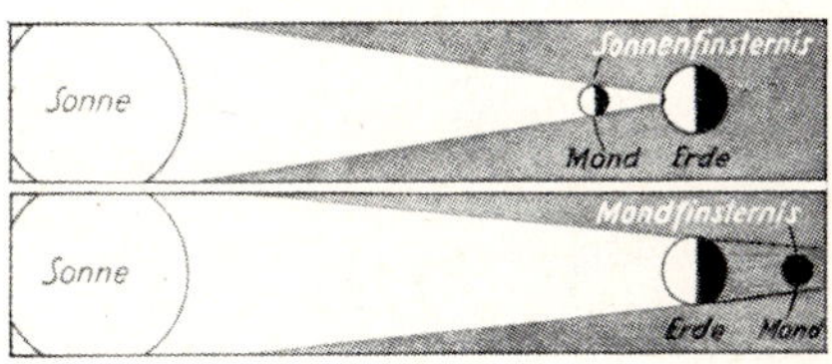

Die Eroberung und Erforschung des Mondes

Der Mond von der Erde aus gesehen

Jahrhundertelang mußten sich die Menschen damit begnügen, den Mond bloß anzuschauen. Erst seit der Erfindung des Fernrohres konnten sie versuchen, die Rätsel des Mondes ein wenig zu entziffern. Sie entdeckten die dunklen Stellen auf dem Mond, die sie fälschlich Mare nannten. Sie sind aber keine Meere, denn auf dem Mond gibt es kein Wasser und auch keine Luft. Sie entdeckten auch die vielen Krater und Gebirge, deren Höhen sich leicht aus den beobachteten Schattenlängen bestimmen ließen. Sie fanden auch Rillen und Strahlen.

Das Vollmondbild zeigt keine Einzelheiten der Oberflächenformen, sondern nur einen allgemeinen Überblick über die dunklen Ebenen und das helle Gebirgsland. Besonders treten die 3 Ringgebirge Kopernikus, Kepler und Tycho mit ihren weißen Strahlensystemen hervor, die große Teile der Mondoberfläche überziehen.

Die Möglichkeit, mit dem Flugzeug oder Luftschiff zum Mond zu gelangen, besteht nicht, denn diese Art des Fliegens ist an eine Atmosphäre gebunden. Aber der Vergleich mit einem Düsenflugzeug, das etwa 1000 km/h zurückzulegen vermag, vermittelt uns eine anschauliche Vorstellung von der Entfernung des Mondes. Wenn man mit einer gleichbleibenden Geschwindigkeit von 1000 km/h zum Mond fliegen könnte, würde man immerhin noch 16 Tage benötigen, um die rund 380 000 km zurückzulegen, die Erde und Mond voneinander trennen.

Der Mond zeigt uns immer das gleiche Gesicht, d. h. er wendet uns immer die gleiche Seite zu. Dies ist kein Zufall, sondern das Ergebnis einer sehr langen Entwicklung und besagt, daß die Umlaufszeit des Mondes um die Erde genau mit seiner Umdrehungszeit um seine eigene Achse übereinstimmt. Da aber seine Bahnebene ein wenig gegen die Erdbahnebene geneigt ist und seine Bewegung zudem etwas ungleichmäßig erfolgt, können wir sozusagen ein wenig um die Ecke sehen und kennen daher von der Erde aus etwas mehr als die Hälfte der Mondoberfläche. Nur $^4/_{10}$ seiner Oberfläche bleiben, von uns aus gesehen, ganz unsichtbar.

Es gibt noch viele andere interessante Daten über den Mond, von denen wir einige in der Tabelle auf S. 169 zusammengestellt finden.

Durch Messungen von der Erde aus konnte man indirekt die Temperaturen auf der Mondoberfläche feststellen. Es ergab sich, daß die höchste Temperatur bei Tag etwa +120 °C und die tiefste bei Nacht etwa −150 °C beträgt. Dabei dauert der „Mondtag" rund 14 Erdentage und die „Mondnacht" ebenfalls 14 Erdentage. Diese großen Temperaturunterschiede sind vor allem dadurch bedingt, daß keine Lufthülle auf dem Mond vorhanden ist; eine Folge hiervon ist es auch, daß vom Mond aus gesehen Sonne und Sterne als leuchtende Objekte am pechschwarzen Himmel stehen. Alle diese Umstände lassen Leben irgendwelcher Art auf dem Mond nicht zu. Da auch die Fernrohre bald keine wesentlich neuen Erkenntnisse mehr bringen konnten, wurde der Mond zu einem wenig interessanten Nachbarn der Erde.

S

N

Mondlandschaft: Ptolemäus – Alphonsus – Arzachel – Lange Wand – Südpol.
Aufnahme 300 mm Schiefspiegler, Anton Kutter / Prof. Dr. Anton Staus
1944, April 1

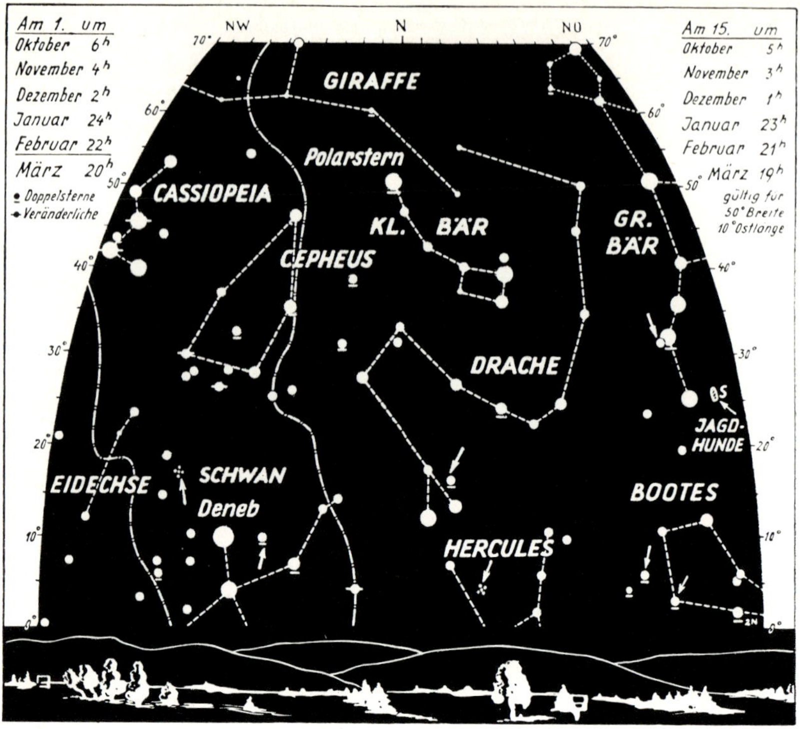

Was die Sternkarte zeigt

Der *Große Bär* ist weiter in die Höhe gestiegen. Wir sehen ihn ganz am NO-Rande des Blickfeldes. Seine beiden hellen Sterne β und α, deren Verlängerung auf den *Polarstern* führt, stehen jetzt in gleicher Höhe mit diesem. Der *Kleine Bär* erstreckt sich vom *Polarstern* aus schräg nach unten, nach NO zu. Von den zirkumpolaren Sternbildern sind vollständig auf der Karte: der *Drache,* dessen Kopf gerade seine tiefste Stellung überschritten hat, *Kepheus* und *Kassiopeia.* Oberhalb des *Polarsterns,* nach dem Zenit zu, erscheint ein größerer Teil der *Giraffe.* In geringen Höhen findet man im NW die *Eidechse.* Ihr vorangehend befindet sich der größte Teil des *Schwans* bereits unter dem Horizont, doch ist *Deneb* noch hell zu erkennen. Die oberen Sterne des *Herkules* sind wieder im Aufsteigen, und ganz tief im NO haben sich einige Sterne des *Bootes* wieder über den Horizont erhoben.
Das Band der *Milchstraße* steigt vom *Schwan* aus im NNW steil in die Höhe.

In mehr als 10° Höhe findet man die folgenden bemerkenswerten Objekte:

Veränderliche Sterne fürs bloße Auge: δ und μ im Kepheus, ferner α und γ in der Kassiopeia.
Doppelsterne: Bloßes Auge: ζ (Mizar-Alkor) im Gr. Bären, der Prüfstern für gute Augen. Feldstecher: ν im Drachen, o_2 im Schwan (dreifach). 2-Zöller: η in der Kassiopeia, β und ξ im Kepheus, ζ im Gr. Bären, α im Kl. Bären (Polarstern). 3–4-Zöller: $\varkappa$ im Kepheus, ε und η im Drachen, 19 H in der Giraffe.
Sternhaufen und Nebel: Feldstecher: Offener Sternhaufen M 39 im Schwan, oberhalb von Deneb.

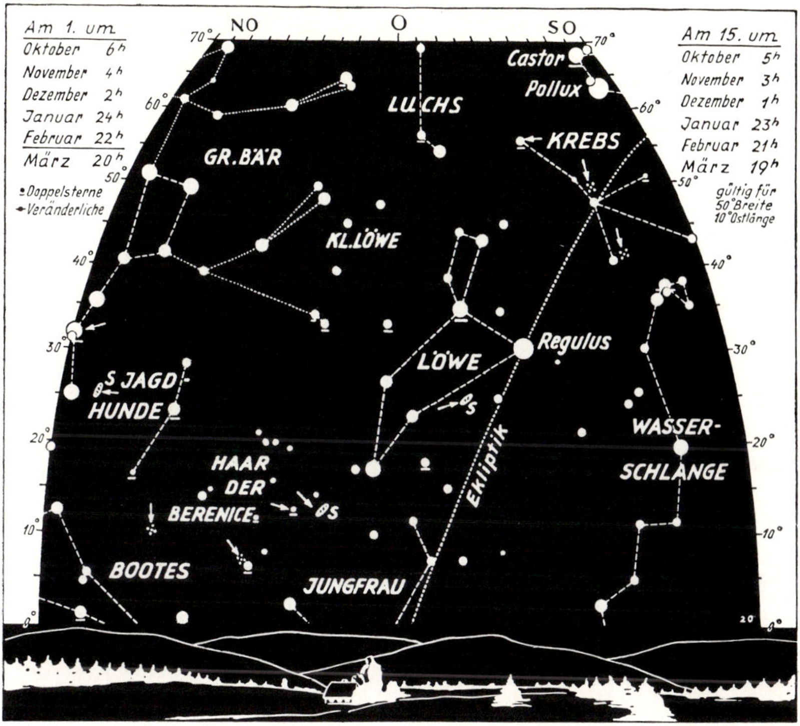

Was die Sternkarte zeigt

Am Osthimmel nimmt der *Löwe* mit *Regulus* eine vorherrschende Stellung nahe der Kartenmitte ein. Im NO streckt sich der *Große Bär* steil in die Höhe. Über dem *Löwen* steigt genau im Osten der *Luchs* hoch. Hoch im SO findet man gerade noch *Kastor* und *Pollux* am Rande der Karte, darunter den *Krebs* und etwas tiefer die *Wasserschlange,* die sich bis ganz zum SO-Horizont hinunterzieht.
Am NO-Horizont ist das *Haar der Berenike* jetzt ganz sichtbar, ebenso die *Jagdhunde,* während *Bootes* und *Jungfrau* erst im Aufgehen begriffen sind.
Die *Milchstraße* kommt nicht vor, während die *Ekliptik* fast genau im Ostpunkt beginnt und sich durch *Regulus* und *Krebsmitte* bis fast 60° Höhe hinaufzieht.

In mehr als 10° Höhe findet man die folgenden bemerkenswerten Objekte:

Veränderliche Sterne fürs bloße Auge: Keine.
Doppelsterne: Bloßes Auge: ζ (Mizar-Alkor) im Gr. Bären, der Prüfstern für gute Augen. Feldstecher: ι im Krebs, 24 im Haar der Berenike. 2-Zöller: 12 in den Jagdhunden, ζ im Krebs (dreifach), γ und 54 im Löwen, ζ im Gr. Bären, α in den Zwillingen (Kastor, dreifach). 3–4-Zöller: ι, ξ und ν im Gr. Bären, ε in der Wasserschlange, 38 im Luchs.
Sternhaufen und Nebel: Bloßes Auge: Die Praesepe als mattes milchiges Wölkchen im Krebs. Feldstecher: Kugelsternhaufen M 3 in den Jagdhunden (bei günstiger Stellung mit bloßem Auge), Sternhaufen M 67 im Krebs, Spiralnebel: M 51 in den Jagdhunden, M 100 im Haar der Berenike und M 96 im Löwen.

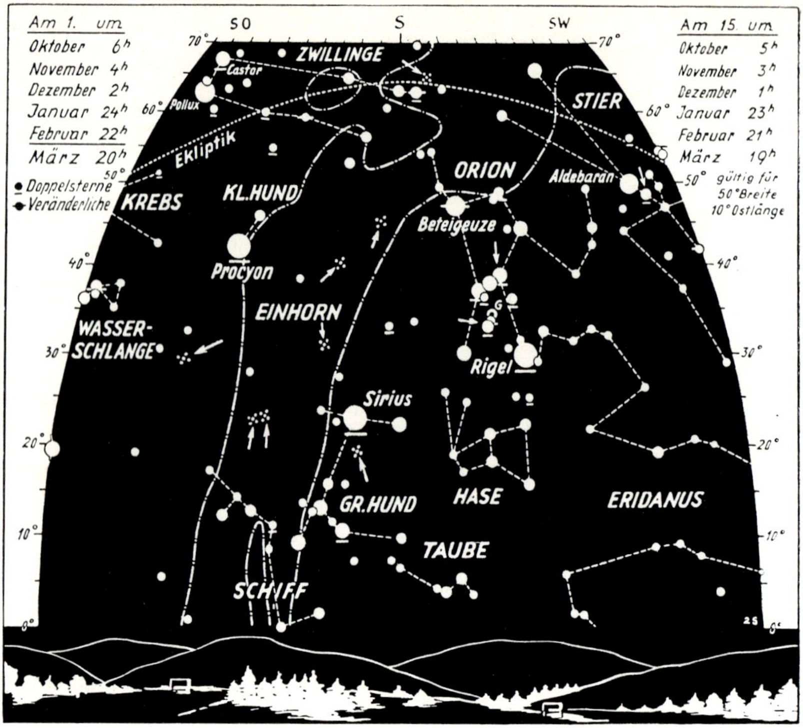

Was die Sternkarte zeigt

Die winterlichen Sternbilder zeigen sich in schönster Pracht. *Sirius* mit dem *Großen Hund* befindet sich unmittelbar vor der Kulmination. Der *Orion* mit seinen vielen hellen Sternen hat soeben den Meridian überschritten. In gleicher Höhe mit *Beteigeuze* stehen im SW noch *Aldebaran* und weitere Teile des *Stiers.* Unter dem *Stier* schlängelt sich der *Eridanus* in Windungen von *Rigel* bis zum SW-Horizont. Unter *Rigel* erkennt man jetzt deutlich den *Hasen* und bei guter Sicht darunter ganz tief die *Taube.* Im SO herrscht *Prokyon* im *Kleinen Hund.* Zwischen ihm und dem *Sirius* findet man die schwachen Sterne des *Einhorns,* darunter einen Teil des *Schiffes,* das sich noch bis weit unter den Horizont erstreckt. Über *Prokyon* sind fast die ganzen *Zwillinge* zu sehen. Die *Milchstraße* steigt von OSO steil auf über *Einhorn, Zwillinge* in den *Stier.*

In mehr als 10° Höhe findet man die folgenden bemerkenswerten Objekte:

Veränderliche Sterne fürs bloße Auge: α im Orion (Beteigeuze), λ im Stier, ζ und η in den Zwillingen.

Doppelsterne: Bloßes Auge: ϑ im Stier (leicht für gute Augen). Feldstecher: ϑ_1, ϑ_2 und δ im Orion. 2-Zöller: β im Einhorn (dreifach), β, ι, λ, σ, ϑ_1 im Orion, ζ im Krebs, α in den Zwillingen (Kastor, mehrfach), $\varkappa$ im Schiff. 3–4-Zöller: $\varkappa$ im Hasen, ζ im Orion, δ und $\varkappa$ in den Zwillingen, ε in der Wasserschlange.

Sternhaufen und Nebel: Bloßes Auge: Gasnebel M 42 im Orion, offener Sternhaufen M 41 im Gr. Hund (unter Sirius). Feldstecher: 4 zerstreute offene Sternhaufen im Einhorn, 2 grob zerstreute offene Sternhaufen im Schiff, offener Haufen M 35 in den Zwillingen.

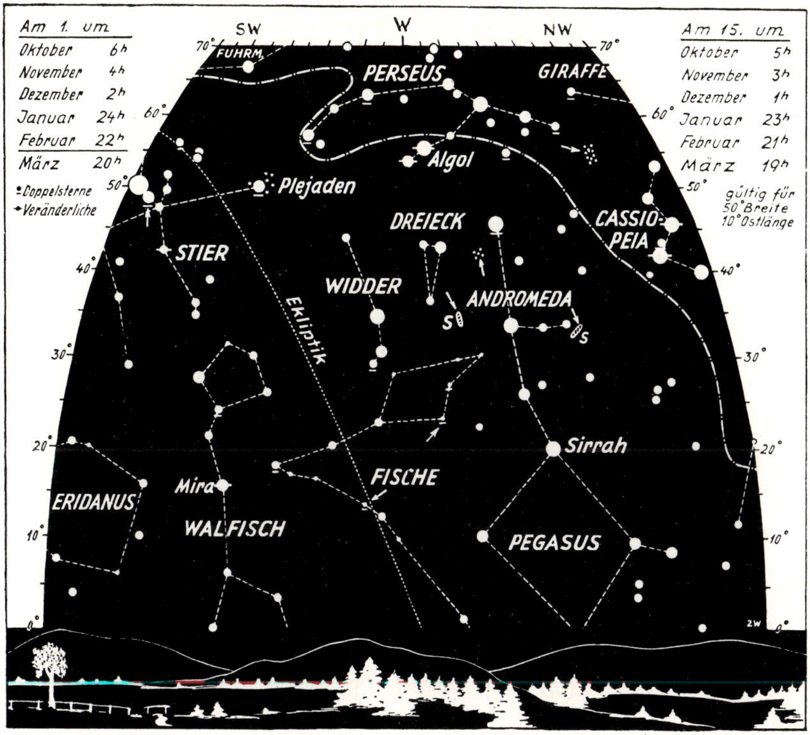

Was die Sternkarte zeigt

Pegasus ist zum Teil schon im NW untergegangen, aber die über ihm stehende *Andromeda* entfaltet noch ihre volle Pracht. Neben dieser bemerken wir am NW-Rand das immer markante W der *Kassiopeia.* Auf der anderen Seite der *Andromeda* liegen das kleine *Dreieck* und der *Widder,* unter diesen beiden erstrecken sich die *Fische* bis zum W-Horizont. Über *Widder* und *Dreieck* zeigt sich in großer Höhe *Perseus* mit seinen vielen dicht stehenden Sternen. Ihm schließt sich nach SW zu ein großer Teil des *Stiers* mit den *Plejaden* an. *Aldebaran* ist gerade am SW-Rand der Karte erschienen. Unter dem *Stier* ist ein großer Teil des *Walfisches* schon untergegangen.
Das Band der *Milchstraße* erstreckt sich am rechten und oberen Rande der Karte durch *Kassiopeia* und *Perseus.* Die *Ekliptik* hat ihren Anfang sehr nahe dem W-Punkt des Horizontes und steigt steil durch *Fische* und *Stier* aufwärts.

In mehr als 10° Höhe findet man die folgenden bemerkenswerten Objekte:

Veränderliche Sterne fürs bloße Auge: α und γ in der Kassiopeia, im Perseus den Bedeckungsveränderlichen Algol (Teufelsstern) sowie ϱ, im Stier den Stern λ, und Mira im Walfisch.
Doppelsterne: Bloßes Auge: ϑ im Stier, der Prüfstern für gute Augen. Feldstecher: ζ und ψ_1 in den Fischen. 2-Zöller: γ in der Andromeda, η in Kassiopeia, ε, ζ, η im Perseus, γ im Widder. 3–4-Zöller: α und φ in den Fischen, ϑ im Perseus, γ im Walfisch.
Sternhaufen und Nebel: Bloßes Auge: Plejaden, Doppelsternhaufen h und χ im Perseus, Spiralnebel M 31 (Andromeda). Feldstecher: M 33 (Dreieck) und offener Sternhaufen 752 (Andromeda).

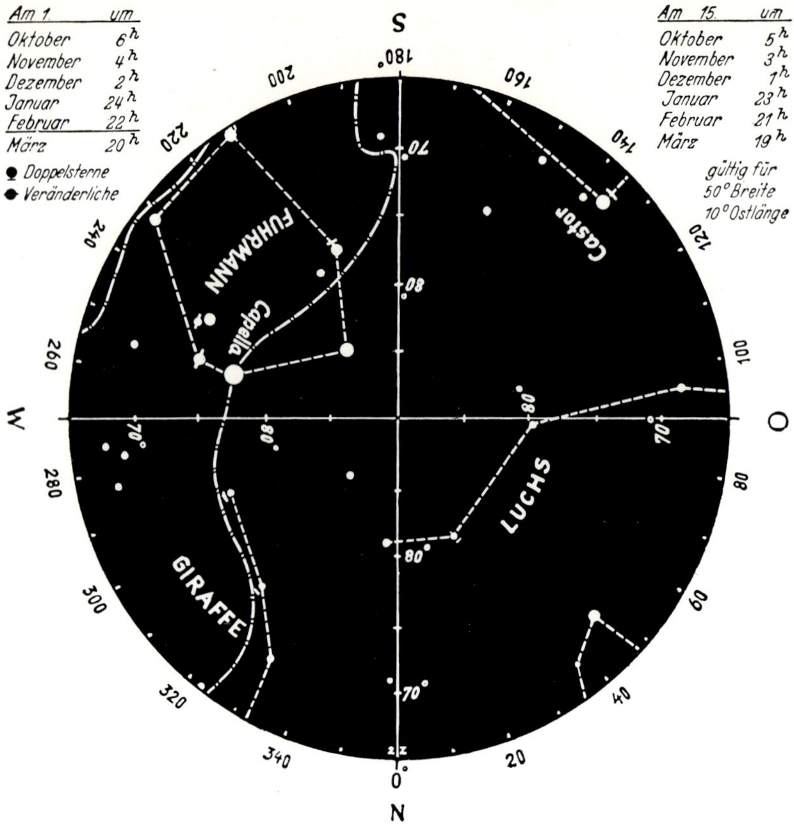

Was die Sternkarte zeigt

Von Norden her finden wir nur schwache Sterne der *Giraffe* und des *Großen Bären* im Zenitsektor. Im Osten steigt steil der *Luchs* mit seinen schwachen Sternen in die Höhe. Im SO hat *Kastor* mit einigen Sternen der *Zwillinge* die Höhe von 65° ein wenig überschritten. Der SW hingegen wird fast ganz ausgefüllt vom *Fuhrmann* mit der hellen *Kapella.*
Die *Milchstraße* berührt den Zenit nicht mehr und schiebt sich vom *Fuhrmann* im SW hinüber in die *Giraffe* nach NW.
Veränderliche Sterne fürs bloße Auge: ε und ζ im Fuhrmann.
Doppelsterne: Bloßes Auge und *Feldstecher:* Keine. *2-Zöller:* Kastor. *3–4-Zöller:* Keine.
Sternhaufen und Nebel: Keine.

Sonnenauf- und -untergangszeiten (MEZ) für +50° Breite und 10° östliche Länge

	1. Febr.	11. Febr.	21. Febr.
SA	7.55	7.40	7.21
SU	17.13	17.30	17.48

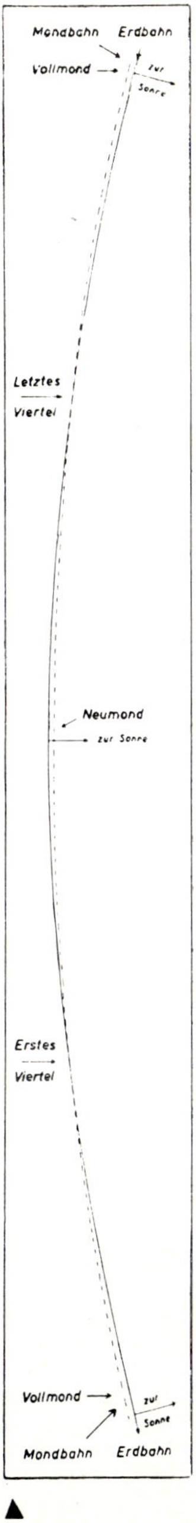

▲

Die Bahnen von Erde und Mond während eines Monats um die Sonne. Die Abbildung ist maßstäblich richtig, und die Mondbahn ist stets einseitig gekrümmt.

S

O

N

Mondlandschaft: Apenninen – Archimedes – Alpen – Plato. Aufnahme: 300 mm Schiefspiegler, Anton Kutter / Prof. Dr. Anton Staus 1949, Februar 6

Der Mond als Ziel unbemannter Raumfahrzeuge

Als man erkannt hatte, daß es möglich ist, mit Raketen, Raumsonden und Raumfahrzeugen weit in den Raum außerhalb der Erde vorzustoßen, dauerte es nicht mehr lange, bis man den Mond zum Ziel der Anstrengungen machte. Die ersten unbemannten Sonden erreichten zwar den Trabanten der Erde noch nicht oder verfehlten ihn. Als aber *Lunik 2* am 13. September 1959 auf dem Mond aufschlug und bald hernach *Lunik 3* am 6. Oktober 1959 das erste Foto von der Mondrückseite zur Erde funkte, waren dies Weltsensationen. Daß kaum 10 Jahre später schon die ersten Menschen den Mond betreten und auch zur Erde zurückkehren würden, das hielten damals nur ganz wenige, vorausschauende Menschen für möglich.
Die Vorbereitungen für die bemannte Landung auf dem Mond erforderten Jahre. Zunächst sandten in den Jahren 1964 und 1965 die Amerikaner die unbemannten Sonden *Ranger* 7, 8, 9 zum Mond. Sie sollten bis unmittelbar vor dem Aufschlag viele Tausende von Nahaufnahmen machen. Die Bilder zeigten immer wieder neue und immer kleinere Krater, bis zu $^1/_2$ m Durchmesser.
Auch die Sowjets beteiligten sich an diesen Vorbereitungen, und am 3. Februar 1966 gelang ihnen mit *Luna 9* die erste unbemannte *weiche* Landung auf dem Mond am Rande des *Oceanus Procellarum.* Die Aufnahmen zeigten – ganz entgegen den Erwartungen der meisten Astronomen – im Landegebiet nur wenig Staub und ließen erkennen, daß das Gestein dort überwiegend Basalt war. Noch im gleichen Jahr erfolgte mit *Luna 13* die nächste weiche Landung, bei der vor allem Messungen der Dichte und Bruchfestigkeit des Mondbodens ausgeführt wurden.
Teils gleichzeitig mit den sowjetischen *Lunasonden* lief 1966/67 die Serie der amerikanischen künstlichen Mondtrabanten *Lunar Orbiter.* Mit *Lunar Orbiter 5* waren bereits 95% der Mondrückseite aufgenommen. Es gelangen dabei ungewöhnliche Detailaufnahmen, und die Zahl der Krater bis zu Durchmessern von nur wenigen Zentimetern wuchs ungeheuer an.
Im Mai 1966 begannen die amerikanischen weichen Mondlandungen mit den *Surveyorsonden.* Fünf von ihnen landeten an verschiedenen Stellen des Mondes und übermittelten über 85 000 Fotos. Zwei von diesen Sonden führten chemische Analysen des Mondbodens aus, wobei sich nahezu übereinstimmend eine Zusammensetzung ergab, die für Basalt typisch ist.

Die ersten Menschen auf dem Mond

Inzwischen hatten die Amerikaner auch das *Apolloprogramm* von der technischen Seite her weitgehend vorbereitet. In Mondnähe sollte hierbei vom Mutterschiff eine Landefähre abgetrennt werden, die mit zwei Menschen weich auf dem Mond landen, wieder starten und die beiden Mondbesucher zum Mutterschiff zurückbringen sollte, das dann wieder zur Erde zurückkehrte.
So beginnt mit der Landung von Apollo 11 am 21. Juli 1969 die Eroberung des Mondes durch die beiden Astronauten *Neil A. Armstrong* und *Edwin Aldrin.* Die Landung erfolgte nur etwa 6 km vom Ziel entfernt. Die beiden Astronauten hielten sich, im Raumanzug natürlich, insgesamt $2^1/_2$ Stunden auf dem Mondboden auf; dabei stellten sie Meßinstrumente auf, fotografierten und sammelten einige Kilogramm Gesteinsproben, die sie zur Erde zurückbrachten. Die basaltartige Struktur des Mondgesteins bestätigte sich; ein Teil des Mondstaubes und die nicht vulkanischen Gesteine enthalten Gase, die als Spuren des Sonnenwindes anzusehen sind. Ein Teil des Mondstaubes jedoch besteht aus schillernden Glasperlen.
Es hat nie Wasser auf der Mondoberfläche gegeben, und das Alter des Mondes wird auf mindestens 4,5 Milliarden Jahre geschätzt. Alle diese Befunde sprechen gegen die Hypothese, daß der Mond sich einmal von der Erde abgelöst hat. Vielmehr dürfte er gleichzeitig mit der Erde entstanden sein, oder aber er war ein selbständiger Körper, den die Erde eingefangen hat.

Diese Aufnahme wurde von der amerikanischen Mondsonde Lunar Orbiter 2 mit einem Normalobjektiv aus 46 km Höhe gemacht. Im Hintergrund erkennt man den Krater Kopernikus, im Vordergrund den schlüssellochförmigen Doppelkrater Fauth. Blickrichtung von Süden nach Norden, es ist Sonnenaufgang für diese Mondgegend.

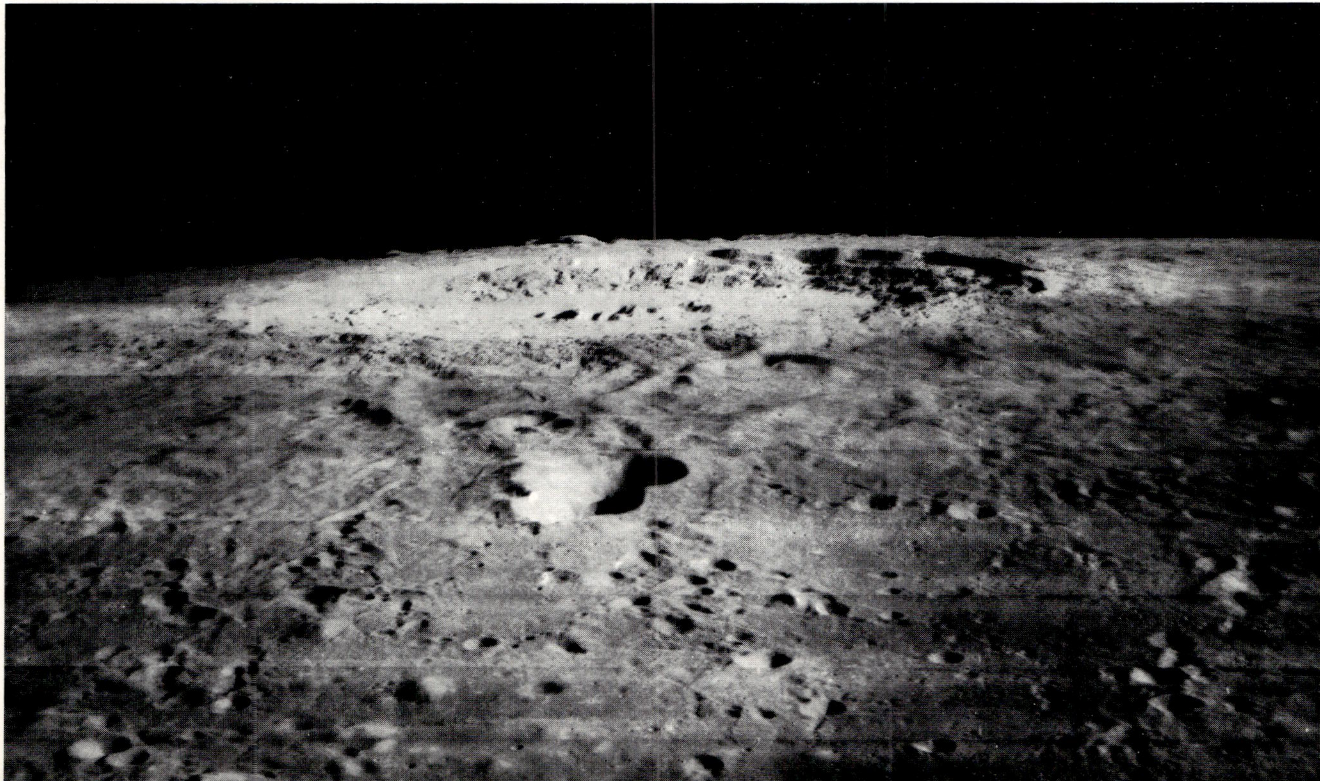

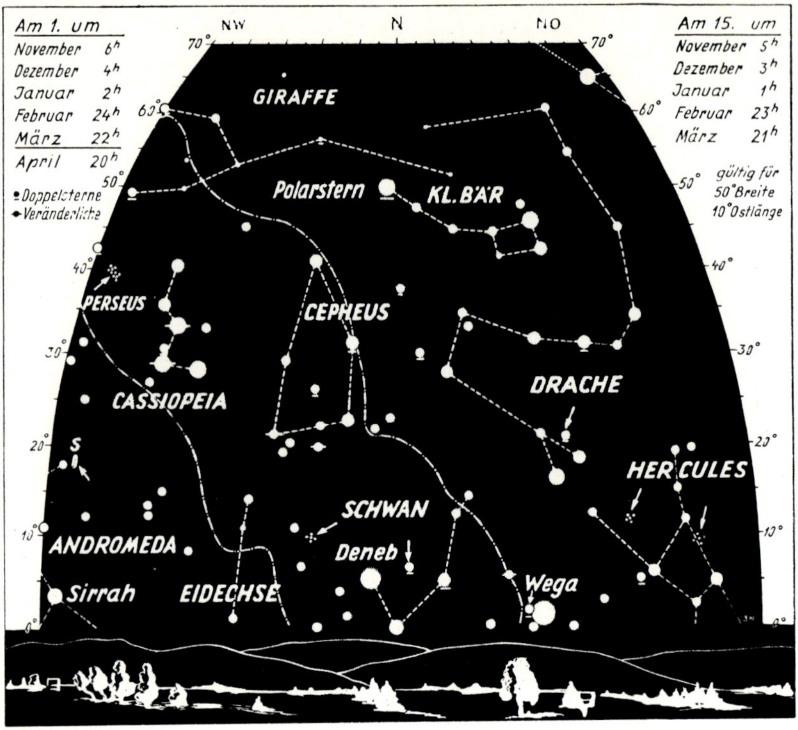

Was die Sternkarte zeigt

Der *Große Bär* ist ganz verschwunden, und der *Kleine Bär* zeigt – vom Polarstern ausgehend – fast waagerecht nach Osten. Von den übrigen zirkumpolaren Sternbildern befindet sich der *Drache* im NNO in steilem Aufstieg. *Kepheus* hingegen hat nahezu seine tiefste Stellung erreicht. In der gleichen mittleren Höhe sieht man nach NW zu das W der *Kassiopeia*. Die unscheinbare *Giraffe*, nun fast ganz auf der Karte, erstreckt sich nahezu in gleicher Höhe bleibend vom *Polarstern* nach NW. Ganz tief im NW stehen einige Sterne der *Andromeda* vor dem Untergang, darüber erscheinen die ersten Sterne des *Perseus*. Nahe am Nordhorizont findet man noch folgende Sternbilder bzw. Teile von ihnen: *Eidechse* (NNW), *Schwan* (N), *Wega* (NNO), *Herkules* (NO).
Die *Milchstraße* erstreckt sich vom Nordpunkt ausgehend schräg nach NW, aufsteigend durch *Kepheus* und *Kassiopeia* auf den unteren Teil der *Giraffe* zu.

In mehr als 10° Höhe findet man die folgenden bemerkenswerten Objekte:

Veränderliche Sterne fürs bloße Auge: δ und μ im Kepheus in nahezu tiefster, aber immer noch günstiger Stellung. In 30° bis 35° Höhe die beiden hellen Veränderlichen α und γ in der Kassiopeia.
Doppelsterne: Bloßes Auge: Keine. Feldstecher: ν im Drachen. 2-Zöller: η in der Kassiopeia, β und ξ im Kepheus, η im Perseus, α im Kl. Bären (Polarstern). 3–4-Zöller: $\varkappa$ im Kepheus, ε und η im Drachen, 19 H in der Giraffe.
Sternhaufen und Nebel: Bloßes Auge: Doppelsternhaufen h und χ im Perseus, Spiralnebel M 31 in der Andromeda. Feldstecher: Kugelsternhaufen M 92 im Herkules.

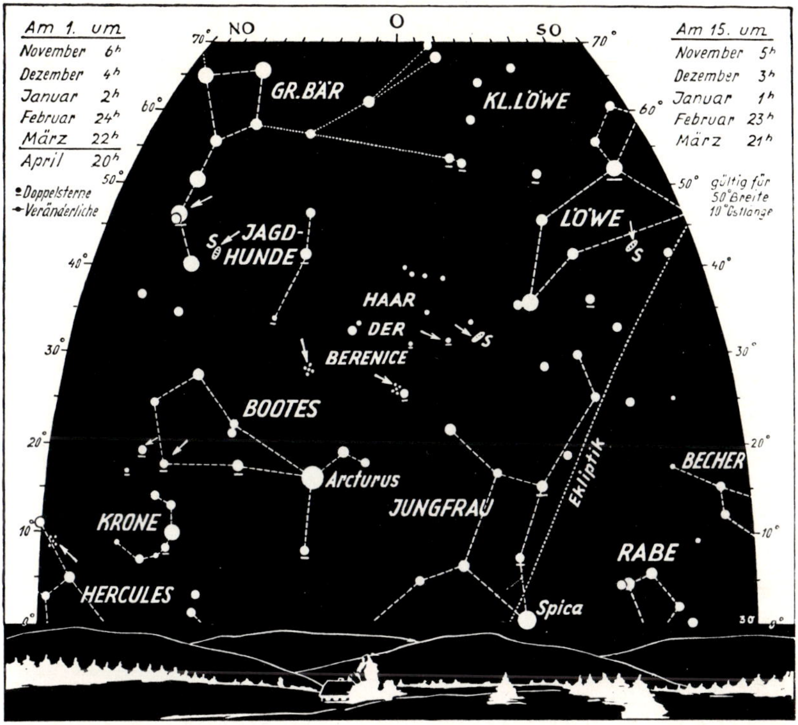

Was die Sternkarte zeigt

Der *Löwe* ist jetzt nahe am SO-Rand, und *Regulus* ist nicht mehr auf dieser Karte. Dafür hat sich der *Bootes* mit dem hell leuchtenden Riesenstern *Arkturus* ganz erhoben und beherrscht den unteren Teil des Feldes. Die Mitte der Karte wird von dem unscheinbaren *Haar der Berenike* eingenommen, darüber liegen die *Jagdhunde,* und hoch im NO erstrecken sich die Hauptsterne des *Großen Bären* mit dem *Wagen.*

Etwas über dem NO-Horizont ist die zierliche *Krone* gerade deutlich sichtbar geworden, während der *Herkules* sich erst zum Teil vom Horizont gelöst hat. Im Osten sind die meisten Teile der *Jungfrau* sichtbar, doch befindet sich *Spika* gerade erst im Aufgang. Auch vom *Raben* und *Becher* sind nur Teile zu sehen.

Die *Milchstraße* kommt auf dieser Karte nicht vor. Die *Ekliptik* geht von *Spika* im OSO steil hoch zum *Regulus.*

In mehr als 10° Höhe findet man die folgenden bemerkenswerten Objekte:

Veränderliche Sterne fürs bloße Auge: Keine.

Doppelsterne: Bloßes Auge: ζ (Mizar-Alkor) im Gr. Bären, der Prüfstern für gute Augen. Feldstecher: μ und δ im Bootes, 24 im Haar der Berenike. 2-Zöller: 12 in den Jagdhunden, ζ im Gr. Bären, ζ in der Krone, γ und 54 im Löwen, γ in der Jungfrau. 3–4-Zöller: μ und ε im Bootes, ξ und ν im Gr. Bären.

Sternhaufen und Nebel: Feldstecher: Kugelsternhaufen M 3 in den Jagdhunden, Kugelsternhaufen M 53 im Haar der Berenike, und die drei folgenden Spiralnebel: M 51 in den Jagdhunden, M 96 im Löwen und M 100 im Haar der Berenike.

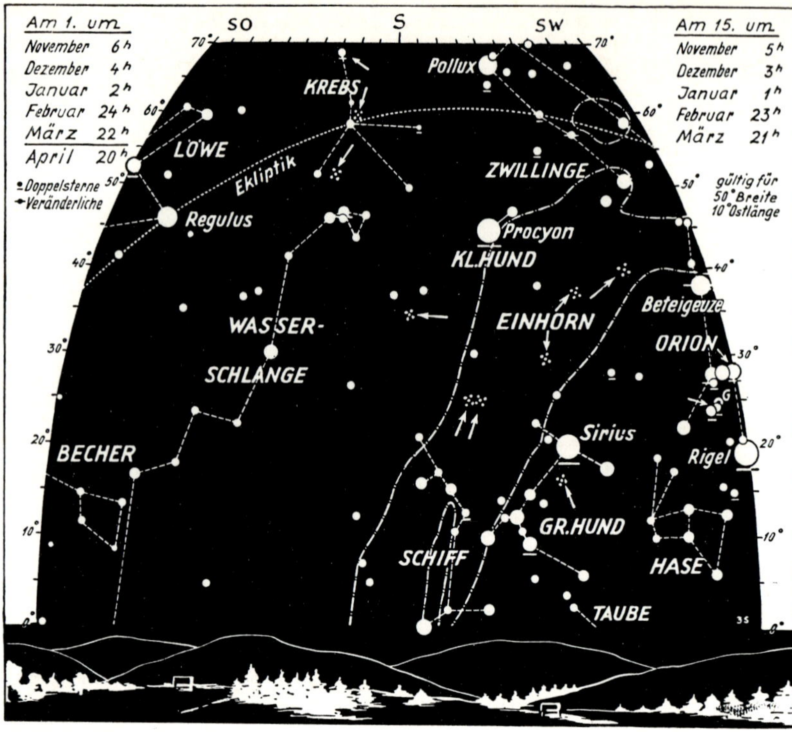

Was die Sternkarte zeigt

Die Pracht der winterlichen Sternbilder ist sehr im Abnehmen begriffen. Der *Orion* steht nur noch 30° hoch im SW. Unter ihm ist der *Hase* noch zu sehen, und in gleicher Höhe mit *Rigel* finden wir im SSW *Sirius* mit dem *Großen Hund*. Der *Kleine Hund* mit *Prokyon* und die *Zwillinge* sind noch in größerer Höhe im SW. Der unscheinbare *Krebs* steht nahezu im S, und unter ihm hat der Kopf der *Wasserschlange* fast den höchsten Stand erreicht. Tief im SO sehen wir auch den *Becher*, in mittlerer Höhe im SO *Löwe* und *Regulus*. Nahe am Südpunkt haben die Sterne des *Schiffes* gerade ihre günstigste Stellung überschritten.

Die *Milchstraße* verläuft vom Süden aus durch *Schiff*, *Einhorn* und *Kleinen Hund* in die *Zwillinge*. Die *Ekliptik* geht durch *Regulus* über ihren höchsten Punkt im S bis in die *Zwillinge*.

In mehr als 10° Höhe findet man die folgenden bemerkenswerten Objekte:

Veränderliche Sterne fürs bloße Auge: α im Orion (Beteigeuze), ζ in den Zwillingen.

Doppelsterne: Bloßes Auge: Keine. Feldstecher: ϑ_1, ϑ_2 und δ im Orion, ι im Krebs. 2-Zöller: β im Einhorn (dreifach), ζ im Krebs, γ im Löwen, β, ι, σ, ϑ_1 im Orion, $\varkappa$ im Schiff, λ in den Zwillingen. 3–4-Zöller: $\varkappa$ im Hasen, ζ im Orion, ε in der Wasserschlange, δ und $\varkappa$ in den Zwillingen.

Sternhaufen und Nebel: Bloßes Auge: Gasnebel M 42 im Orion, offener Sternhaufen M 41 im Gr. Hund (unter Sirius), Praesepe im Krebs. Feldstecher: Offene Sternhaufen: 4 im Einhorn, 2 grob zerstreute offene Haufen im Schiff, M 67 im Krebs.

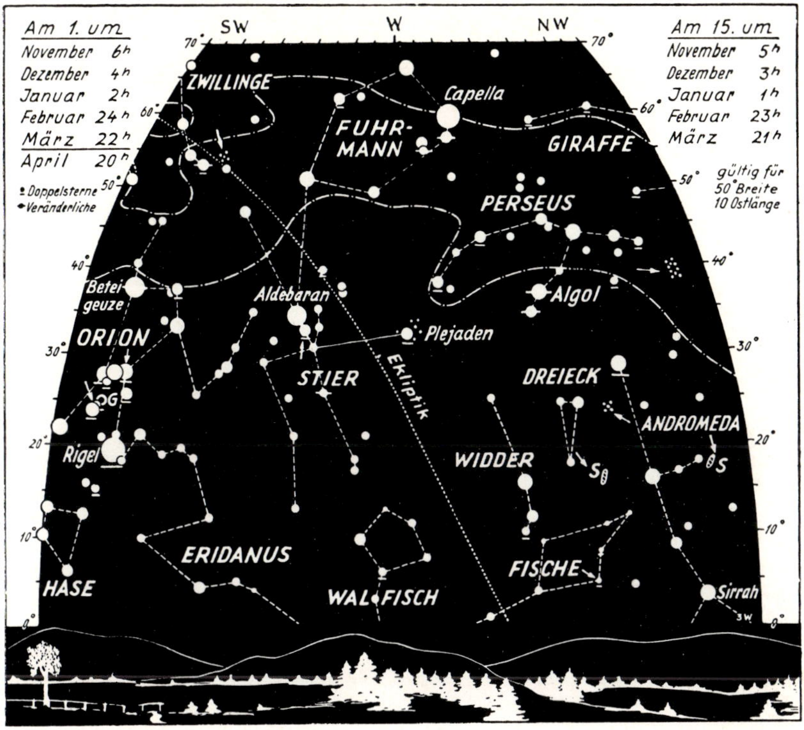

Was die Sternkarte zeigt

Der Westhimmel zeigt eine Pracht von hellen Sternen. Hoch oben genau im W *Kapella* mit dem *Fuhrmann,* darunter der *Stier* mit dem hellen, rötlich leuchtenden *Aldebaran.* Vom *Stier* nach SW zu neigt sich der *Orion* mit seinen vielen hellen Sternen dem Untergang zu. Auf der andern Seite des *Stiers* finden wir *Perseus* in weiterem Absteigen, unter ihm streben *Andromeda, Dreieck* und *Widder* dem Horizont zu. Von den *Fischen,* dem *Walfisch* und *Eridanus* sind große Teile bereits untergegangen. Unter dem Fußstern des *Orion* (Rigel) sind einige Sterne des *Hasen* sichtbar, und über dem *Orion* erscheinen die *Zwillinge.*

Die *Milchstraße* zieht sich als breites Band von den *Zwillingen* im SW über den *Fuhrmann* und *Perseus* fast waagerecht nach NW. Die *Ekliptik* steigt durch *Fische* und *Stier* steil auf zu den *Zwillingen.*

In mehr als 10° Höhe findet man die folgenden bemerkenswerten Objekte:

Veränderliche Sterne fürs bloße Auge: Die Bedeckungsveränderlichen ε und ζ im Fuhrmann (unter Kapella), η in den Zwillingen, λ im Stier, α im Orion (Beteigeuze), β (Algol) und ϱ im Perseus.

Doppelsterne: Bloßes Auge: ϑ im Stier, der Prüfstern für gute Augen. Feldstecher: ϑ_1, ϑ_2 und δ im Orion. 2-Zöller: γ in der Andromeda, β, ι, λ, σ, ϑ_1 im Orion, ε, ζ, η im Perseus. 3–4-Zöller: $\varkappa$ im Hasen (unter Rigel), ζ im Orion, ϑ im Perseus.

Sternhaufen und Nebel: Bloßes Auge: Die Plejaden als der bekannteste Vertreter der offenen Sternhaufen, Doppelsternhaufen h und χ im Perseus, Spiralnebel M 31 in der Andromeda und der Gasnebel M 42 im Orion. Feldstecher: Offener Sternhaufen 752 in der Andromeda, sowie Spiralnebel M 33 (Dreieck).

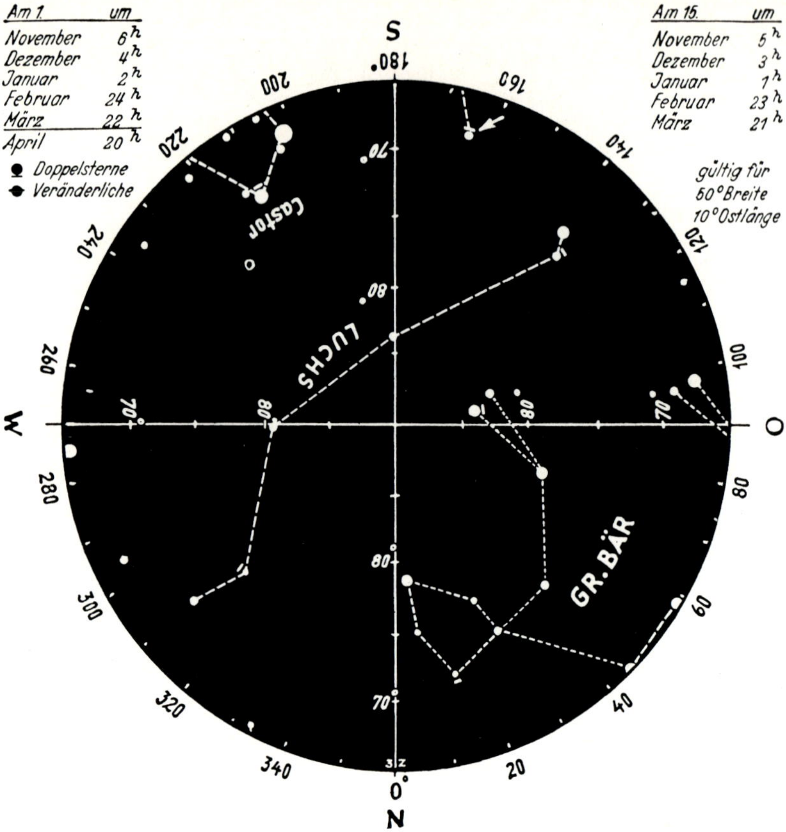

Was die Sternkarte zeigt

Quer durch die Zenitgegend zieht sich der *Luchs,* der ganz in der Zenitkarte enthalten ist. Von Norden und Osten her dringen der Kopf und einige weitere Sterne des *Großen Bären* bis in Höhen von über 80° vor. Im Süden ragt ein kleines Stück des *Krebses* in die Kalotte hinein, und im SW sehen wir *Kastor* und *Pollux* nebst einigen weiteren Sternen der *Zwillinge.*
Die *Milchstraße* berührt den Zenitsektor nicht mehr.
Veränderliche Sterne fürs bloße Auge: Keine.
Doppelsterne: Bloßes Auge: Keine. *Feldstecher:* ι im Krebs. *2-Zöller:* Kastor in den Zwillingen. *3–4-Zöller:* ι im Gr. Bären, 38 im Luchs.
Sternhaufen und Nebel: Keine.

Sonnenauf- und -untergangszeiten (MEZ) für +50° Breite und 10° östliche Länge

	1. März	11. März	21. März
SA	7.05	6.44	6.23
SU	18.01	18.17	18.33

Weitere Astronauten landen auf dem Mond – neue Ergebnisse

Noch im gleichen Jahr, am 19. November 1969, landeten mit der Mondlandefähre *Intrepid* von *Apollo 12* wieder zwei Astronauten im *Oceanus Procellarum*, nur 184 m nordwestlich des Platzes, wo am 20. April 1967 die unbemannte Mondsonde *Surveyor 3* niedergegangen war. Die Hauptaufgabe der Astronauten bestand im Aufstellen eines Geräte-Komplexes, der unter dem Namen *ALSEP* bekanntgeworden ist und auch bei den folgenden Mondlandungen immer mitgebracht wurde. Diese Gerätekombination besteht aus einem Seismometer (Bebenmesser), einem Magnetometer, einer Apparatur zum Nachweis des Sonnenwinds und einem Ionosphären-Detektor. Die Geräte werden mit einem thermoelektrischen Generator betrieben und können ihre Meßdaten ein Jahr lang zur Erde senden. Das Seismometer z. B. ist so empfindlich, daß es die Schritte der Astronauten deutlich registrierte.

Die Astronauten wirbelten diesmal viel Staub auf, der sich auf allen Geräten und den Raumanzügen absetzte. Eine Bodenprobe konnte bis aus 40 cm Tiefe entnommen werden, und schon beim ersten Ausflug von 3 Stunden und 48 Minuten Dauer konnten 30 kg Gestein gesammelt werden.

Beim zweiten Ausflug von ebenfalls fast 4 Stunden Dauer führte die Marschroute bis zu Surveyor 3. Zunächst fiel auf, daß sich die Farbe der Sonde von weiß in braun verändert hatte, weil das Gerät mit bräunlichem Staub bedeckt war. Die Astronauten konnten verschiedene Teile von Surveyor 3 abbauen und mitnehmen, so einige Kabel und Rohrleitungen, die Fernsehkamera und das Schaufelgerät. Der Rückflug zur Erde erfolgte planmäßig. Unter den Gesteinsproben befand sich wieder ein neues Mineral, das die Oxide von Titan, Magnesium und Eisen enthielt.

Sehr bemerkenswert war auch, daß ein Mikroorganismus, der unbeabsichtigt mit Surveyor 3 auf den Mond und jetzt wieder auf die Erde zurückgebracht worden war, die 950 Tage auf dem Mond unbeschadet überstanden hatte.

Die wichtigsten ersten Untersuchungsergebnisse aus dem von Apollo 11 und 12 gelieferten Material sind:

1. Es gibt keinerlei Anzeichen für frühere oder jetzt lebende Organismen auf dem Mond.
2. Das Gestein auf dem Mond ist älter als jedes Gestein, das man auf der Erde kennt.
3. Auf dem Mond kommen die gleichen chemischen Elemente vor wie auf der Erde.
4. Es gibt Minerale auf dem Mond, die wir auf der Erde nicht kennen.

Die Mondoberfläche besteht vorwiegend aus einem basaltartigen Gestein, das dem irdischen Basalt sehr ähnlich ist. Im einzelnen unterscheidet man 2 verschiedene Arten des Gesteins. Das eine ist der *„Mare-Basalt"*, wie er in den Landegebieten von Apollo 11, 12 und von Luna 16 gefunden wurde; es ist ein dunkler eisenreicher Basalt.

Das andere ist ein aluminiumreiches Gestein, das sofort durch seine hellere Farbe auffällt. Es wurde in den Gesteinsproben von Apollo 11, 12 und 14 gefunden und hat den Namen *„Anorthosit"* erhalten.

Sehr überraschend waren die schon von den Orbiter-Satelliten festgestellten Gebiete positiver Schwereanomalien, die sich dadurch zu erkennen gaben, daß jedesmal, wenn *Lunar Orbiter 5* die Gebiete der Mare Imbrium, Serenitatis, Crisium, Nectaris und Humorum überflog, die Sonde eine Beschleunigung erfuhr. Dies kann nur dadurch erklärt werden, daß man an diesen Stellen unter der Mondoberfläche Massen größerer Dichte annimmt. Dadurch erhält die Theorie, nach welcher die Mare durch den Aufprall fremder Körper entstanden sind, eine neue Stütze.

Durch eine technische Panne am Raumschiff konnte die Besatzung von Apollo 13 nicht auf dem Mond landen; es gelang ihr jedoch, wieder unversehrt zur Erde zurückzukehren.

Auch brachten die Seismometer auf dem Mond interessante Resultate. Nach dem beabsichtigten Absturz und Aufschlag der Saturn-4-B-Stufe von Apollo 15 wurde ein vierstündiges Nachbeben registriert. Aus den Meßdaten schließen die Seismologen auf ein Eindringen der Erschütterungswellen bis etwa 100 km Tiefe. Die Mondkruste scheint hiernach sehr heterogen und bis zu dieser Tiefe aus einigen riesigen Gesteinsblöcken zusammengesetzt zu sein. Die Ausbreitung der seismischen Wellen erfolgt ganz anders als auf der Erde. Die seismische Aktivität des Mondes ist etwa 100–1000mal kleiner als die der Erde. Die bisher registrierten Mondbeben deuten auf einen Gasvulkanismus hin, bei dem sich unter der Oberfläche befindliche Gaskammern bei Spannungsveränderungen entladen.

Es folgten *Apollo 16* (Mondlandung 20. 4. 1972 beim Krater Descartes) und *Apollo 17* (Mondlandung 11. 12. 1972 im Gebiet Taurus/Littrow). Wenn auch das amerikanische Mondlandeprogramm hiermit seinen vorläufigen Abschluß fand, so hat doch die Auswertung der zahlreichen wissenschaftlichen Experimente viele Jahre länger gedauert. Allen, die die Mondlandung im Fernsehen miterlebt haben, werden diese Eindrücke unvergeßlich bleiben.

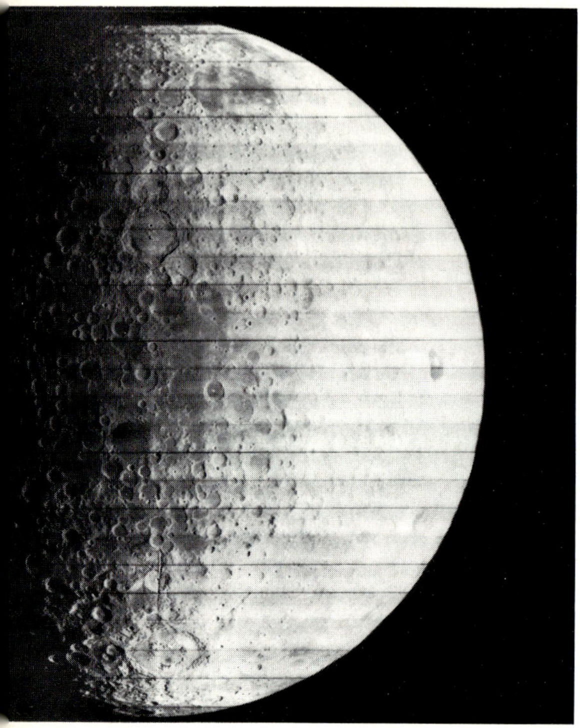

Rückseite des Mondes. Weitwinkelaufnahme von Lunar Orbiter 4 aus 3000 km Höhe am 11. Mai 1967. Man beachte den ungefähr 240 km langen und bis 8 km breiten Trog nahe dem Südpol des Mondes, der durch mehrere Krater hindurch geht (Süd ist unten). Aufn. USIS

Roboter auf dem Mond

Am 20. September 1970 setzten die Sowjets die unbemannte Sonde *Luna 16* im *Mare Foecunditatis* ab; sie führte eine Bohrung bis in 35 cm Tiefe aus und brachte eine Bodenprobe (ca. 100 g) zur Erde zurück. Im Februar 1972 wurde das Experiment mit Luna 20 wiederholt.

Im November 1970 wurde mit Hilfe von *Luna 17* eine selbstfahrende automatische Station, *Lunochod 1,* weich im Mare Imbrium abgesetzt; sie funktionierte 10½ Monate und legte 10,5 km zurück. Anfang 1973 wurde mit Luna 21 das Bodenerkundungsfahrzeug *Lunochod 2* im Südostteil der Le-Monnier-Bucht abgesetzt; das Fahrzeug legte 37 km zurück und übermittelte 80 000 Fernsehbilder, 86 Panoramaaufnahmen und zahlreiche andere Daten.

Und wie sieht es auf der Mondrückseite aus?

Keine der zahlreichen Spekulationen über die Beschaffenheit der Rückseite des Mondes hat sich bewahrheitet. Sie ähnelt im wesentlichen der Vorderseite, doch hat sie viel weniger Mare und ist sehr viel gebirgiger (s. S. 68).

Diese Aufnahme wurde gleichzeitig mit der auf Seite 53 abgebildeten gemacht, edoch mit Teleobjektiv. Im oberen Teil des Bildes sind der Nordrand und das Zentralgebirge des Ringgebirges Kopernikus gut zu erkennen, im unteren Teil der Südrand sowie ganz unten der Krater Fauth. Am Horizont sind Teile der Karpathen sichtbar.

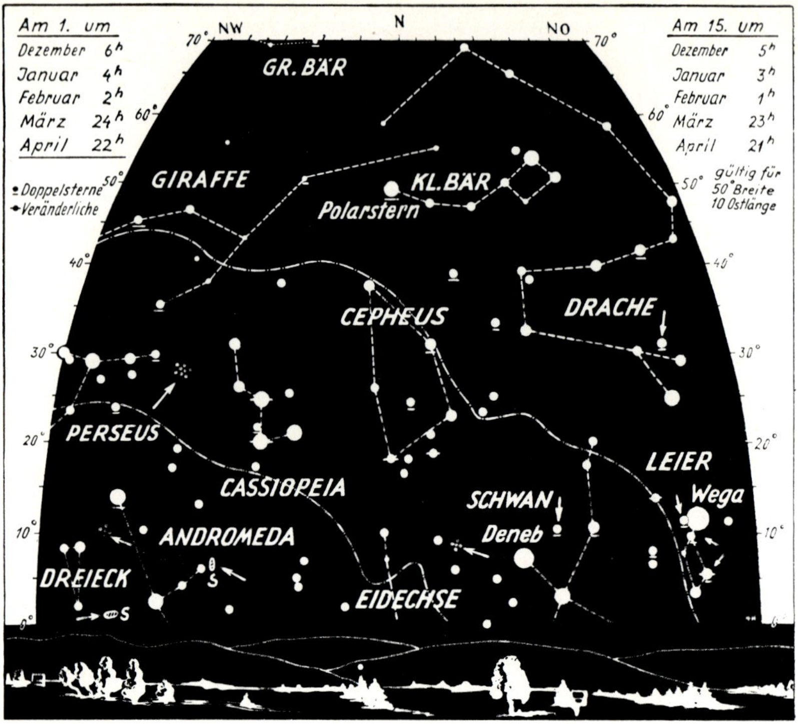

4
Nord

Was die Sternkarte zeigt

Der *Kleine Bär* erstreckt sich vom *Polarstern* aus waagerecht nach Osten und steigt jetzt schnell aufwärts. Der ganze Nordosten wird zum großen Teil vom *Drachen* eingenommen, dessen heller Kopfstern bereits 25° Höhe erreicht hat. Westlich vom *Polarstern* beginnt die *Giraffe* abzusinken, und genau unter ihm finden wir den *Kepheus* in seiner tiefsten Stellung. Ihm folgt die helle *Kassiopeia* in weiterem Abwärtssteigen. In gleicher Höhe mit *Kassiopeia* steht im Nordwesten *Perseus,* unter beiden Teile der *Andromeda* und in geringer Höhe das unscheinbare *Dreieck.* Im NO geht der *Schwan* langsam wieder auf, jedoch hat *Deneb* noch nicht die Höhe von 10° erreicht. Auch die *Wega* (Leier) steht noch tief im NO.
Die *Milchstraße* erstreckt sich flach ansteigend von NO über *Schwan, Kepheus, Kassiopeia* bis in den *Perseus* im NW.

In mehr als 10° Höhe findet man die folgenden bemerkenswerten Objekte:

Veränderliche Sterne fürs bloße Auge: δ und μ im Kepheus in tiefster Stellung. Etwas höher im NNW die beiden hellen Veränderlichen α und γ in der Kassiopeia.
Doppelsterne: Bloßes Auge: Im NO ε in der Leier, der bekannte Prüfstern für sehr gute Augen. Feldstecher: ν im Drachen, o_2 im Schwan (dreifach). 2-Zöller: η in der Kassiopeia, β und ξ im Kepheus, γ in der Andromeda, η im Perseus, α im Kl. Bären (Polarstern). 3–4-Zöller: $\varkappa$ im Kepheus, ε und η im Drachen, 19 H in der Giraffe, δ im Schwan, ϑ im Perseus.
Sternhaufen und Nebel: Bloßes Auge: Doppelsternhaufen h und χ im Perseus. Feldstecher: Offene Sternhaufen: 752 nahe bei γ in der Andromeda.

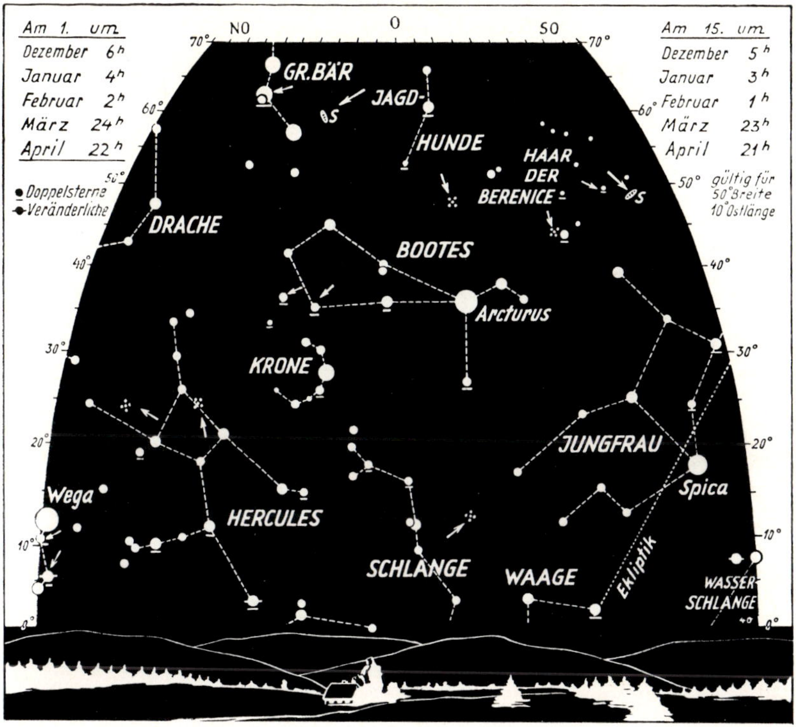

Was die Sternkarte zeigt

In mittlerer Höhe beherrscht *Bootes* mit dem hell leuchtenden Riesenstern *Arkturus* den Osthimmel. Über *Bootes* steht etwas nach SO zu das *Haar der Berenike,* im NO die Deichselsterne des *Großen Bären* und Teile des *Drachen.* Unmittelbar unter *Bootes* findet man die zierliche *Krone,* dann weiter nach dem NO-Horizont zu den ganzen *Herkules.* Fast genau im NO steht in wenig mehr als 10° Höhe die Leier mit der *Wega.* Über dem Ostpunkt steigt der Kopf der *Schlange* und im SO die *Jungfrau* in die Höhe. In der Nähe des SO-Horizontes gehen einige Sterne der *Wasserschlange* auf, und die ersten Sterne der *Waage* kündigen ein weiteres Sternbild der *Ekliptik* an, die sich auf einen kleinen Abschnitt nahe am SO-Horizont beschränkt.
Die *Milchstraße* kommt nicht vor.

In mehr als 10° Höhe findet man die folgenden bemerkenswerten Objekte:

Veränderliche Sterne fürs bloße Auge: Keine.
Doppelsterne: Bloßes Auge: ζ (Mizar-Alkor) im Gr. Bären, der Prüfstern für gute Augen. Feldstecher: μ und δ im Bootes, 24 im Haar der Berenike, ζ in der Leier. 2-Zöller: ζ im Gr. Bären, 12 in den Jagdhunden, ζ in der Krone, γ in der Jungfrau, δ, γ und ϱ im Herkules, β und δ in der Schlange. 3–4-Zöller: μ und ε in Bootes, ϑ in der Jungfrau.
Sternhaufen und Nebel: Bloßes Auge: Im Herkules der prächtige Kugelsternhaufen M 13 sowie der etwas schwächere Sternhaufen M 92. M 3 in den Jagdhunden. Feldstecher: Kugelsternhaufen: M 53 im Haar der Berenike, M 5 in der Schlange, Spiralnebel M 51 in den Jagdhunden und M 100 im Haar der Berenike.

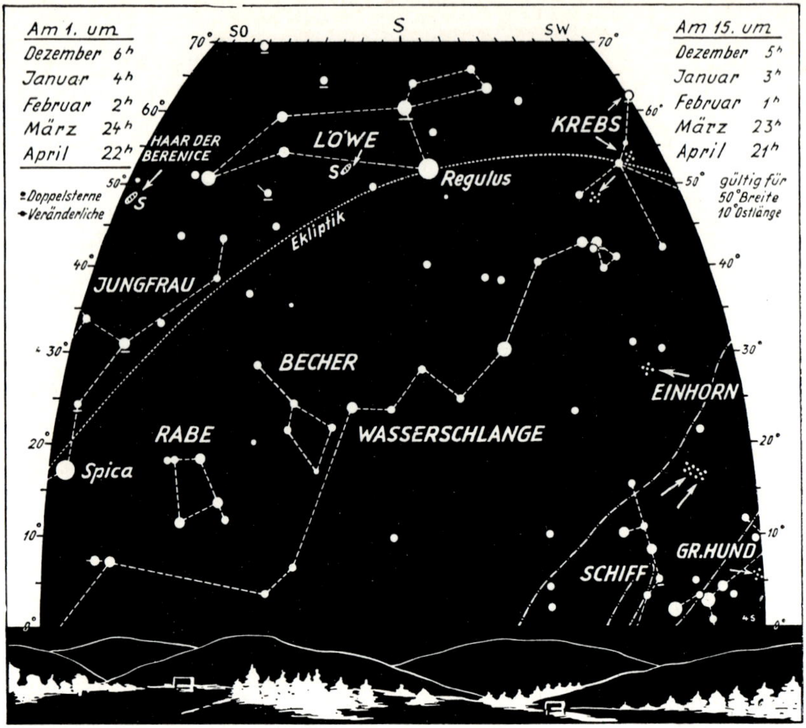

Was die Sternkarte zeigt

Der Südhimmel wird jetzt ganz beherrscht von dem hoch im Meridian stehenden Sternbild des *Löwen* mit *Regulus* in der *Ekliptik.* In gleicher Höhe finden wir im SW den unscheinbaren *Krebs.* Unter seiner Mitte steht der Kopf der *Wasserschlange,* die sich in vielen Windungen bis zum SO-Horizont herunterzieht. Von der *Wasserschlange* lenken *Rabe* und *Becher* hinüber zur *Jungfrau; Spika* ist gerade in ca. 17° Höhe auf der Karte erschienen. Tief im SW stehen die letzten Sterne des *Großen Hundes,* sowie einige des *Schiffes* noch einige Grad über dem Horizont. Einige Sterne des *Einhorns* füllen die Lücke bis zum Kopf der *Wasserschlange.*
Die *Milchstraße* beschränkt sich auf einen kleinen Raum tief im SW, die *Ekliptik* zieht in einem leicht auffindbaren Bogen von *Spika* über *Regulus* in die Mitte des *Krebses.*

In mehr als 10° Höhe findet man die folgenden bemerkenswerten Objekte:

Veränderliche Sterne fürs bloße Auge: Keine.
Doppelsterne: Bloßes Auge: Keine. Feldstecher: ι im Krebs. 2-Zöller: γ und 54 im Löwen, γ in der Jungfrau. 3–4-Zöller: ϑ in der Jungfrau, ε in der Wasserschlange.
Sternhaufen und Nebel: Bloßes Auge: Praesepe im Krebs. Feldstecher: ein offener Sternhaufen im Einhorn, 2 grob zerstreute offene Sternhaufen im Schiff, galaktischer Haufen M 67 im Krebs, Spiralnebel M 96 im Löwen und M 100 im Haar der Berenike.

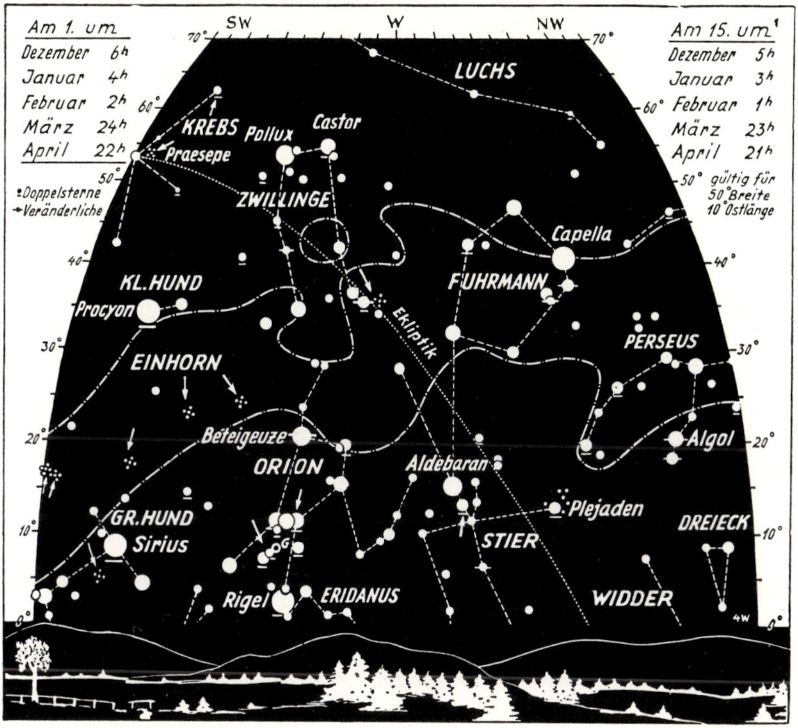

Was die Sternkarte zeigt

Von den zehn hellsten Sternen unseres ganzen Himmels zeigen sieben ihre Pracht auf dieser Karte. *Orion* mit seinen vielen hellen Sternen schickt sich in der Nähe des Westpunktes zum Untergang an. Rechts von ihm erblicken wir noch *Aldebaran* mit den meisten Sternen des *Stieres* und über diesem den *Fuhrmann* mit der hell leuchtenden *Kapella.* Auch der *Sirius* strahlt im SW noch sehr hell, obgleich er nicht mehr hoch steht. Über ihm finden wir *Prokyon* im *Kleinen Hund* und noch höher den *Krebs.* Etwas mehr nach W zu stehen *Kastor* und *Pollux* und die *Zwillinge.* Unterhalb des *Fuhrmanns,* nach NW zu, finden wir noch einen großen Teil des *Perseus,* darunter *Dreieck* und *Widder* im Untergehen.
Die *Milchstraße* zieht sich im flachen Bogen vom *Sirius* über *Einhorn, Zwillinge* und *Fuhrmann* in den *Perseus.* Die *Ekliptik* beginnt im NNW und geht durch *Stier* und *Zwillinge* in den Krebs.

In mehr als 10° Höhe findet man die folgenden bemerkenswerten Objekte:

Veränderliche Sterne fürs bloße Auge: Bedeckungsveränderliche ε und ζ im Fuhrmann, sowie β im Perseus. Sonstige: η und ζ in den Zwillingen, α im Orion (Beteigeuze), ϱ im Perseus.
Doppelsterne: Bloßes Auge: ϑ im Stier, Prüfstern für gute Augen. Feldstecher: ι im Krebs. 2-Zöller: ζ im Krebs (mehrfach), λ, σ im Orion, ε, ζ im Perseus, α, λ in den Zwillingen, β im Einhorn (dreifach). 3–4-Zöller: ζ im Orion, ϑ im Perseus, δ, $\varkappa$ in den Zwillingen.
Sternhaufen und Nebel: Bloßes Auge: Offene Sternhaufen Plejaden und Praesepe. Feldstecher: M 35 in den Zwillingen, 3 Sternhaufen im Einhorn und 2 offene Haufen im Schiff.

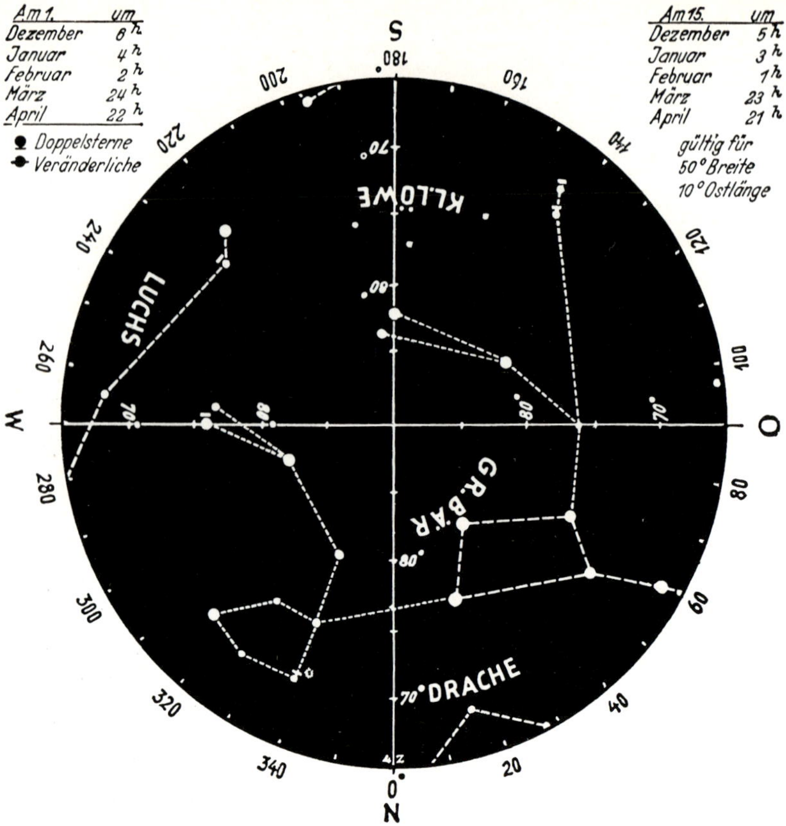

Was die Sternkarte zeigt

Die Zenitkalotte wird ganz vom *Großen Bären* beherrscht, der bis auf die beiden letzten Schwanzsterne erschienen ist und die engere Umgebung des Zenits einschließt. Von Norden her dringt ein kleiner Teil des *Drachen* vor, von Süden der *Kleine Löwe,* und im Westen ist ein Teil des Sternbildes *Luchs* schon wieder abgesunken.

Die *Milchstraße* berührt die Zenitkalotte nicht.

Veränderliche Sterne fürs bloße Auge: Keine.

Doppelsterne: Bloßes Auge, Feldstecher und *2-Zöller:* Keine. *3–4-Zöller:* ξ, ν, ι im Gr. Bären, 38 im Luchs.

Sternhaufen und Nebel: Keine.

Sonnenauf- und -untergangszeiten (MEZ) für +50° Breite und 10° östliche Länge

	1. April	11. April	21. April
SA	5.59	5.37	5.17
SU	18.50	19.06	19.22

Das Apollo-Mondlandeprogramm

Den Landungen von Astronauten auf der Mondoberfläche waren zunächst Probeflüge vorausgegangen, um das neue technische Gerät zu testen, das Verhalten der Mannschaften bei den unterschiedlichen Vorgängen einzuüben und zu prüfen sowie Manövrierphasen zu üben. Die zivile Raumfahrtbehörde NASA (National Aeronautics and Space Administration) entwickelte eine Systemstruktur, die den Missionsablauf sicherstellen sollte. Es wurden zehn Mondlandungen geplant. Mit Hilfe einer Trägerrakete, der SATURN 5, bestehend aus der Startstufe „S-1 C" und der Antriebsstufe „S-2", wurde eine dritte Stufe „S-4 B" mit Versorgungsteil (Service Module) und der eigentlichen Mannschaftskabine (Apollo Command Module) in eine Erdumlaufbahn befördert (Startmasse fast 3000 t, davon ca. 85% Treibstoffanteil bei etwa 2,5 t Nutzlast!), aus der heraus bei Erreichen eines günstigen „Startfensters" mit Hilfe der „S-4 B" der dreitägige Raumflug hinüber zum Mond eingeleitet wurde. Die Mannschaftskabine mit Versorgungseinheit bewegte sich nach Abtrennung der „S-4 B" auf einer *Hohmannbahn* (Walter Hohmann „Die Erreichbarkeit der Himmelskörper", München und Berlin 1925, 86 Seiten) im freien Flug zum Mond und wurde hier durch Abbremsen in eine Parkbahn gelenkt, aus der die Mondlandefähre (Lunar Module) mit zwei Mann Besatzung und Gerät ALSEP (Apollo Lunar Surface Experiment Package) zur Mondoberfläche abstieg. Die Versorgungseinheit mit dem dritten Besatzungsmitglied blieb im Orbit, um Experimente und Nahaufnahmen der Mondoberfläche für fotogrammetrische Zwecke durchzuführen. Die Rückkehr der Landefähre mit den Bodenproben erfolgte durch Start von einer zurückbleibenden Plattform unter Zurücklassen von Gerät. Im Mondorbit wurde an die Versorgungseinheit wieder angedockt und der dreitägige Rückweg auf einer Hohmannbahn zur Erde angetreten. In Erdnähe erfolgte die Abtrennung von der Versorgungseinheit und die Mannschaftskabine kehrte zur Erdoberfläche zurück, wobei beim Erreichen dichterer Luftschichten ein Fallschirmsystem den freien Fall abbremste. Die Bergung der Landekapsel erfolgte auf hoher See durch die US-Marine.

Mit Apollo 7 im Oktober 1968 begann eine zehntägige bemannte Erprobung im Erdorbit (Besatzung: Schirra, Eisele, Cunningham). Apollo 8 (Bormann, Lovell, Anders) erreichte am 21. Dezember 1968 den Mond, der zehnmal umkreist wurde. Apollo 9 (McDivitt, Scott, Schweickart) testete im März 1969 im Erdorbit die Mondfähre: Abkoppeln, Abstieg, Aufstieg, Ankoppeln. Mit Apollo 10 (Stafford, Cernan, Young) wurde im Mai 1969 die Mondlandung simuliert, ohne daß jedoch die Landefähre auf der Mondoberfläche aufsetzte. Bei den Annäherungen an den Mond wurden Fotoaufnahmen von seiner Oberfläche gemacht, um die vorgesehenen Landeplätze genauer erkunden zu können, als das von der Erde aus möglich wäre. Erst Apollo 11 (Armstrong, Collins, Aldrin) führte das erste Missionsprogramm auf der Mondoberfläche durch. Neil Armstrong betrat am 21. Juli 1969 um 03 Uhr 56 MEZ als erster Mensch einen anderen Himmelskörper. 20 Minuten später folgte ihm Edwin Aldrin, während Michael Collins in der Orbitalstation seinen Dienst versah.

Als Landegebiete waren zunächst ebene Flächen in Äquatornähe ausgesucht worden. Apollo 11 landete auf der östlichen Mondhälfte im *Mare Tranquillitatis* östlich des Ringgebirges Sabine in Richtung zum Krater *Moltke*. Apollo 12 (Conrad, Bean, Gordon) ging im November 1969 auf der westlichen Mondhälfte im Gebiet südöstlich des Ringgebirges *Lansberg* im *Mare Cognitum* nieder. Anstelle von Apollo 13 (Lovell, Haise, Swigert), das im April 1970 im Anflug eine technische Panne am Service Module hatte und nach Umrundung des Mondes zur Erde zurückkehren mußte, nahm Apollo 14 (Shepard, Mitchell, Roosa) die Landung in dem von Lavamassen überfluteten nördlichen Gebiet des Ringgebirges *Fra Mauro* im *Mare Cognitum* vor. Die Mondlandungen waren so erfolgreich verlaufen, daß die nächsten Erkundungsgebiete weitab vom Mondäquator ausgewählt werden konnten. Hatten die Unternehmungen 12 und 14 schon einen Handkarren mitgebracht, so trug Apollo 15 (Scott, Irwin, Warden) bereits ein elektrisch betriebenes vierrädriges Fahrzeug mit sich, das den Erkundungskreis um die Landestelle herum weiterziehen ließ als bisher.

Apollo 15 landete im Juli 1971 am Nordwestabfall des *Apennin*-Gebirges gegen den *Palus Putredinis* hin in Sichtweite des *Mount Hadley.* Eine „Mondrille" am Landeplatz erlaubte den Geologen erstmals einen Einblick in die Stratigrafie der Lavaschüttungen an der Mondoberfläche. Apollo 16 (Young, Duke, Mattingly) landete im April 1972 im Bereich des Ringgebirges *Descartes*, im Mondhochland gelegen zwischen dem *Mare Nubium* und dem *Mare Nectaris.* Mit Apollo 17 (Cernan, Schmitt, Evans) wurde im Dezember 1972 das *Taurus*-Gebirge angesteuert und der Landeplatz unweit des Ringgebirges *Littrow* für einen dreitägigen Aufenthalt gewählt. Damit beendete NASA das Apollo-Monderforschungsprogramm.

Eine der ersten Aufnahmen der Rückseite des Mondes. Aufn. dpa
Ausgezogene Kurve: Mondäquator; gestrichelte Kurve: Grenze zwischen sichtbarer (links) und nicht sichtbarer Seite (rechts). Die nördliche Hemisphäre liegt oben. Die arabischen Ziffern bezeichnen Objekte auf der von der Erde abgewandten Seite: 1 Mare Moskwa (Moskau-Meer) mit 300 km Durchmesser, 2 Astronautenbucht des Mare Moskwa, 3 Fortsetzung des Mare Australe (Südmeer) der Vorderseite des Mondes, 4 Krater Ziolkowski, 5 Krater Lomonossow, 6 Krater Joliot-Curie, 7 Sowjet-Gebirge, 8 Mare Metschta (Traummeer). Die römischen Zahlen kennzeichnen folgende Objekte der erdzugewandten Seite: I Mare Humboldtianum (Humboldt-Meer), II Mare Crisium (Meer der Gefahren), III Mare Marginis (Randmeer), IV Mare Undarum (Wellenmeer), V Mare Smythii (Smyth-Meer), VI Mare Foecunditatis (Meer der Fruchtbarkeit), VII Mare Australe (Südmeer). Die Objekte, die bei der vorläufigen Bearbeitung bereits mit Sicherheit festgestellt werden konnten, sind mit einer durchlaufenden Linie umgeben; noch zu bestimmende Objekte sind gestrichelt umrandet.

N O

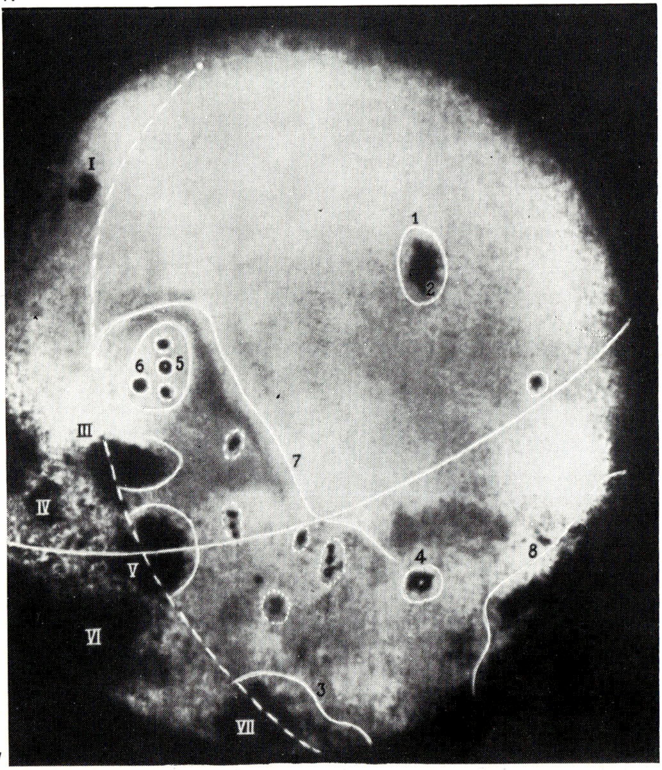

W S

Unsere Sonne ist auch nur ein Stern

Unsere Sonne, die Spenderin alles Lebens und alles Seins auf der Erde, ist nur *ein* Stern unter den vielen Sternen, die wir beobachten können. Wenn sie uns so ganz anders vorkommt und anders „scheint", so hat das seinen alleinigen Grund darin, daß sie uns so sehr viel näher ist als alle diese vielen anderen Sonnen. Sie ist nicht mehr als rund 150 Millionen km von uns entfernt, etwa 400mal weiter als der nächste Himmelskörper, unser Mond.
Von der Größe der Sonne kann man sich eine ungefähre Vorstellung machen, wenn man sich klarmacht, daß 109 Erdkugeln aneinandergereiht gerade den Sonnendurchmesser ergeben würden (s. auch S. 78). Ihr scheinbarer Durchmesser ist nahezu $^1/_2$ Grad (fast genau gleich dem scheinbaren Monddurchmesser), der wahre Durchmesser aber beträgt rund 1,4 Millionen km. Es hätte die ganze Mondbahn bequem innerhalb der Sonne Platz (vgl. Abb. auf S. 78). Der Umfang der Sonne beträgt rund 4,3 Millionen km, und ihr Volumen ist so groß, daß 1,3 Millionen Erdkugeln in ihr Platz hätten. An Masse übertrifft sie die Erde nur um das rund 330 000fache, weil ihre Dichte sehr viel geringer ist als die der Erde. Auf der Sonnenoberfläche könnte man die der Erde ca. 12 000mal ausbreiten.
Wenn wir die Sonne einmal näher betrachten wollen, so dürfen wir niemals mit einem Feldstecher oder Fernrohr ungeschützt direkt in die Sonne blicken, wir würden dann sofort das Augenlicht verlieren und erblinden! Man fängt am besten das Bild der Sonne auf einem Beobachtungsschirm auf. Bei Betrachtung eines solchen Sonnenbildes oder einer Fotografie wird einem vor allem das folgende auffallen:

1. Die Helligkeit der Sonnenscheibe nimmt nach dem Rande zu ab.
2. Auf der Sonnenscheibe gibt es oft dunkle Stellen, die Sonnenflecken.
3. Neben diesen Flecken, aber auch allein, erscheinen häufig Gebilde, die heller sind als die Umgebung, die Fackeln.

Aus der Bewegung der Flecken, die oft eine Lebensdauer von vielen Wochen haben, hat man sehr bald eine Rotationsdauer der Sonne von etwa 25–33 Tagen festgestellt. Das heißt, bei dem nicht starren Sonnenkörper sind die Drehungszeiten in den einzelnen Breiten verschieden und nicht gleich wie bei einem starren Körper, z. B. der Erde. Die bemerkenswerteste Eigenschaft dieser Flecken ist aber der 1843 von Schwabe entdeckte zyklische Wechsel ihrer Häufigkeit. Der Mittelwert dieses Zyklus ist 11,1 Jahre, jedoch schwanken die einzelnen Perioden nicht unerheblich um diesen Mittelwert, wie die folgende kleine Tabelle erkennen läßt. Das letzte Minimum der Sonnenflecken war im Sommer 1976, das letzte Maximum Ende 1979/Anfang 1980. Einer der größten

Sonnenflecken
Maxima und Minima seit 1856

Minima	Maxima
1856,0	1860,1
1867,2	1870,6
1878,9	1883,9
1889,6	1894,0
1901,7	1907,1
1913,6	1917,6
1923,6	1928,4
1933,8	1937,4
1944,2	1947,5
1954,3	1957,9
1964,8	1968,9
1976,5	1980,0

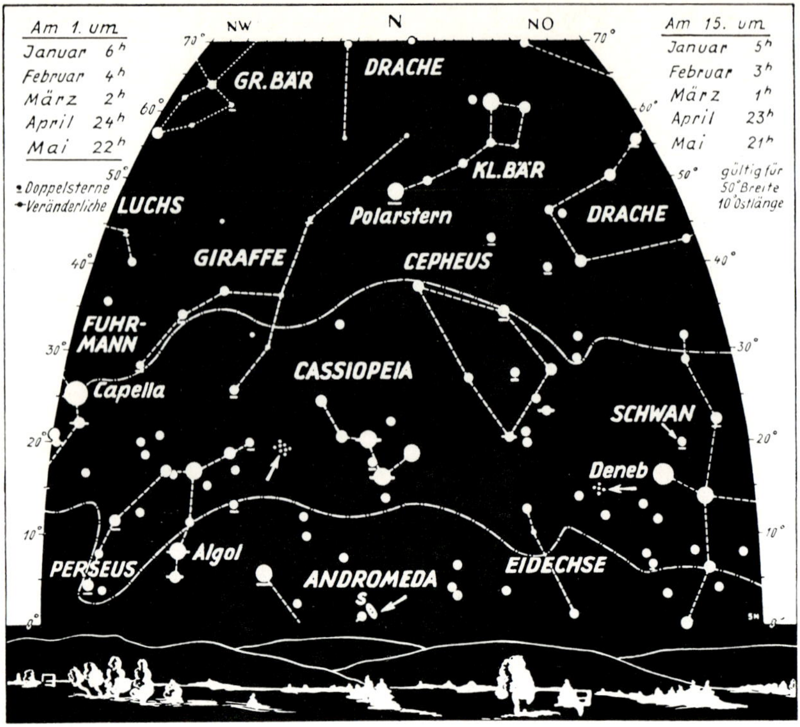

5
Nord

Was die Sternkarte zeigt

Genau im Norden finden wir in etwa 20° Höhe das W der *Kassiopeia* in seiner tiefsten Stellung. Rechts davon, aber etwas höher und wieder aufsteigend, liegt der *Kepheus* und über diesem der *Kleine Bär* mit dem *Polarstern.* Im NO hat der Kopf des *Drachen* schon rund 40° Höhe erreicht. Der *Drache* selbst windet sich bereits bis in Höhen von etwas über 70° hinauf. Hoch im NW ist der Kopf des *Großen Bären* erschienen; auch die wenig auffällige *Giraffe* ist jetzt ganz auf der Karte. Unter der Giraffe schickt sich *Perseus* an unterzugehen. Fast genau im NW leuchtet in 25° Höhe der Riesenstern *Kapella* im *Fuhrmann. Andromeda* ist zum größten Teil im Norden verschwunden. Im NO sind die oberen Teile des *Schwans* mit *Deneb* im weiteren raschen Aufsteigen begriffen. Die *Milchstraße* zieht sich als fast waagerecht liegendes Band vom *Schwan* im NO herüber bis zur *Kapella* im NW, nur an einzelnen Stellen eine Höhe von mehr als 30° überschreitend.

In mehr als 10° Höhe findet man die folgenden bemerkenswerten Objekte:

Veränderliche Sterne fürs bloße Auge: δ und μ im Kepheus, α und γ in der Kassiopeia. Im NW bei Kapella die beiden Bedeckungsveränderlichen ε und ζ im Fuhrmann.
Doppelsterne: Bloßes Auge: Keine. Feldstecher: o_2 im Schwan (dreifach). 2-Zöller: η in Kassiopeia, β und ξ im Kepheus, ε und η im Perseus, α im Kl. Bären (Polarstern). 3–4-Zöller: $\varkappa$ im Kepheus, ε und η im Drachen, 19 H in der Giraffe, δ im Schwan, ϑ im Perseus.
Sternhaufen und Nebel: Bloßes Auge: Doppelsternhaufen h und χ im Perseus. Feldstecher: Offener Sternhaufen M 39 (Schwan).

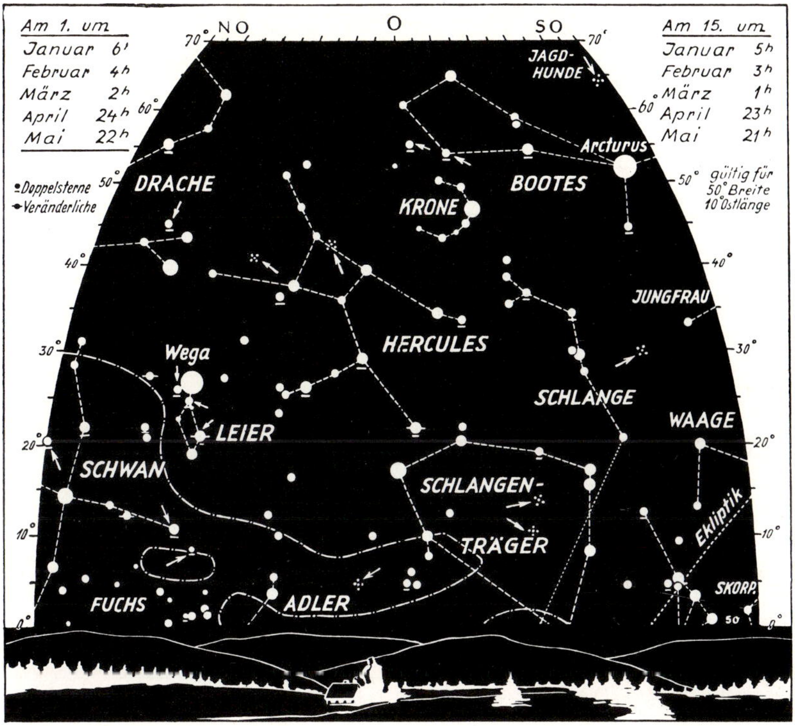

Was die Sternkarte zeigt

Ein großer Teil der Karte wird von dem in der Mitte stehenden ausgedehnten *Herkules* ausgefüllt. Über ihm findet man nach SO anschließend die zierliche *Krone* und noch nahezu den ganzen *Bootes.* Der hell leuchtende *Arkturus* liegt in etwa 50° Höhe ganz am SO-Rand. In gleicher Höhe, aber im NO, ist der Kopf und ein Teil des *Drachen* erschienen. Unter dem *Drachenkopf* fällt die *Wega* mit der *Leier* sofort auf, etwas tiefer erstrecken sich bis zum NO-Horizont große Teile des *Schwans,* der *Fuchs* und einige Sterne des *Adlers.* Im Osten ist der größte Teil des *Schlangenträgers* schon aufgegangen, und die *Schlange* selbst reckt ihren Kopf bis in eine Höhe von fast 40°.
Die *Milchstraße* ist mit *Schwan* und *Adler* wieder aufgegangen und schickt einen Ausläufer bis in den *Schlangenträger.*

In mehr als 10° Höhe findet man die folgenden bemerkenswerten Objekte:

Veränderliche Sterne fürs bloße Auge: α im Herkules, β und R in der Leier und der Mirastern χ im Schwan.
Doppelsterne: Bloßes Auge: ε in der Leier, der bekannte Prüfstern für sehr gute Augen. Feldstecher: μ und δ im Bootes, ν im Drachen, β und ζ in der Leier, o_2 im Schwan (dreifach). 2-Zöller: α, δ, γ, μ, ϱ im Herkules, ζ in der Krone, η in der Leier, β und δ in der Schlange. 3–4-Zöller: μ und ε im Bootes, η im Drachen, δ im Schwan, ε_1 und ε_2 in der Leier.
Sternhaufen und Nebel: Bloßes Auge: Kugelsternhaufen M 13 und M 92 im Herkules, M 5 in der Schlange. Feldstecher: Kugelsternhaufen M 3 (Jagdhunde), M 10 und M 12 im Schlangenträger.

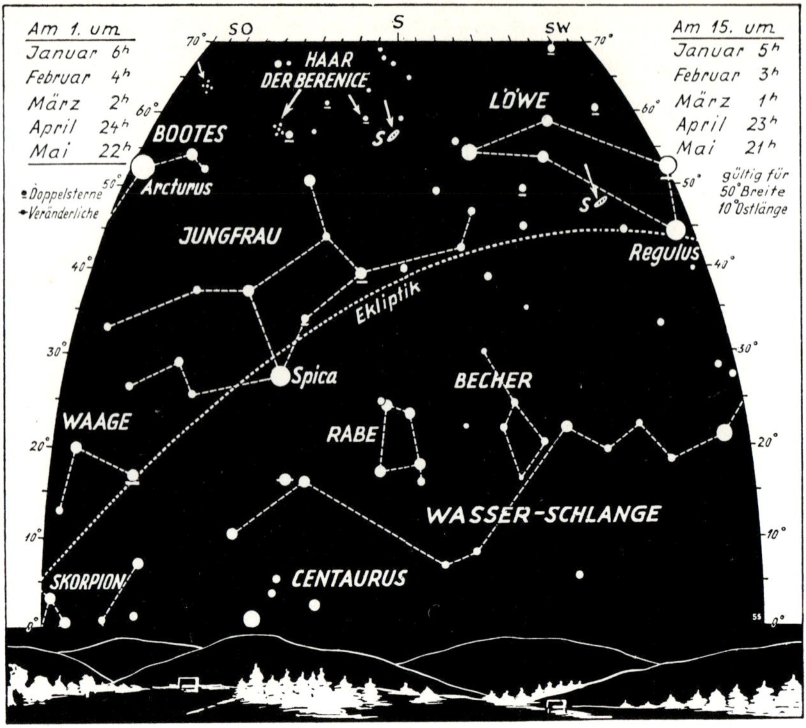

Was die Sternkarte zeigt

Löwe und *Jungfrau* beherrschen den Südhimmel und bezeichnen zugleich für das Auge sichtbar den Weg der *Ekliptik,* die sich schon wieder erheblich gesenkt hat. *Regulus* im *Löwen* steht ein wenig oberhalb, *Spika* in der *Jungfrau* etwas unterhalb der *Ekliptik.* Nahe derselben finden wir am SO-Rand noch die *Waage* und kleine Teile des *Skorpions. Rabe, Becher* und ein großer Teil der *Wasserschlange* füllen den weiten Raum unter der *Ekliptik;* ganz tief im Süden gesellen sich noch einige Sterne des *Kentaur* hinzu, doch sind sie für uns kaum sichtbar. Hoch im SO ist der rötlich hell leuchtende *Arkturus* mit einigen Sternen des *Bootes* gerade aufgetaucht. Zwischen ihm und dem *Löwen* erstreckt sich in großer Höhe das *Haar der Berenike.*
Die *Milchstraße* kommt auf dieser Karte nicht vor.

In mehr als 10° Höhe findet man die folgenden bemerkenswerten Objekte:

Veränderliche Sterne fürs bloße Auge: R in der Wasserschlange.
Doppelsterne: Bloßes Auge: Keine. Feldstecher: 24 im Haar der Berenike. 2-Zöller: γ und 54 im Löwen, γ in der Jungfrau. 3–4-Zöller: ϑ in der Jungfrau, ε in der Wasserschlange.
Sternhaufen und Nebel: Bloßes Auge: Kugelsternhaufen M 3 in den Jagdhunden. Feldstecher: M 53 im Haar der Berenike (Kugelsternhaufen), Spiralnebel M 100 im Haar der Berenike.

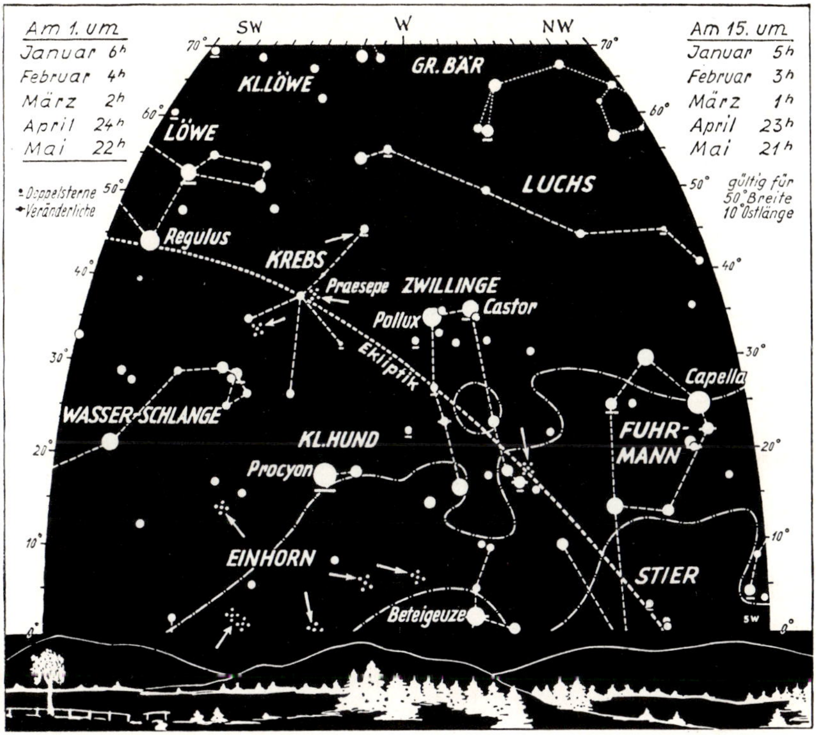

Was die Sternkarte zeigt

Die mittlere Höhe der Karte wird ganz von den *Zwillingen* eingenommen, an deren oberem Ende *Kastor* und *Pollux* leuchten. Auf der NW-Seite neben den *Zwillingen* finden wir den *Fuhrmann* mit dem hell leuchtenden Riesenstern *Kapella.* Fast genau im W verschwinden mit *Beteigeuze* die letzten Sterne des *Orion* und des *Einhorns,* während *Prokyon* im *Kleinen Hund* noch gut sichtbar ist. Über ihm liegt der *Krebs,* und etwas weiter im SW ist *Regulus* im *Löwen* erschienen. Den Rest der Karte füllt in größerer Höhe der *Luchs* aus, über dem schon der *Kleine Löwe* und Teile des *Großen Bären* heruntersteigen. Unter *Regulus* sind der Kopf und weitere Teile der *Wasserschlange* erschienen. Die *Milchstraße* steht ganz tief, beginnt unterhalb von *Prokyon* und zieht sich in geringer Höhe bis *Kapella* im *Fuhrmann* hin. Die *Ekliptik* senkt sich wieder und erstreckt sich vom NW Horizont über die *Zwillinge* und die Mitte des *Krebses* bis *Regulus.*

In mehr als 10° Höhe findet man die folgenden bemerkenswerten Objekte:

Veränderliche Sterne fürs bloße Auge: Bedeckungsveränderliche ε und ζ im Fuhrmann (nahe bei Kapella), η und ζ in den Zwillingen.

Doppelsterne: Bloßes Auge: Keine. Feldstecher: ι im Krebs. 2-Zöller: ζ im Krebs (mehrfach), γ und 54 im Löwen, α, λ in den Zwillingen. 3–4-Zöller: ι im Gr. Bären, δ, $\varkappa$ in den Zwillingen, ε in der Wasserschlange, 38 im Luchs.

Sternhaufen und Nebel: Bloßes Auge: Offener Sternhaufen Praesepe im Krebs. Feldstecher: Sternhaufen M 67 im Krebs, M 35 in den Zwillingen, Sternhaufen 2548 in der Wasserschlange etwa links von Prokyon.

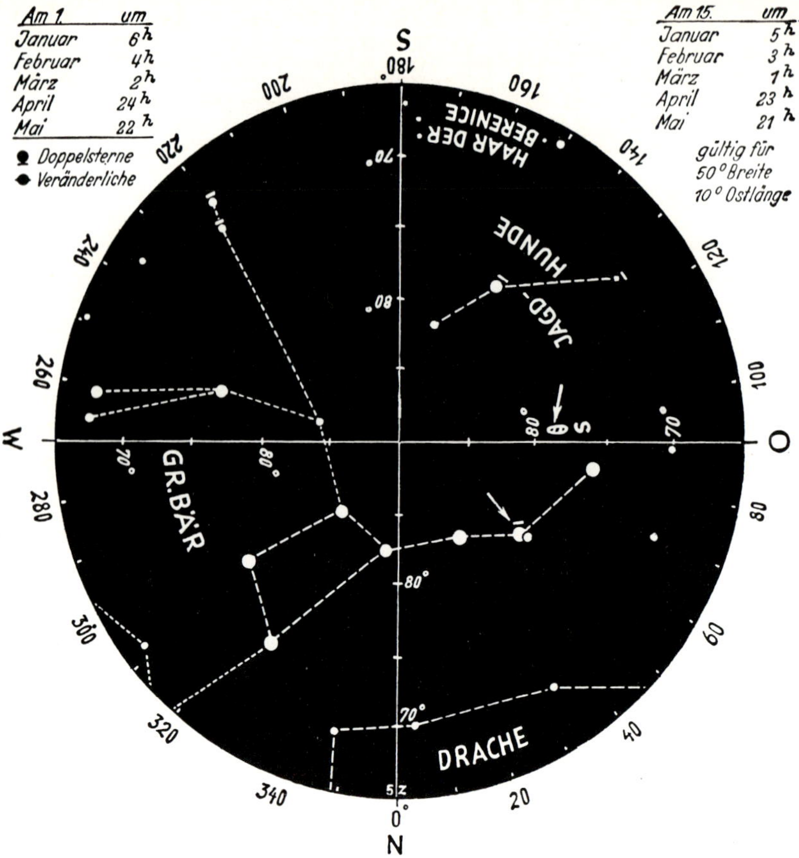

Was die Sternkarte zeigt

Jetzt ist der *Himmelswagen* in seiner höchsten Stellung, während der Kopf des *Großen Bären* schon wieder aus dem Feld der Zenitkalotte verschwunden ist. Von Norden her hat sich der mittlere Teil des *Drachen* bis 70° Höhe hinaufgeschoben, im SO sind die *Jagdhunde* ganz sichtbar und reichen bis 80° Höhe, während im Süden einige Sterne vom *Haar der Berenike* erschienen sind.
Die *Milchstraße* kommt nicht vor.
Veränderliche Sterne fürs bloße Auge: Keine.
Doppelsterne: Bloßes Auge: ζ (Mizar-Alkor) im Gr. Bären. *Feldstecher:* Keine. *2-Zöller:* ζ im Gr. Bären, 12 in den Jagdhunden. *3–4-Zöller:* ξ und ν im Gr. Bären.
Sternhaufen und Nebel: Bloßes Auge: Keine. *Feldstecher:* Spiralnebel M 51 in den Jagdhunden in fast 80° Höhe.

Sonnenauf- und -untergangszeiten (MEZ) für +50° Breite und 10° östliche Länge

	1. Mai	11. Mai	21. Mai
SA	4.58	4.41	4.27
SU	19.37	19.52	20.06

bisher beobachteten Flecken hatte einen Durchmesser von 230 000 km, d. h. 1/6 des Sonnendurchmessers oder rund 18 Erddurchmesser. Der dunkle Kern der Flecken heißt Umbra, die bei fast allen größeren Flecken vorhandene weniger dunkle Umgebung des Kerns Penumbra. Wenn auch der Zusammenhang mit dem Magnetfeld der Sonne und den Nordlichterscheinungen sowie die Wirbelstruktur der Flecken außer Zweifel steht, so wissen wir doch heute noch nicht ganz genau, was die Sonnenflecken eigentlich sind. Sicher ist auch, daß ihre Temperatur um mindestens 1000 °C niedriger ist als die der Sonnenoberfläche. Letztere wird heute mit etwa 5900 °C angegeben. Hingegen sind die neben den Flecken oft unregelmäßig auftretenden Gebilde, die hellen Fackeln, offensichtlich Gebiete erhöhter Temperatur.

Diejenige Zone der Sonnenoberfläche, aus der das Licht und die Strahlung kommt, die wir beobachten, nennen wir die Photosphäre (Lichtschicht); sie hat eine Dicke von etwa 100 km.

Die Sonne ist von ausgedehnten leuchtenden Massen umgeben, deren Beobachtung früher nur bei Sonnenfinsternissen möglich war, weil das zerstreute Licht der Sonne in der Erdatmosphäre störend wirkte. Diese Schicht leuchtender Gasmassen folgt auf die Photosphäre nach außen; sie hat eine Dicke von etwa 10 000 km und heißt Chromosphäre (Farbschicht). Weit über diese hinaus erstreckt sich noch die Korona mit ihren strahlenförmigen Ausläufern bis zu einer Entfernung von 15 Sonnendurchmessern. Am Sonnenrand beobachtete man, früher auch nur bei Finsternissen, rötlich leuchtende Gebilde, die flammenartig oft mit großen Geschwindigkeiten viele Hunderttausende von Kilometern weit hinausgeschleudert werden und dabei oft schnell ihre Gestalt verändern, die sogenannten Protuberanzen. Es handelt sich hierbei um glühende Gasmassen, vor allem um Wasserstoff.

Die spektroskopische Untersuchung des Sonnenlichtes hat etwa 22 000 bekannte Spektrallinien ergeben, von denen über die Hälfte mit bekannten Elementen identifiziert werden konnten. Die meisten der uns auf der Erde bekannten Elemente kommen auch auf der Oberfläche

Fotografische Aufnahme der Sonne am 7. April 1947 mit der größten Sonnenfleckengruppe, die bisher fotografiert wurde. Unten diese Sonnenfleckengruppe vergrößert. Aufnahme Mt. Wilson Sternwarte

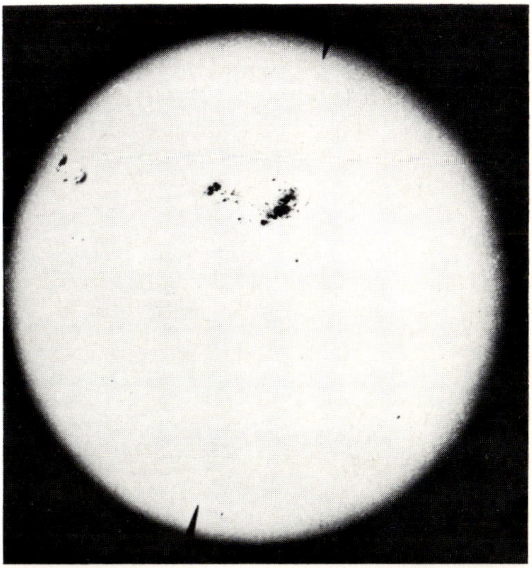

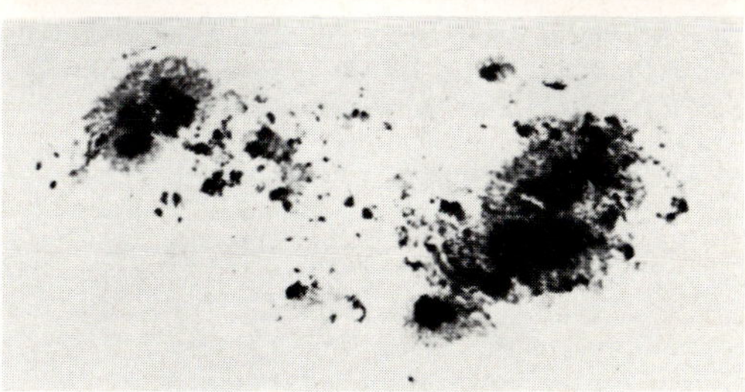

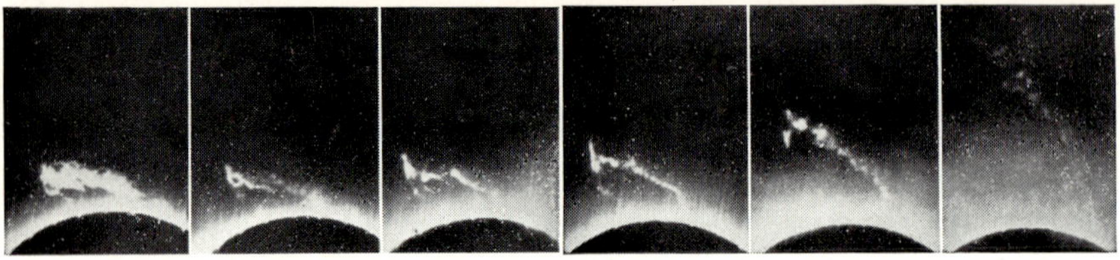

Eruptive Protuberanz vom 3. bis 4. Juni 1949. Die 6 Bilder zeigen die Bewegung der Protuberanz in einem Zeitraum von 3 Stunden.

der Sonne vor. Der größte Teil der Sonne besteht aus hochionisierter Materie, vor allem Wasserstoff. Die Temperatur des Sonnenkerns wird von den Astrophysikern auf etwa 20 Millionen °C berechnet, und der gewaltige Energieverlust durch die dauernde Ausstrahlung, von der die Erde nur einen winzigen Bruchteil erhält, wird wahrscheinlich durch inner-atomare Vorgänge ersetzt. Das Alter der Sonne liegt nach verschiedenen Untersuchungen zwischen 4,5 und 5 Milliarden Jahren.

Wie bestimmt man die Entfernung der Erde von der Sonne?

Die Entfernung Erde–Sonne bildet nicht nur die sogenannte „astronomische Einheit" für alle Entfernungen im Sonnensystem, sondern sie bietet zugleich die Basis für alle späteren Bestimmungen der Entfernungen der Fixsterne. Man kann sie deshalb wohl als die fundamentalste astronomische Größe bezeichnen.

Denkt man sich die Erde von der Sonne aus betrachtet, so erscheint die Erdkugel unter einem gewissen Winkel, der um so kleiner wird, je weiter man von der Erde wegrückt. Dieser Winkel gibt also ein Maß der Entfernung an, und man bezeichnet nun denjenigen Winkel, unter dem der Halbmesser der Erde im mittleren Abstand Erde–Sonne von der Sonne aus gesehen erscheint, als die „Sonnenparallaxe". Es ist ohne weiteres klar, daß man jederzeit statt der Parallaxe die Entfernung anzugeben vermag und auch umgekehrt.

Kepler fand aus den ausgezeichneten Beobachtungen Tycho Brahes, daß diese Sonnenparallaxe kleiner als 1′ sein müsse, aber erst mit der Erfindung des Fernrohrs wurde die Möglichkeit gegeben, die in Wirklichkeit viel kleinere Sonnenparallaxe auch wirklich meßbar erfassen zu können. Hierfür sind eine ganze Reihe von scharfsinnigen Methoden ausgearbeitet worden.

Die klassische unter den modernen Methoden ist diejenige, welche die Sonnenparallaxe aus der Beobachtung erdnaher Planeten unter Anwendung des 3. Keplerschen Gesetzes zu bestimmen versucht. Gelingt es nämlich, die Entfernung eines solchen Planeten zu messen, so ist auch die Sonnenentfernung sofort bekannt, da nach dem 3. Keplerschen Gesetz die Verhältnisse der Entfernungen aller Planeten gegeben sind. So sandte die französische Akademie der Wissenschaften 1672 eine Expedition nach Südamerika, um Beobachtungen des Planeten Mars anzustellen, der damals der Erde besonders nahe kam, während gleichzeitig in Paris Beobachtungen angestellt wurden. Daraus ergab sich ein Wert der Sonnenparallaxe zwischen 9″ und 10″. Viel geeigneter sind aber einige kleine Planeten, die der Erde sehr nahe kommen können. Da ist z. B. der kleine Planet 433 Eros, der sich der Erde bis auf 21 Millionen km nähern kann und zur Bestimmung der Sonnenparallaxe wiederholt benutzt worden ist. Die neueste und sicherste Bestimmung der Sonnenparallaxe aus der Erosopposition 1930/31 hat zu einem Wert von 8″,790 geführt, entsprechend einem mittleren Abstand Sonne–Erde von 149,67 Millionen km oder 23 466 Erdradien. Neuere Radarbeobachtungen ergaben einen etwas kleineren, sehr genauen Wert von 149,598 Millionen km.

Die Planeten, Geschwister unserer Erde

Die Planeten oder Wandelsterne sind – wie die Erde – Trabanten unserer Sonne. Sie erhalten alles Licht und Leben von der Sonne, und ohne diese wären sie vollkommen dunkle, kalte und tote Körper. Seit Jahrtausenden sind die großen Planeten Merkur, Venus, Mars, Jupiter und Saturn den Menschen bekannt und von ihnen beobachtet worden. Die Beschäftigung mit ihren verwickelten Bewegungen führte schon frühzeitig bei den Griechen zur Konstruktion eines Weltbildes. Pythagoras stellte die Erde als träge, ruhende Kugel in den Mittelpunkt der Welt. Eine Hohlkugel, an welche die Fixsterne angeheftet sind, drehte sich in 24 Stunden um die Erde. Die Bewegungen von Sonne, Mond und Planeten wurden durch Hinzunahme von weiteren konzentrischen Sphären erklärt. Jeder Versuch einer Entwicklung zu einem heliozentrischen System, in dem die Sonne im Mittelpunkt steht, wurde dank der Autorität des Aristoteles schon im Keime erstickt. Mit einigen Verbesserungen ist uns das damalige astronomische Weltbild von Ptolemäus in seinem „Almagest" übermittelt. Es fand bis weit ins Mittelalter hinein allgemeine Anerkennung.
Erst das ausgehende Mittelalter erlebte die drei Männer, denen es gelang, dem heliozentrischen Weltsystem zum endgültigen Durchbruch zu verhelfen: Kopernikus († 1543), Tycho Brahe († 1601) und Johann Kepler († 1630). Kopernikus erklärte die tägliche Bewegung der Sterne als eine Täuschung, hervorgerufen durch eine Bewegung (Drehung) der Erde um ihre Achse. Auch die scheinbare jährliche Bewegung der Sonne erklärte er als Täuschung, bedingt durch eine Bewegung der Erde um die Sonne. Tycho Brahes Verdienste liegen vor allem im Durchführen und Sammeln zahlloser Beobachtungen – ein Material, das Kepler in den Stand setzte, seine 3 Gesetze der Planetenbewegungen zu finden. Das erste und wichtigste seiner Gesetze besagt, daß die Planeten in Ellipsen um die Sonne laufen.
Mit der Erfindung des Fernrohrs 1609 begann auch das Zeitalter der neuen Entdeckungen in unserem Planetensystem. Galilei entdeckte so z. B. 1610 die Kugelgestalt des Jupiter und seine 4 hellen Monde. Huygens erkannte 1656 zuerst die wahre Gestalt der Saturnringe. Newtons Gravitationsgesetz gab die Möglichkeit, alle Entdeckungen von einem einheitlichen Gesichtspunkt aus zu erklären.
1781 fand W. Herschel zufällig bei Beobachtungen mit seinem selbstgebauten, siebenfüßigen Spiegelteleskop den Planeten Uranus. Den größten Triumph aber der mathematisch-rechnenden Astronomie erlebte man 1846, als Galle in Berlin nach den Berechnungen des Franzosen Leverrier aus kleinen Unregelmäßigkeiten in der Bewegung des Uranus den hieraus errechneten Planeten Neptun nahe am vermuteten Ort fand. Vor mehreren Jahrzehnten gelang es, die Grenze des Planetensystems abermals hinauszuschieben. Lowell und seine Mitarbeiter hatten einen neuen Störenfried vermutet und berechnet, der dann weiter draußen nach jahrelangem Suchen 1930 gefunden wurde und den Namen Pluto erhielt.
Die Abstände der Planeten von der Sonne zeigen eine Gesetzmäßigkeit, nach der man zwischen Mars und Jupiter eine Lücke annehmen mußte. Aber auch diese wurde geschlossen, als Piazzi 1801 einen kleinen Planeten fand, der an dieser Stelle um die Sonne läuft. Inzwischen hat man sehr viele solcher kleiner Planeten entdeckt, deren Bahnen in diesem Raum verlaufen, und heute kennt man die genauen Bahnen von fast 1800 dieser kleinen Planeten, von denen einmal vermutet wurde, daß sie Bruchstücke eines größeren Planeten seien.
So dehnt sich unser Sonnensystem, zu dem noch viele Kometen gehören, jetzt bis zur 40fachen Entfernung Erde–Sonne aus. Der Planet Pluto benötigt zu einem Umlauf um die Sonne 248 Jahre (nähere Angaben siehe Tabelle S. 170).

Größen- und Abstandsverhältnisse im Sonnensystem

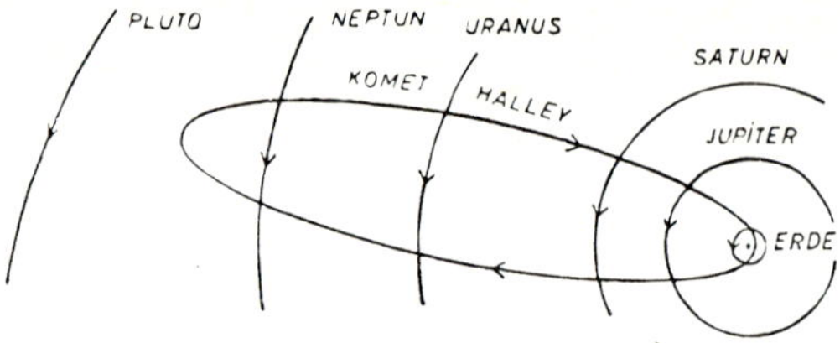

Die Bahn des Kometen Halley

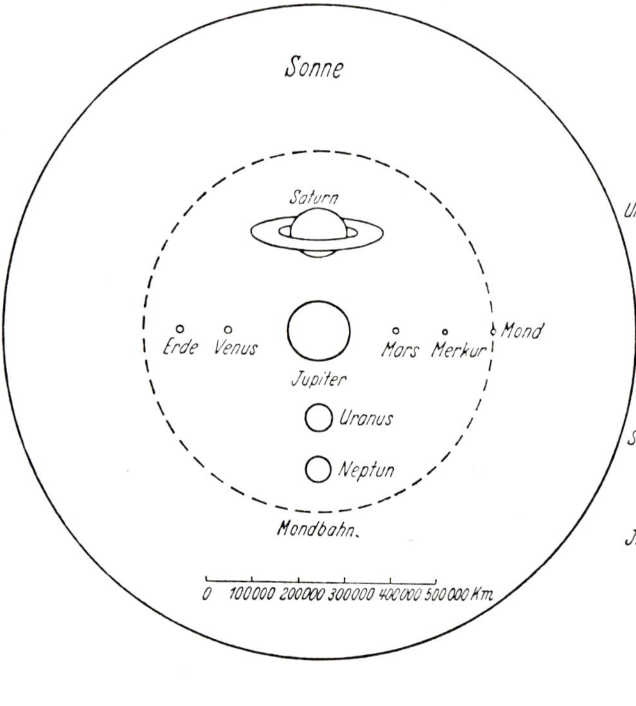

Größenverhältnisse von Sonne und Planeten

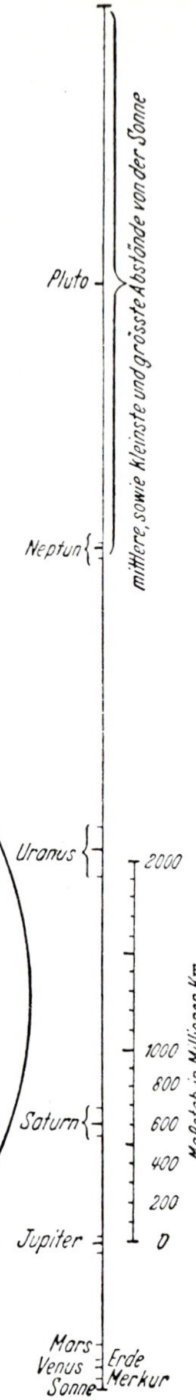

Abstände der Planeten von der Sonne

Aber nicht nur neue Planeten und Kometen wurden entdeckt, sondern es sind auch eine ganze Reihe von Monden (Satelliten) aufgefunden worden. Während man bei Merkur und Venus vergebens nach Monden gesucht hat, sind beim Mars 1877 zwei sehr kleine Monde entdeckt worden. Beide konnten erstmalig 1972 durch die Marssonde *Mariner 9* aus recht geringer Entfernung fotografiert werden. Der Riesenplanet Jupiter, 1980 von 2 Sonden ausgiebig unter die Lupe genommen, hat etwa 16 Monde. Jupiter bildet sozusagen ein Sonnensystem im kleinen. Saturn wird von 17 Monden umkreist, von denen der erste 1655, der letzte 1982 entdeckt wurde. Uranus hat 5 Monde, deren letzter 1948 von einer amerikanischen Beobachtungsstation aus gefunden worden ist; auch bei Neptun wurde 1949 von Astronomen in den USA ein zweiter Mond entdeckt, dessen Bahn sich als außergewöhnlich exzentrisch erwies.

Über die Größenverhältnisse der Planeten zur Sonne und die Abstände derselben von der Sonne und untereinander geben die Abbildungen auf S. 78 ein verkleinertes, maßstabgerechtes Bild.

Die teleskopischen Entdeckungen im Planetensystem fanden schließlich eine natürliche Grenze, weil die Beobachtungen immer von der Erde aus erfolgen. Die riesenhafte Entfernung und die unvermeidbare Luftunruhe gebieten auch der stärksten Großoptik und den raffiniertesten astrophysikalischen Methoden eine Grenze.

So beginnt mit der Entsendung von Raumsonden zum Mond und zu den Planeten ein neuer großer Abschnitt in der Erforschung des Planetensystems.

Bis Ende 1976 wurden Merkur, Venus, Mars und Jupiter erreicht; man mache sich klar, daß der Jupiter z. B. mehr als 1400mal weiter entfernt ist als der Mond.

Ohne Anspruch auf Vollständigkeit seien einige der wichtigsten Resultate der Erforschung der Planeten durch unbemannte Sonden seit 1961 dargestellt.

Merkur, der kleinste und sonnennächste unter den großen Planeten, ist nur wenig größer als unser Erdmond. Er kann sich nur bis etwa 28,5° Winkelabstand von der Sonne entfernen und der Erde bis auf 80 Mill. km nahe kommen. Es ist daher nur möglich, ihn nahe der größten östlichen Elongation, d. h. von Dezember bis Mai, am Abendhimmel oder bei größter westlicher Elongation, von August bis Januar, am Morgenhimmel zu beobachten. Aber auch dann ist er nur unter günstigsten Bedingungen zu sehen.

Erst 1965 gelang es, eine Rotationsdauer von 58,65 Tagen nachzuweisen. Auf der Oberfläche des Planeten konnten von der Erde aus nur schwache Details gesehen werden. Eine sorgfältige Analyse von Radarsondierungen aus den Jahren 1972/73 führte Anfang 1974 zu der Erkenntnis, daß die Oberfläche von Merkur von Kratern zernarbt ist. Eine in die Nähe von Merkur entsandte Sonde hatte vor allem mit der großen Hitze zu rechnen. So brachte erst die Sonde *Mariner 10* (Start am 3. Nov. 73), die bei ihrer größten Annäherung am 29. März 1974 bis auf etwa 750 km herankam und 800 Fotos von der Merkuroberfläche sandte, das sensationelle Resultat, daß die Struktur der Merkuroberfläche so sehr der Mondoberfläche ähnelt, daß ein Amateur auf den ersten Blick beide kaum zu unterscheiden vermag. Und dies, obgleich die Aufnahmen von *Mariner 10* vom März 1974 erst die Hälfte der Oberfläche erfassen konnten. Die Nahaufnahmen geben übrigens Objekte von ca. 100 m Durchmesser zu erkennen. Die hohe Dichte des Planeten läßt vermuten, daß sein Kern vielleicht aus Eisen besteht.

Übrigens geht die Ähnlichkeit mit der Mondoberfläche so weit, daß man bei der rohen Ausmessung der Merkurkrater das gleiche Verhältnis von Tiefe zu Durchmesser wie bei vielen Mondkratern findet.

Die ganz dünne Atmosphäre gibt Spuren der Edelgase Helium, Argon und Neon zu erkennen. Die Oberflächentemperatur schwankt stark und mag auf der Tagseite etwa +340° C betragen.

Überrascht hat auch die Feststellung, daß Merkur von einem Magnetfeld umgeben ist, das endgültig bei dem dritten Vorbeiflug von Mariner 10 am 16. März 1975 in einer Entfernung von nur 327 km bestätigt wurde. Merkur ist damit der

Links: Merkur, aufgenommen von *Mariner 10* am 29. März 1974 aus etwa 200 000 km Entfernung. Wir sehen etwa zwei Drittel der Südhalbkugel. Aufn.: USIS.
Rechts: Venus im UV-Licht aus 720 000 km Entfernung, aufgenommen von den TV-Kameras der Raumsonde *Mariner 10* am 6. Februar 1974. Man beachte die kräftige Strukturierung der Wolkenoberfläche. Aufn.: USIS.

einzige erdnahe Planet, bei dem bis heute zweifelsfrei ein Magnetfeld nachgewiesen worden ist.
Bei der *Venus,* die sich 48° von der Sonne entfernen kann, und die fast jedem Sternfreund als heller Abend- oder Morgenstern bekannt ist, blieben die Verhältnisse lange Zeit rätselhaft, weil eine dicke Wolkenhülle jeden Blick auf ihre Oberfläche verwehrt. Sie kann der Erde bis auf 40 Millionen km nahe kommen und ist fast genau so groß wie diese. Schon 1961 sandten die Sowjets die erste Sonde zur Venus, und bis Ende 1973 wurden mit den amerikanischen Sonden zusammen 12 Stück zur Venus gesandt. Erfolgreich waren besonders die Sonden *Venus 4, 5, 6* und *8* sowie die amerikanischen *Mariner 2* und *10.* Zwar war auch *Venus 7* bereits am 15. Dezember 1971 auf der Venus gelandet, aber auf der Nachtseite.
Schon 1932 war der spektroskopische Nachweis von erheblichen Mengen von

Tafel 1. Oben: Farbaufnahme der Sonnenkorona bei der totalen Sonnenfinsternis vom 15. Februar 1961 in Florenz (Aufn. Dr. med. H. Seiffert); **unten:** Farbaufnahme des Mars. Aufn. Hale Obs.

Kohlendioxid in der Venusatmosphäre gelungen. Sehr viel später ließ eine Radarabtastung ein kraterreiches Gebiet in Äquatornähe erkennen.

Von *Venus 8* aus gelang eine weiche Landung einer Kapsel am 22. Juli 1972. Schon *Mariner 2* stellte 1972 fest, daß die Venus kein Magnetfeld und auch keinen Strahlungsgürtel besitzt.

Mariner 10 passierte die Oberfläche der Venus am 5. Febr. 1974 in nur 5 300 km Abstand und sandte über 3700 Aufnahmen der reich strukturierten Atmosphäre. Temperatur und Druck waren auf der Tag- und Nachtseite nahezu gleich. Während an der Oberfläche Windstille herrrscht, nimmt der Wind mit der Höhe erst langsam, dann stark zu, bis auf über 100 m/sec. Die Untergrenze der Wolken liegt bei etwa 45 km Höhe. Auch der spektroskopische Nachweis von Helium und wahrscheinlich Argon und Neon gelang.

Einzelne Widersprüche in den von den verschiedenen Sonden übermittelten Daten erklären sich wahrscheinlich dadurch, daß die Sonden auf verschiedenem Niveau landeten.

Venus besitzt auch keine Abplattung, und ihre Rotation erfolgt in 243,0 Tagen und zwar *rückläufig.* Letzteres ist einmalig im Sonnensystem. Bei sehr tiefer Stellung der Sonne über dem Venushorizont ist die Helligkeit nur noch ganz gering. Am Ort der Landung von *Venus 8* wurden +470° Celsius und ca. 100 at Druck gemessen. Die Venusatmosphäre selbst besteht dort aus 97% Kohlendioxid und 2% Stickstoff. Erstmalig konnte die Sonde von *Venus 8* an der Stelle der Landung auch den Boden untersuchen; dabei wurden auch radioaktive Elemente vorgefunden.

Die Ergebnisse der amerikanischen Sonden wurden von den beiden sowjetischen Sonden Venus 9 und 10, die im Oktober 1975 auf der Venus landeten, im wesentlichen bestätigt. Mit großem Interesse nahmen die Wissenschaftler von den ersten Aufnahmen der Oberfläche, die den beiden Sonden gelangen, Kenntnis. Überraschung rief die Form einiger Felsbrocken hervor, deren Gestalt die Merkmale einer irdischen Erosionserscheinung aufweist.

1978 soll eine weitere Pionierrakete die Venus anfliegen und 2 Sonden absetzen, von denen die eine die Venus umkreisen, während die andere Messungen in der Atmosphäre ausführen wird.

Mars. Wenn wir nun über die Erde hinausgehen, also von der Sonne weg, dann treffen wir zunächst auf den rötlichen Mars, der schon immer das Interesse der Menschen erregt hat. Er ist nach Merkur wohl am kleinsten, im übrigen aber am erdähnlichsten. Seine dünne Atmosphäre ist sehr durchsichtig, so daß es schon lange Marskarten gibt.

Marsbahn und Erdbahn. Die Stellen, an denen die Oppositionen zwischen 1971 und 1982 stattfinden, sind jeweils eingezeichnet. Es zeigt sich, daß die von 1971 im günstigsten Teil der Bahn, wo kürzeste Entfernungen möglich sind, stattfand.

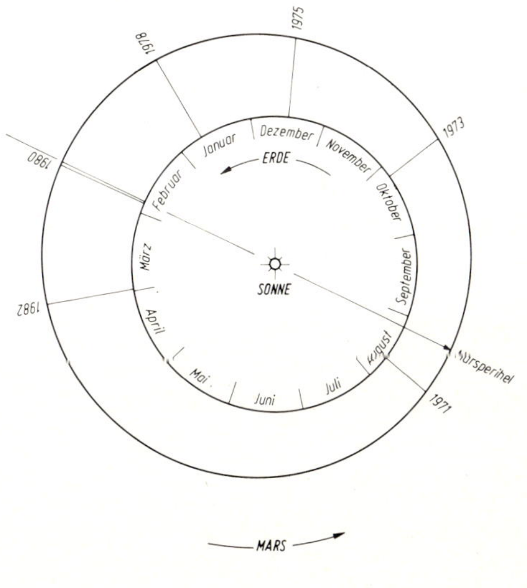

Tafel 2. Farbaufnahmen der Planeten Jupiter (oben) und Saturn (unten). Aufn. Hale Obs.

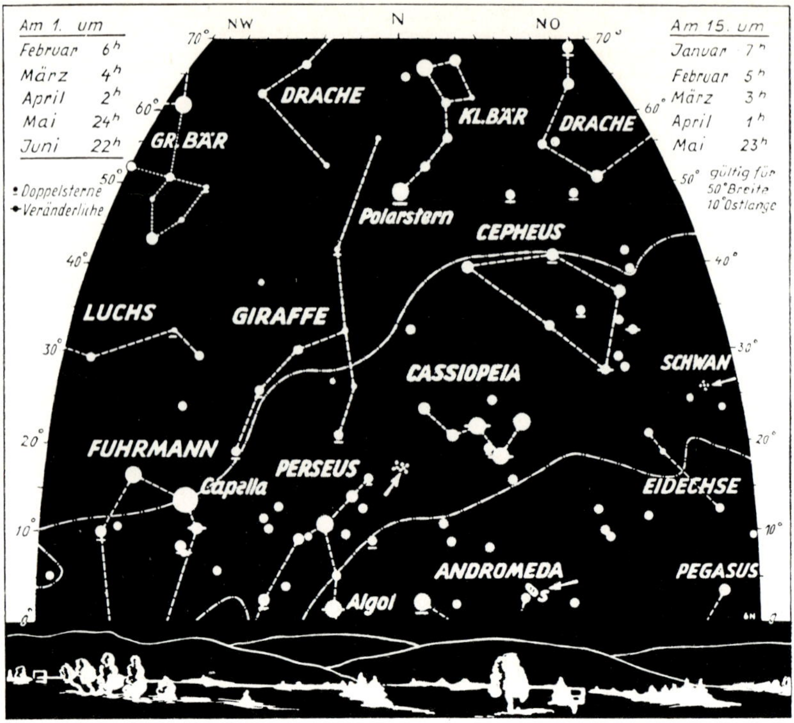

Was die Sternkarte zeigt

Im NNO liegt das markante W der *Kassiopeia* jetzt fast waagerecht. Links daneben streben die schwachen Sterne der *Giraffe* steil nach oben, bis über den *Polarstern* hinaus. Auch der *Kleine Bär* richtet sich vom *Polarstern* aus jetzt steil nach oben. Vom *Drachen* ist nur noch ein Stück des mittleren Teiles rechts neben dem *Kleinen Bären* erkennbar. Zwischen diesem Stück des *Drachen* und der *Kassiopeia* erstreckt sich der jetzt schräg liegende *Kepheus.* Der Kopf und einige Sterne des *Großen Bären* sind hoch im NW erschienen und deuten den bevorstehenden steilen Abstieg des Sternbildes an. Unter dem Kopf des *Großen Bären* dringen in etwa 30° Höhe weitere Sterne des unscheinbaren *Luchs* vor, während wesentlich tiefer im NW die Hauptteile des *Fuhrmann* weiter dem Horizont zuwandern. In geringen Höhen findet man links vom Nordpunkt einige Sterne des *Perseus.*
Die *Milchstraße* beginnt tief im NW unter *Kapella* und zieht, leicht ansteigend, durch *Perseus, Kassiopeia* und *Kepheus.*

In mehr als 10° Höhe findet man die folgenden bemerkenswerten Objekte:

Veränderliche Sterne fürs bloße Auge: δ und μ im Kepheus, α und γ in der Kassiopeia, der Bedeckungsveränderliche ε im Fuhrmann.
Doppelsterne: Bloßes Auge: Keine. Feldstecher: Keine. 2-Zöller: η in Kassiopeia, β und ξ im Kepheus, η im Perseus, α im Kl. Bären (Polarstern). 3–4-Zöller: $\varkappa$ im Kepheus, ε und η im Drachen, 19 H in der Giraffe.
Sternhaufen und Nebel: Bloßes Auge: Doppelsternhaufen h und χ im Perseus. Feldstecher: Offener Sternhaufen M 39 (Schwan).

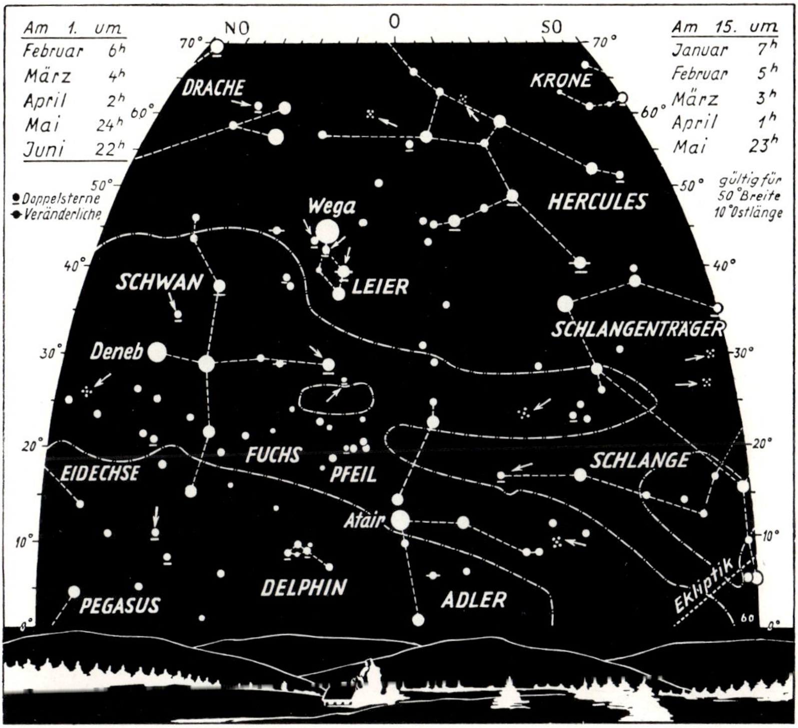

6
Oct

Was die Sternkarte zeigt

Am Osthimmel prangt in einer Höhe von etwa 45° der hellste Stern des nördlichen Fixsternhimmels, die *Wega* in der *Leier.* Über ihr findet man den Kopf des *Drachens* und mehr nach SO ausgebreitet den *Herkules,* am SO-Rand in großer Höhe die *Krone.* Der *Schwan* ist vollständig aufgegangen. Durch den unscheinbaren *Fuchs* und *Pfeil* kommen wir auf den *Adler* mit dem hellen *Atair.* Neben dem *Adler,* nach SO zu, erkennt man den Schwanz der *Schlange* und darüber Teile des *Schlangenträgers.* Nahe am Ostpunkt steht der unscheinbare *Delphin* in geringer Höhe.
Die *Milchstraße* zieht sich im NO in einer mittleren Höhe von 30° beginnend durch *Schwan* und *Adler* herunter zum SO-Horizont in die *Schlange.*

In mehr als 10° Höhe findet man die folgenden bemerkenswerten Objekte:

Veränderliche Sterne fürs bloße Auge: α im Herkules, β und R in der Leier, der Mirastern χ im Schwan.
Doppelsterne: Bloßes Auge: ε in der Leier, der bekannte Prüfstern für sehr gute Augen. Feldstecher: ν im Drachen, β und ζ in der Leier, β, μ und o_2 im Schwan (letzterer dreifach), ϑ in der Schlange, 6 im Fuchs. 2-Zöller: α, δ, γ, μ, ϱ im Herkules, η in der Leier, ζ im Pfeil, 70 im Schlangenträger. 3–4-Zöller: η im Drachen, δ im Schwan, ε_1 und ε_2 in der Leier.
Sternhaufen und Nebel: Bloßes Auge: Kugelsternhaufen M 13 und M 92 im Herkules. Feldstecher: Kugelsternhaufen M 10 und M 12 im Schlangenträger, offene Sternhaufen 6633 (Schlange) und M 39 im Schwan.

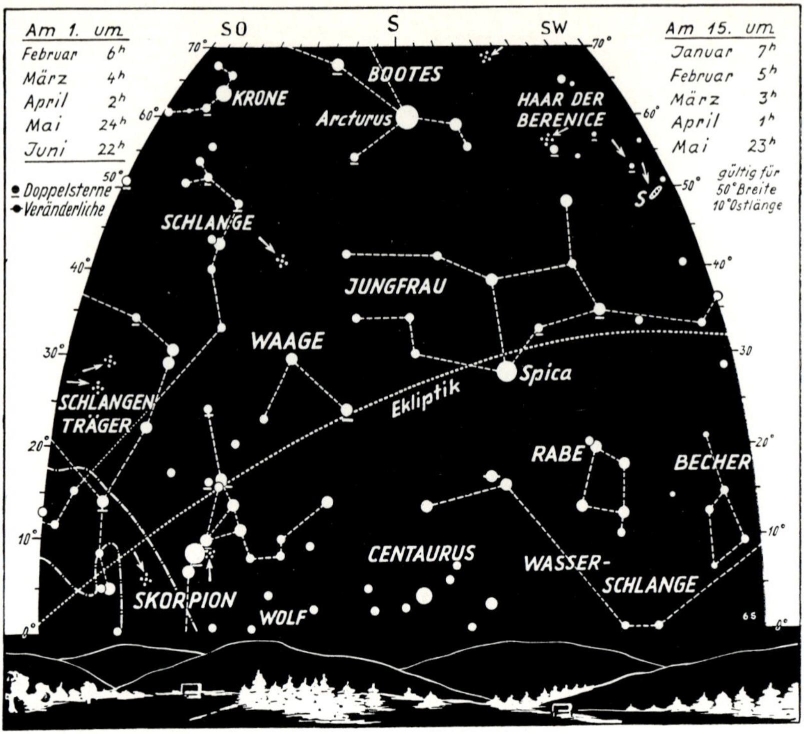

Was die Sternkarte zeigt

Genau im Süden in großer Höhe finden wir den hellen, rötlich leuchtenden *Arkturus* mit einigen Sternen des *Bootes.* Daneben im SO die zierliche *Krone,* im SW das *Haar der Berenike.* Die mittlere Höhe wird größtenteils von der *Jungfrau* mit der hellen *Spika* eingenommen, unter der sich *Rabe, Becher* und ein Teil der *Wasserschlange* ausbreiten. Ganz tief im Süden werden einige Sterne des *Kentaur* schwach erkennbar sein, ebenso die Sterne des *Wolfs.* Im SSO reckt sich der *Skorpion* mit *Antares* in die Höhe, und über ihm liegt die *Waage* in der Ekliptik, während *Schlangenträger* und *Schlange* im SO sich im Raum zwischen *Skorpion* und *Krone* ausbreiten.
Die *Milchstraße* ist in einem kleinen Teil nahe am SO-Horizont wieder erschienen, die *Ekliptik* hat sich sehr gesenkt, sie verläuft von der SO-Ecke oberhalb von *Antares* und *Spika* bis in 30° Höhe am SW-Rand der Karte.

In mehr als 10° Höhe findet man die folgenden bemerkenswerten Objekte:

Veränderliche Sterne fürs bloße Auge: R in der Wasserschlange.
Doppelsterne: Bloßes Auge: Keine. Feldstecher: 24 im Haar der Berenike. 2-Zöller: γ in der Jungfrau, ξ im Skorpion, β und δ in der Schlange. 3–4-Zöller: ε in Bootes, ϑ in der Jungfrau.
Sternhaufen und Nebel: Bloßes Auge: Kugelsternhaufen M 5 in der Schlange. Feldstecher: Kugelsternhaufen M 53 im Haar der Berenike, Kugelsternhaufen M 10 und M 12 im Schlangenträger, Spiralnebel M 100 im Haar der Berenike.

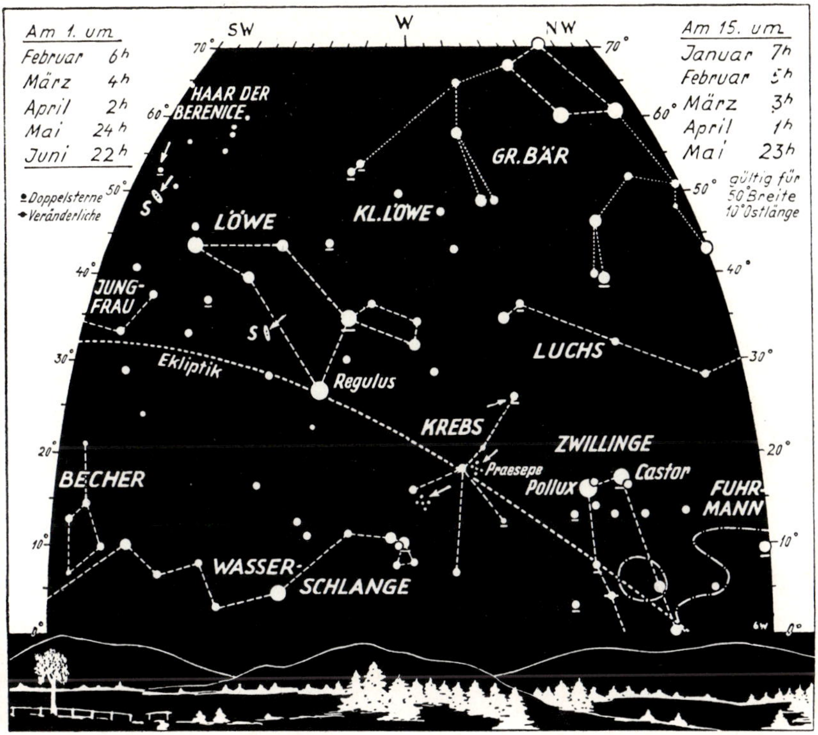

6
West

Was die Sternkarte zeigt

Als Hauptsternbild des Westhimmels ist der *Löwe* mit dem markanten hellen *Regulus* in der *Ekliptik* zu bezeichnen. Den oberen Teil des Feldes beherrschen Teile des *Großen Bären,* unter denen der *Luchs* nach N zu weiter heruntersinkt. Die *Zwillinge* sind zum großen Teil schon untergegangen, ebenso wie der *Fuhrmann.* Fast genau im Westen findet man in geringer Höhe den *Krebs.* Genau über dem Westpunkt in etwa 10° Höhe sieht man den Kopf der *Wasserschlange,* die sich fast waagerecht bis zum SW-Rand der Karte hinzieht. Ganz im SW steht ein wenig höher der *Becher,* darüber erkennt man die ersten Sterne der *Jungfrau* und noch merklich höher verschiedene Sterne des *Haares der Berenike.*
Von der *Milchstraße* ist nur noch ein kleiner Rest ganz tief im NW zu erkennen. Auch die *Ekliptik* hat sich sehr gesenkt und erstreckt sich in ganz flachem Bogen vom NW-Horizont über *Zwillinge, Krebs* und *Regulus* zur *Jungfrau.*

In mehr als 10° Höhe findet man die folgenden bemerkenswerten Objekte:

Veränderliche Sterne fürs bloße Auge: Keine.
Doppelsterne: Bloßes Auge: Keine. Feldstecher: 24 im Haar der Berenike, ι im Krebs. 2-Zöller: ζ im Krebs (mehrfach), γ und 54 im Löwen, α in den Zwillingen (Kastor, mehrfach). 3–4-Zöller: ξ, ν, ι im Gr. Bären, 38 im Luchs, ε in der Wasserschlange, $\varkappa$ in den Zwillingen.
Sternhaufen und Nebel: Bloßes Auge: Praesepe im Krebs. Feldstecher: Sternhaufen M 67 im Krebs, Spiralnebel M 96 im Löwen und M 100 im Haar der Berenike.

6
Zenit

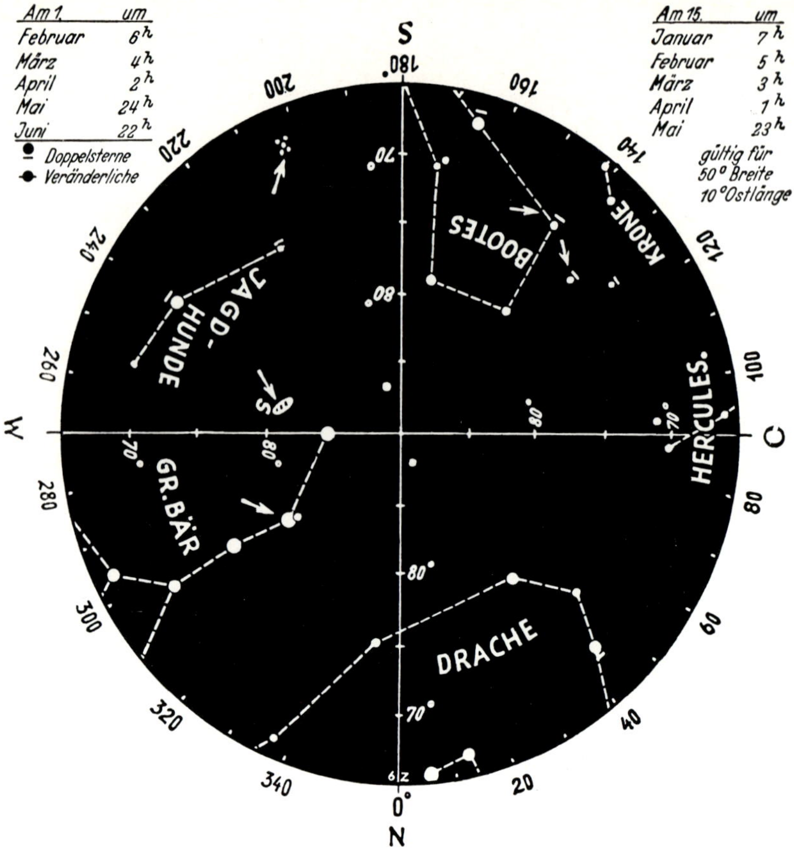

Was die Sternkarte zeigt

Die Deichsel des *Himmelswagens* ist schon über den Zenit hinweggeglitten, und ihr letzter Stern steht jetzt genau im W in 85° Höhe. Vom *Himmelswagen* ist somit nur noch ein Teil sichtbar; der mittlere Teil des *Drachen* ist im NO weiter gestiegen. Im Osten sind einige Sterne des *Herkules* aufgetaucht, im SO ein Stück der *Krone,* und im W erstreckt sich der obere Teil des *Bootes* bis in fast 80° Höhe. Die *Jagdhunde* haben den Meridian ganz überschritten und befinden sich im SW, aber noch ganz innerhalb der Zenitkalotte.
Die *Milchstraße* kommt nicht vor.
Veränderliche Sterne fürs bloße Auge: Keine.
Doppelsterne: Bloßes Auge: ζ (Mizar-Alkor) im Gr. Bären. *Feldstecher:* μ und δ im Bootes. *2-Zöller:* ζ im Gr. Bären, 12 in den Jagdhunden, ζ in der Krone. *3–4-Zöller:* μ und ε im Bootes, η im Drachen.
Sternhaufen und Nebel: Bloßes Auge: Kugelsternhaufen M 3 in den Jagdhunden. *Feldstecher:* Spiralnebel M 51 in den Jagdhunden.

Sonnenauf- und -untergangszeiten (MEZ) für +50° Breite und 10° östliche Länge

	1. Juni	11. Juni	21. Juni
SA	4.16	4.11	4.10
SU	20.19	20.28	20.33

Mars kommt alle 25–27 Monate in Opposition zur Sonne und kann sich der Erde bis auf etwa 55 Millionen Kilometer nähern. Die Stellung seiner Rotationsachse und die Dauer seiner Rotation sind den Verhältnissen auf der Erde sehr ähnlich, so daß es auf ihm Tages- und Jahreszeiten gibt wie bei uns, nur sind die letzteren erheblich länger, da ja seine Umlaufszeit viel größer ist.

Am auffälligsten sind vielleicht die beiden weißen Polkalotten des Mars, deren regelmäßiges jahreszeitliches Abschmelzen dem Beobachter bald ins Auge fällt. Im Marssommer verschwinden sie mitunter sogar ganz.

Eine Sensation war es, als im Jahre 1877 der italienische Astronom *G. Schiaparelli* die „Marskanäle" entdeckte, die der Phantasie reichen Spielraum gaben und viele Leute schon an Bewohner des Mars glauben ließen. Von den Marskanälen ist heute nicht mehr viel übriggeblieben, und sie sind in der einfachen geometrischen Form, wie sie ursprünglich erschienen, sicher nicht vorhanden. Sehr merkwürdig ist auch, daß sie selten oder nie auf fotografischen Aufnahmen zu finden sind.

Visuelle Marsbeobachtungen sind manchmal den fotografischen Aufnahmen überlegen, weil auf den Aufnahmen durch die irdische Luftunruhe und die längere Belichtungszeit Details verlorengehen.

Durch das Fernrohr betrachtet, kann man die Marsoberfläche in 3 Hauptregionen einteilen. Etwa $^1/_3$ fällt auf die meist in mittleren Breiten gelegenen mehr oder weniger durch eine auffällige Struktur gekennzeichneten dunkleren Zonen. Dann sind da die auffälligen weißen Polkalotten, von denen schon gesprochen wurde. Der Rest besteht aus den mehr oder weniger strukturlosen, meist rötlichen Gebieten.

Die sehr dünne Atmosphäre gestattet fast immer den Blick auf die Oberfläche. Doch kommen auch Wolkeneintrübungen vor und gelegentlich heftige Sandstürme, die dann den Blick auf die Oberfläche stark beeinträchtigen.

Mit der Entsendung von Raumsonden trat auch die Erforschung des *Mars* in ein neues Stadium. Von November 1962 bis August 1973 wurden insgesamt 12 unbemannte Sonden zum Mars entsandt, von denen 8 mehr oder weniger erfolgreich waren, nämlich *Mariner 4, 6* und *7, Mars 2* und *3, Mariner 9* und *Mars 5* und *6.*

Als erster übersandte *Mariner 4* im Juli 1965 die ersten 21 Photos von der Marsoberfläche aus 9600 km Abstand. Sie erfaßten nur etwa $^1/_{100}$ der Marsoberfläche, ließen aber überraschend viele Krater erkennen, so daß die Marsoberfläche mondähnlichen Charakter zu haben schien. Dies ist nur zum Teil richtig, denn 1969 folgten *Mariner 6* und *7,* die rund 200 Aufnahmen übermittelten. Sie zeigten, daß die Krater sich fast nur in den dunklen Oberflächenge-

Anblick des Saturn mit seinen Ringen in verschiedenen Stellungen der Erde. Von oben nach unten: 1916, 1921, 1909, 1912 ▼

Zwei Marsaufnahmen vom 8. Okt. 1941. Die linke ist 3 Stunden 33 Minuten früher gemacht als die rechte. Man sieht deutlich die starke Verschiebung infolge der Rotation des Planeten (phot. Lyot, Pic du Midi).

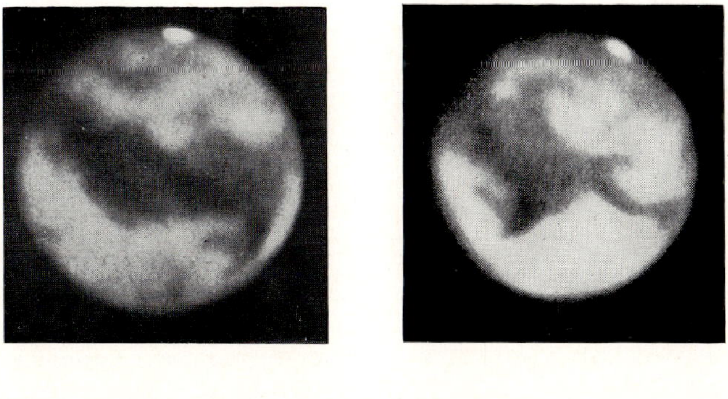

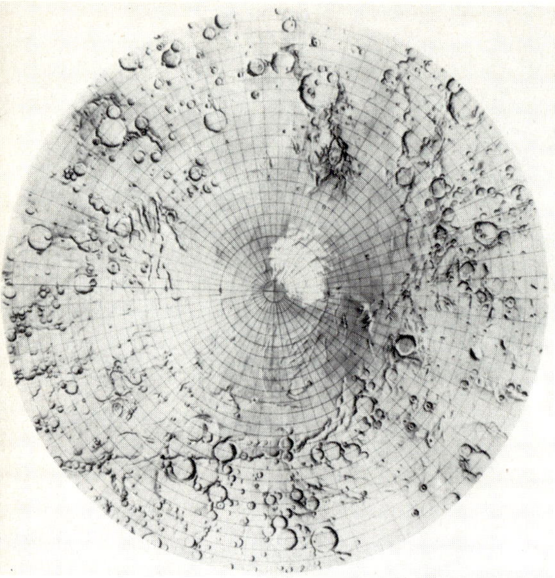

Mariner 9 lieferte die Unterlagen für diese erste geographische Darstellung der Südregion des Mars. Die Karte reicht bis etwa 65°. Aufn.: USIS.

bieten und ihren Randzonen befinden, während helle Gebiete oft nur wenige Krater besitzen. Viele der Krater dürften vulkanischen Ursprungs sein. *Mariner 6* registrierte maximale Oberflächentemperaturen zwischen +16 °C und +21 °C, doch sind Temperaturen weit unter dem Gefrierpunkt die Regel. 1971/72 konnten *Mars 2* und *3* zahlreiche wissenschaftliche Experimente durchführen; u. a. gelang der Nachweis, daß der Feuchtigkeitsgehalt der Marsatmosphäre erheblich geringer ist als der der Erdatmosphäre. Als tiefste Nachttemperatur am Marsäquator wurden −130 °C ermittelt. Sehr interessant ist auch, daß die Staubwolken des Mars aus sehr kleinen Teilchen bestehen. Während die Landeeinheit von *Mars 2* hart auf dem Boden aufschlug, glückte am 3. 12. 1971 derjenigen von *Mars 3* die erste sanfte Landung auf dem roten Nachbarplaneten.

Mariner 7 brachte endlich auch die Entscheidung über die Polkappen; sie bestehen doch vorwiegend aus gefrorenem Kohlendioxid.

Die Marsatmosphäre ist auf jeden Fall sehr dünn. An der Oberfläche des Planeten herrscht ein Druck von weniger als 1/100 at. Bestandteile der Atmosphäre sind: 95% Kohlendioxid, geringe Mengen Kohlenmonoxid und sehr wenig Wasserdampf.

Von den amerikanischen Sonden war ohne Zweifel *Mariner 9* bei der Erforschung des Mars am erfolgreichsten. Zunächst behinderte ein unge-

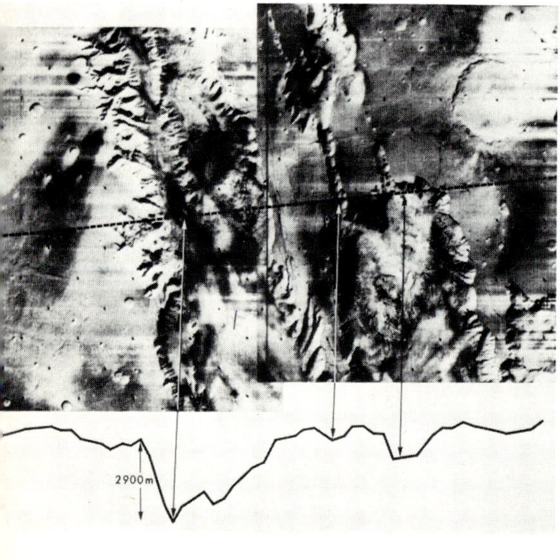

Diese Detailaufnahme der Marsoberfläche aus der Region Lacus Tithonius zeigt einen bis zu 3 km tiefen und 120 km breiten Mars-Canon. Seine Länge beträgt mehr als 4000 km. Die Linie unter dem Foto deutet das Höhenprofil an. Aufn.: USIS.

Diese Detailaufnahme vom Mars zeigt neben Kratern auch eine mäanderartige Struktur. Man könnte sie für ein ausgetrocknetes Flußbett halten. Aufn.: USIS.

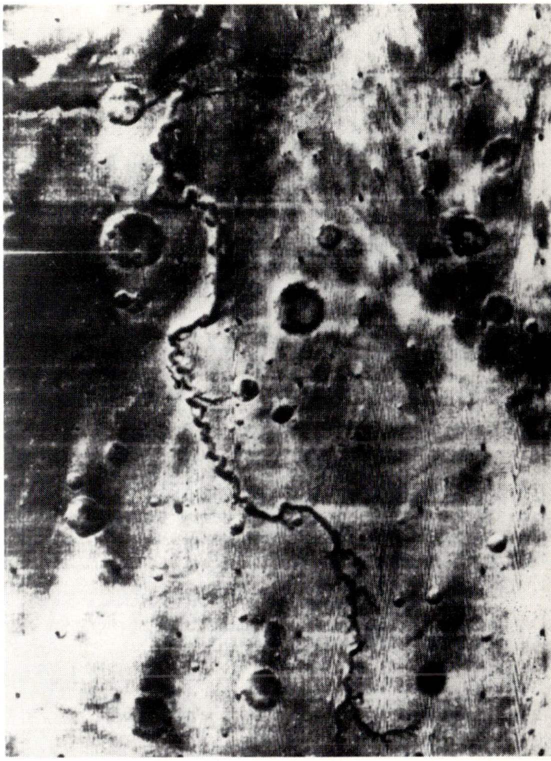

wöhnlich heftiger Staubsturm die Sicht auf die Oberfläche, jedoch gelang ein Hinweis auf die chemische Zusammensetzung derselben, die zu mehr als 55% als Siliziumoxid besteht.

Innerhalb von 349 Tagen konnte *Mariner 9* aus einer Umlaufbahn mehr als 7300 Aufnahmen von der Marsoberfläche machen. Sie bildeten die Grundlage für eine topographische Karte im Maßstab von 1 : 5 000 000, auf der mehr als 8000 Krater von über 15 km Durchmesser verzeichnet sind. Auch die beiden Marsmonde Phobos und Deimos wurden fotografiert. Sie sind nichts anderes als Felsbrocken von unregelmäßiger Struktur mit zahlreichen Kraternarben von 8–20 km Durchmesser.

1973 sandten die Sowjets gleich ein Team von 4 Sonden, Mars 4–7, zum roten Planeten. Zwei von ihnen, Mars 5 und 6, waren sehr erfolgreich. Mars 5 schwenkte am 15. 2. 74 in eine Umlaufbahn ein und übermittelte neben anderen Messungen ausgezeichnete Fotos. Die Marssonde 6 erreichte am 12. 3. 74 den Planeten. In 48 000 km Höhe wurde eine Landeeinheit abgetrennt, von der sich etwas später ein Instrumentenpack am Fallschirm löste, der beim Niedergang Druck, Temperatur und chemische Zusammensetzung der Marsatmosphäre maß. Die wissenschaftlichen Messungen dauerten nur knapp 2½ Minuten bis zur weichen Landung. Am 20. Juli 1976 landete der Raumflugkörper der NASA, Viking 1, weich auf der Marsoberfläche. Ihm folgte im September 1976 Viking 2. Zu den ersten weitgehend gesicherten Resultaten dieses Unternehmens gehört der erstmalige Nachweis von Stickstoff in der Marsatmosphäre, der ein für jeglichen Lebensprozeß notwendiges Element darstellt. Ein direkter Nachweis für die Existenz von Leben auf dem Mars gelang bis heute nicht, obwohl das Vorhandensein von größeren Wasservorräten in den tieferen Schichten des roten Planeten von einigen Wissenschaftlern nicht mehr ausgeschlossen wird. Verschiedene Oberflächenformationen werden als Flußläufe interpretiert, die vor Jahrmillionen ausgetrocknet sind.

Der Gehalt an Argon in der Atmosphäre scheint wesentlich geringer zu sein, als die Meßdaten der sowjetischen Sonden vermuten ließen. Unsere Kenntnisse über den Planeten Mars haben in den letzten Jahren durch die zu ihm entsandten Sonden eine grundlegende Veränderung erfahren.

Jupiter ist der Riese unter den Planeten. Sein Durchmesser übertrifft den der Erde um das 11fache und er könnte ihre Masse 318mal fassen. Eine richtige

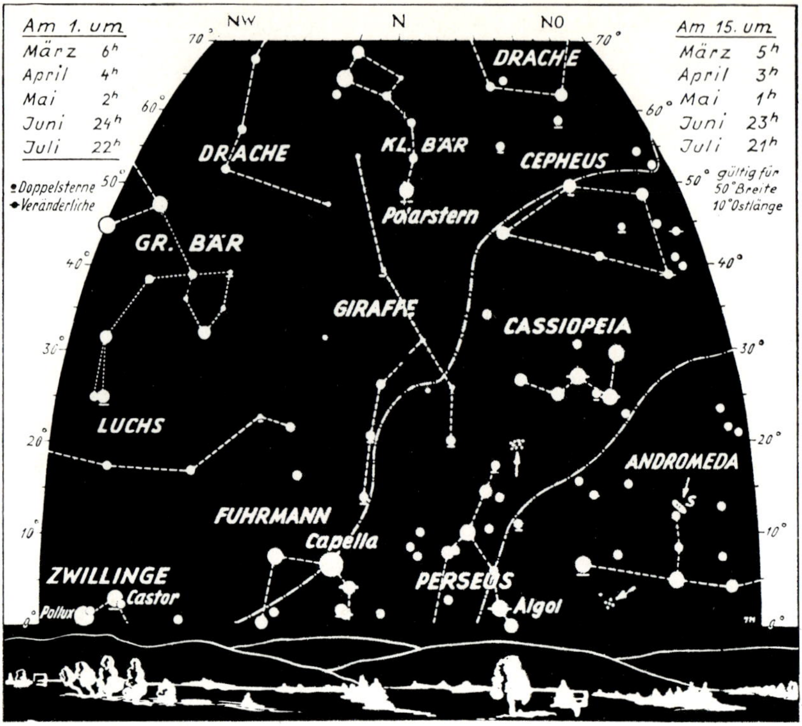

Was die Sternkarte zeigt

Vom *Polarstern* ausgehend richtet sich der *Kleine Bär* fast senkrecht nach oben. Zu seinen beiden Seiten erkennt man Teile des *Drachen.* Im NW, unter dem *Drachenschwanz,* sind der Kopf des *Großen Bären* und Teile des *Großen Wagens* zu erkennen. Unter diesen liegt in geringer Höhe waagerecht ausgestreckt der unscheinbare *Luchs.* Am NW-Horizont sind *Kastor* und *Pollux* im Begriff unterzugehen. Etwas westlich vom Nordpunkt sieht man in nahezu tiefster Stellung den *Fuhrmann* mit *Kapella,* etwas östlich davon *Perseus,* ebenfalls in geringer Höhe. Über beiden steigt die zierliche *Giraffe* steil auf, bis über den *Polarstern* hinaus. Im NO hat sich *Andromeda* ganz vom Horizont gelöst, über ihr, aber etwas nach N zu, liegt das W der *Kassiopeia* und darüber wiederum *Kepheus.*
Die *Milchstraße* beginnt in der Nähe des Nordpunktes und richtet sich ziemlich schräg aufsteigend nach NO bis zum *Kepheus.*

In mehr als 10° Höhe findet man die folgenden bemerkenswerten Objekte:

Veränderliche Sterne fürs bloße Auge: δ und μ im Kepheus, α und γ in der Kassiopeia.
Doppelsterne: Bloßes Auge und Feldstecher: Keine. 2-Zöller: η in Kassiopeia, β und ξ im Kepheus, η im Perseus, α im Kl. Bären (Polarstern). 3–4-Zöller: $\varkappa$ im Kepheus, ε im Drachen, 19 H in der Giraffe, ι im Gr. Bären, ϑ im Perseus.
Sternhaufen und Nebel: Bloßes Auge: Doppelsternhaufen h und χ im Perseus. Feldstecher: Spiralnebel M 31 in der Andromeda (Andromedanebel).

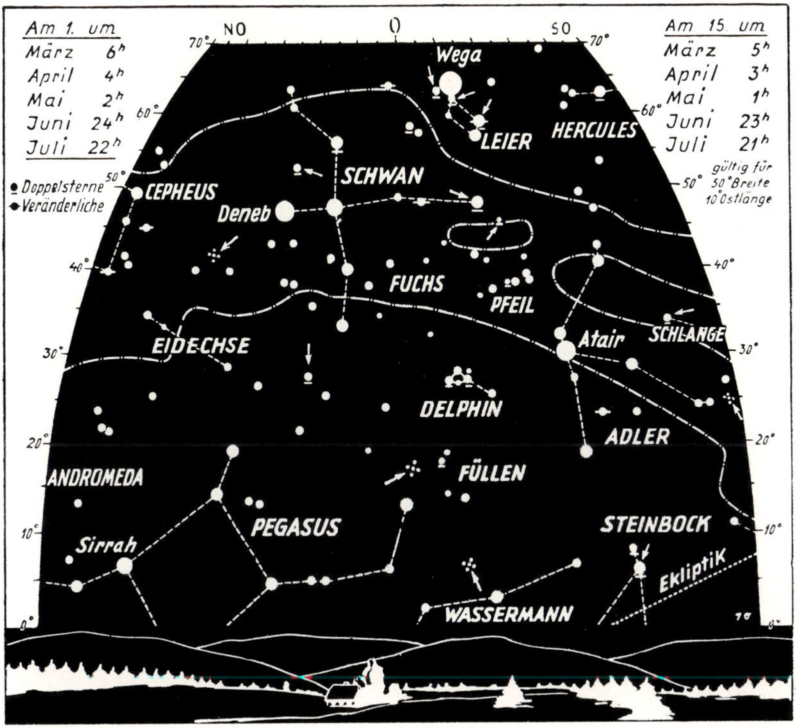

Was die Sternkarte zeigt

Die *Leier* mit der überragend hellen *Wega* befindet sich jetzt in fast 65° Höhe nahezu im Osten. Neben ihr verschwinden die letzten Sterne des *Herkules* am SO-Rande der Karte. Die mittlere Höhe wird ganz beherrscht vom *Schwan* und dem wesentlich tiefer stehenden *Adler* im SO. Auf der einen Seite von *Deneb* sieht man die *Eidechse,* und auf der andern unter *Fuchs* und *Pfeil Delphin* und *Füllen.* Am NO-Rand erscheinen in mittlerer Höhe die ersten Sterne des *Kepheus,* merklich tiefer einige Sterne der *Andromeda.* Im ONO finden wir einen großen Teil des *Pegasus* schon über dem Horizont, im O und SO sind die ersten Sterne des *Wassermanns* und des *Steinbocks* im Aufgehen begriffen. Die *Milchstraße* spannt sich in weitem Bogen in mittlerer Höhe vom *Kepheus* im NO über *Schwan* und *Adler* bis in geringe Höhen im SO. Die *Ekliptik* erscheint nur in flachem Bogen ganz nahe am SO-Horizont.

In mehr als 10° Höhe findet man die folgenden bemerkenswerten Objekte:

Veränderliche Sterne fürs bloße Auge: β und R in der Leier, χ im Schwan (Mirastern), δ und μ im Kepheus (am NO-Rand).
Doppelsterne: Bloßes Auge: ε in der Leier, der bekannte Prüfstern für gute Augen. Feldstecher: β und ζ in der Leier, β, μ und o_2 im Schwan (letzterer dreifach), ϑ in der Schlange, 6 im Fuchs. 2-Zöller: μ im Herkules, γ im Delphin, η in der Leier, ζ im Pfeil. 3–4-Zöller: δ im Schwan, ε_1 und ε_2 in der Leier.
Sternhaufen und Nebel: Feldstecher: Kugelsternhaufen M 15 im Pegasus, offene Sternhaufen: M 39 im Schwan und M 11 im Schild (letzterer ist auf der nächsten Karte besser zu sehen).

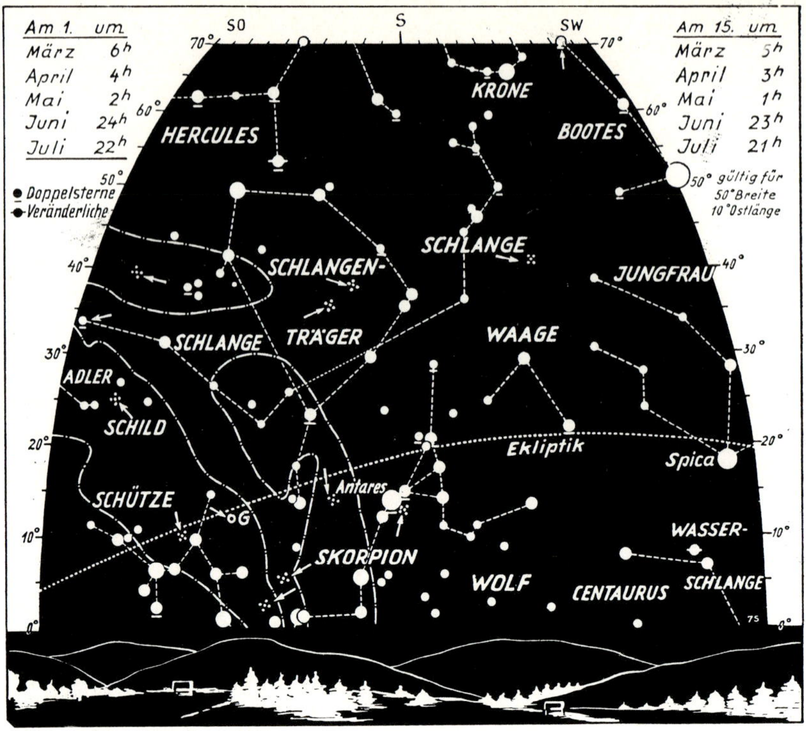

7

Süd

Was die Sternkarte zeigt

Der *Skorpion* hat seine höchste Stellung erreicht, und der Riesenstern *Antares* steht fast genau im Meridian. Über die *Waage* kommen wir im SW auf *Spika,* nahe der *Ekliptik* in der *Jungfrau.* In der gleichen Richtung, aber wesentlich höher, steht *Arkturus* mit noch einigen Sternen des *Bootes* ganz am Rand. Auch die zierliche *Krone* steht sehr hoch im SSW. Unmittelbar unter ihr finden wir den Kopf der *Wasserschlange,* die sich in weitem Bogen durch den *Schlangenträger* bis an den SO-Rand der Karte windet. Der *Herkules* hat ebenfalls nahezu seine höchste Stellung erreicht, so daß wir nur einige Sterne hoch im Süden finden. Das Schwanzende des *Adlers,* der *Schild* und der tief stehende *Schütze* füllen den SO.
Die *Milchstraße,* die sich hier gabelt, zieht sich im SO durch *Adler, Schild* und *Schlange* in den *Schützen* und *Skorpion.* Die *Ekliptik* hat sich stark gesenkt und erreicht in der *Waage* und bei *Spika* ihre höchste Stellung.

In mehr als 10° Höhe findet man die folgenden bemerkenswerten Objekte:

Veränderliche Sterne fürs bloße Auge: α im Herkules.
Doppelsterne: Bloßes Auge: Keine. Feldstecher: δ im Bootes. 2-Zöller, α, δ, μ, γ im Herkules, δ und β in der Schlange, 70 im Schlangenträger, ξ im Skorpion. 3–4-Zöller: ε in Bootes, α im Skorpion (Antares).
Sternhaufen und Nebel: Bloßes Auge: Kugelsternhaufen M 5 in der Schlange. Feldstecher: Gasnebel M 8 im Schützen, offener Haufen 6633 in der Schlange, offener Haufen M 11 im Schild, Kugelsternhaufen M 10, M 12 und M 19 im Schlangenträger, Kugelsternhaufen M 22 im Schützen (unter günstigsten Bedingungen mit dem bloßen Auge).

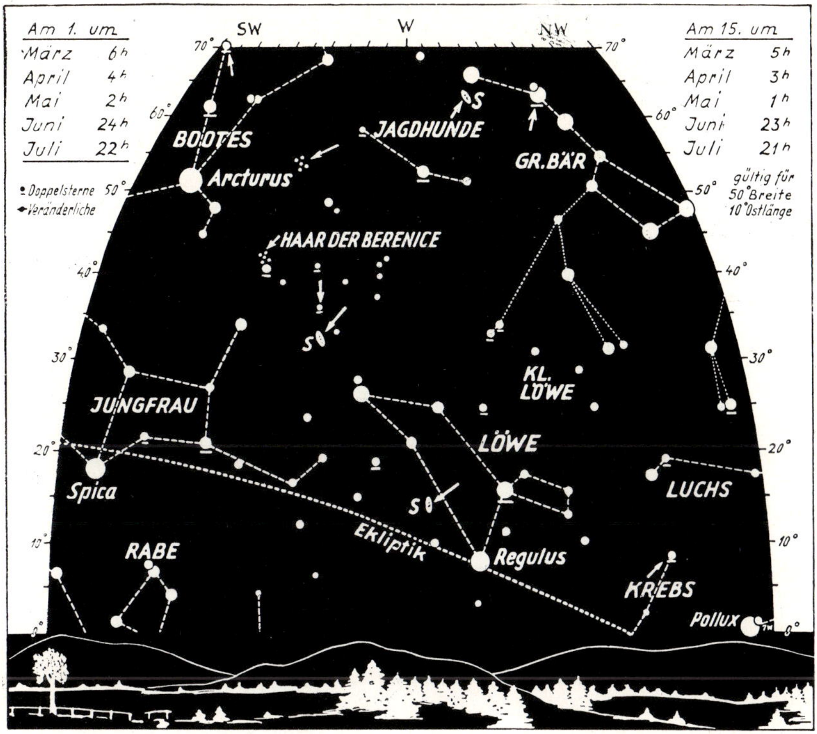

Was die Sternkarte zeigt

Drei sehr helle Sterne beherrschen den Westhimmel. *Regulus* im *Löwen* und *Spika* in der *Jungfrau* stehen sehr tief. Sie liegen beide nahezu in der *Ekliptik,* die jetzt im SW nur noch 20° Höhe erreicht. Der dritte helle Stern ist der rot leuchtende *Arkturus* im *Bootes,* hoch im SW. Von den übrigen Sternbildern sind nur noch die *Jagdhunde* und das *Haar der Berenike* ganz auf der Karte. Vom *Großen Bären* ist zwar der *Wagen* ganz hoch im NW zu sehen, aber der Bärenkopf fehlt. Tief im NW finden wir einige Sterne des *Luchses; Pollux* geht gerade unter, und vom *Krebs* ist auch kaum noch etwas zu sehen. Am SW-Horizont ist der *Rabe* schon zum Teil untergegangen.
Die *Milchstraße* kommt auf dieser Karte nicht vor.

In mehr als 10° Höhe findet man die folgenden bemerkenswerten Objekte:

Veränderliche Sterne fürs bloße Auge: Keine.
Doppelsterne: Bloßes Auge: ζ (Mizar-Alkor) im Gr. Bären, der bekannte Prüfstern für gute Augen. Feldstecher: δ im Bootes, 24 im Haar der Berenike. 2-Zöller: ζ im Gr. Bären, 12 in den Jagdhunden, γ und 54 im Löwen, γ in der Jungfrau. 3–4-Zöller: ε in Bootes, ι, ξ, ν im Gr. Bären, ϑ in der Jungfrau, 38 im Luchs.
Sternhaufen und Nebel: Bloßes Auge: Unter günstigsten Bedingungen ist der Kugelsternhaufen M 3 in den Jagdhunden gerade für das bloße Auge noch erreichbar. Feldstecher: Kugelsternhaufen M 53 im Haar der Berenike; drei etwa gleich helle Spiralnebel sind: M 51 in den Jagdhunden, M 96 im Löwen und M 100 im Haar der Berenike. (M 96 ist wegen seiner tiefen Stellung nicht mehr günstig.)

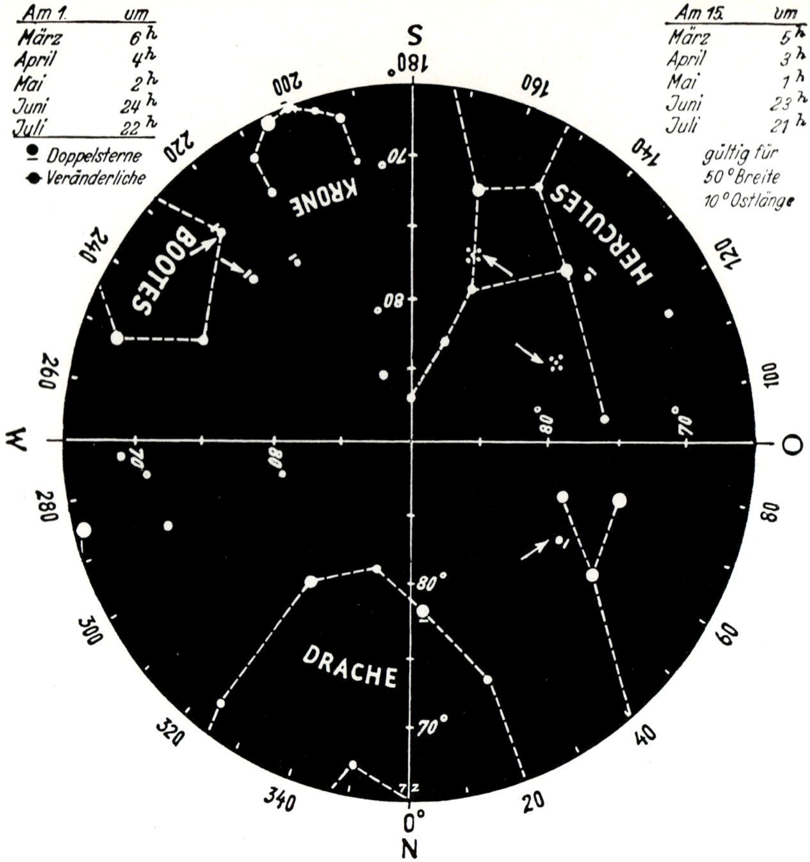

Was die Sternkarte zeigt

Der Kopf und große Teile des *Drachen* beherrschen die Zenitkalotte von NW über N bis fast zum Osten. Auf der SO-Seite erstreckt sich ein erheblicher Teil des *Herkules* bis fast zum Zenit, im SW-Teil ist die *Krone* ganz erschienen, und mit ihr, etwas weiter nach W zu, verschwindet der obere Teil des *Bootes.*
Die *Milchstraße* kommt nicht vor.
Veränderliche Sterne fürs bloße Auge: Keine.
Doppelsterne: Bloßes Auge: Keine. *Feldstecher:* μ und δ in Bootes, ν im Drachen. *2-Zöller:* ϱ im Herkules, ζ in der Krone. *3–4-Zöller:* μ in Bootes, η im Drachen.
Sternhaufen und Nebel: Bloßes Auge: Die beiden prachtvollen Kugelhaufen M 13 und M 92 befinden sich in großer Höhe und günstigster Stellung. *Feldstecher:* Keine.

Sonnenauf- und -untergangszeiten (MEZ) für +50° Breite und 10° östlicher Länge

	1. Juli	11. Juli	21. Juli
SA	4.14	4.22	4.33
SU	20.33	20.28	20.18

Vorstellung seiner Größe gewinnt man erst, wenn man sich klarmacht, daß man die Oberfläche der Erde rund 120mal auf der des Jupiter ausbreiten könnte. Obgleich *Jupiter* der Erde nicht näher als 583 Millionen km kommen kann, ist er nach *Venus* der hellste unter den Planeten. *Jupiter* ist von einer dichten Wolkendecke umgeben, die seine schnelle Rotation in weniger als 10 Stunden verrät. Schon im kleinen Fernrohr erkennt man Bänder und Streifen, die parallel zum Äquator verlaufen. Besonders auffällig ist der *rote Fleck,* der zuerst auf einer Zeichnung aus dem Jahre 1664 angedeutet ist. Ohne Zweifel gehören verschiedene Gebilde in der Jupiteratmosphäre verschiedenen Schichten mit etwas verschiedenen Rotationszeiten an. Spektroskopisch konnte bereits 1932 von der Erde aus Methan und Ammoniak in der Jupiteratmosphäre nachgewiesen werden.

Nach den 1610 von Galilei entdeckten vier hellen Monden wurden weitere Monde gefunden. Sie sind viel lichtschwächer und wurden daher auf fotografischem Wege bzw. durch Vorbeiflüge der Raumsonden vom Typ Voyager gefunden.

Die 4 großen Monde sind so hell, daß man sie mit dem bloßen Auge sehen könnte, wenn sie nicht durch die benachbarte helle Jupiterscheibe überstrahlt würden. Sie sind aber immer ein leichtes Objekt für den Feldstecher und ihre Verfinsterungen bieten immer wieder ein lohnendes Schauspiel für die Beobachtung. Wenn auch, bevor eine Raumsonde in die Nähe des Jupiter gelangte, durch die intensive Radiostrahlung nachgewiesen wurde, daß *Jupiter* ein Magnetfeld und einen Strahlungsgürtel besitzt, so wurden doch unsere Kenntnisse über *Jupiter* schon durch den Vorübergang der Sonde *Pionier 10* (Start 2. März 1972) wesentlich erweitert. Während sich Pionier 10 Jupiter bis auf 131 400 km näherte, flog Pionier 11 in einem Abstand von nur 42 000 km am 3. 12. 74 an dem Riesenplaneten vorbei. Vom Aufbau waren beide Sonden bis auf ein Zusatzinstrument bei Pionier 11, das der Messung von Magnetfeldern diente, gleich. Beide Sonden durchquerten ungehindert den Gürtel der kleinen Planeten. Nachdem sie zwischen Erde und Mars eine erheblich größere Menge interplanetaren Staubes ermittelt hatten, als man bisher annahm, fanden sich zwischen Mars und Jupiter weniger Partikel von 1/10 bis 1/100 mm als erwartet, während Partikel von 1/10 bis 1 mm und größer häufiger vorkamen als angenommen worden war. Die Instrumente an Bord von Pionier ergaben eine effektive Temperatur an der Wolkenobergrenze von 125 Grad Kelvin. Man nimmt aber an, daß unter den gefrorenen Jupiterwolken wesentlich wärmere Schichten vorkommen. Spektroskopisch konnten in den Wolken, deren untere Grenze in etwa 60 km Höhe verlief, die Gase Wasserstoff, Methan und Helium nachgewiesen werden. Die Beobachtungen der Sonden ergaben ferner, daß die Dichte zum Mittelpunkt des Planeten ansteigt. Während Pionier 10 1976 die Saturn-, 1979 die Uranus-, 1983 die Neptun- und 1987 die Plutobahn passiert, bevor sie das Sonnensystem verläßt, erreichte ihre Schwestersonde, die mit 258 kg nur 3 kg schwerer ist, 1979 den Planeten Saturn. Da alle Instrumente an Bord einwandfrei arbeiten, besteht die berechtigte Hoffnung, während ihres Vorbeifluges an Saturn Aufnahmen und Meßdaten in ähnlicher Qualität wie bei Jupiter zu erhalten.

Saturn. Der nächste Planet nach außen ist der stark abgeplattete Saturn, ebenfalls ein Riese, wenn auch etwas kleiner als der Jupiter. Schon 1656 erkannte *Chr. Huygens,* daß der Planet von einem dünnen, ausgedehnten Ring umgeben ist, der sich später als aus zunächst 2, dann aus 3 einzelnen Ringen bestehend erwies. Die beiden äußeren Ringe sind durch eine deutliche Lücke getrennt, während der innerste sehr schwach und nur schwer zu beobachten ist. Bei weitem am hellsten ist der mittlere Ring. Bei einer Dicke von bestenfalls wenigen Kilometern und einem Durchmesser von rund 280 000 km ist der Ring vergleichsweise sehr viel dünner als ein Blatt Schreibmaschinenpapier. Wenn jeder Teil des Ringes uns, auch im Fernrohr, als ein zusammenhängendes Stück erscheint, so ist das nur eine Täuschung. In Wirklichkeit besteht jeder Ring aus unendlich vielen kleinen, getrennten Bruchstücken, die eng beieinander den Saturn umkreisen. Der Nachweis dieser merkwürdigen Tatsache

ist auf zwei ganz verschiedene, voneinander unabhängige Methoden erbracht worden. Es läßt sich theoretisch nachweisen, daß bei seitlicher Beleuchtung eine zusammenhängende Fläche heller ist als eine in der gleichen Ebene liegende Ansammlung von einzelnen, bruchstückartigen Trümmern, die Schatten werfen. Durch die Schatten ist die Gesamthelligkeit geringer als bei einer Fläche. Dieses konnte durch die Beobachtung bestätigt werden. Der andere Nachweis fällt in das Gebiet der Spektralanalyse. Bei dem aus einem Stück bestehenden Ring müssen die äußeren Teile zwangsläufig schneller rotieren als die inneren Partien. Die Verschiebung der Spektrallinien ergab aber, daß die äußeren Teile langsamer rotieren. Das ist nur möglich, wenn es sich dabei um einzelne, getrennte Bruchstücke handelt, die nach dem dritten Keplerschen Gesetz außen langsamer umlaufen als weiter innen gelegene Bruchstücke. Da das Ringsystem des Saturn etwa 28° gegen die Ebene der Erdbahn geneigt ist, sehen wir abwechselnd auf die nördliche und die südliche Seite des Ringes. Während eines Saturnumlaufs um die Sonne von fast 30 Jahren kommt es dann zweimal vor, daß die Erde genau in der Ebene des Ringes liegt; er verschwindet dann für kurze Zeit, wie es zuletzt 1980 der Fall war (s. hierzu Abb. S. 89, unten rechts).
Die Oberflächentemperatur beträgt nach Strahlungsmessungen etwa –145 °C. Auch der Saturn wird von einer Schar von Monden umgeben; es sind deren 17, von denen der letzte erst 1982 entdeckt wurde.
Für den Saturnmond *Titan* konnte man 1944 eine Atmosphäre nachweisen.
Über die drei äußeren Planeten *Uranus, Neptun* und *Pluto* ist weniger zu sagen, da auf den infolge ihrer großen Entfernung sehr kleinen Scheiben nicht mehr viel zu beobachten ist. Uranus hat eine dichte Atmosphäre mit einem relativ hohen Methananteil. Der Planet rotiert in nahezu 11 Stunden. Bei *Neptun* liegen die physikalischen Verhältnisse ähnlich; *Pluto* scheint in 6 Tagen 9 Stunden 17 Minuten und 49 Sekunden zu rotieren, wie aus kleinen rhythmischen Schwankungen in seiner Helligkeit neuerdings gefolgert worden ist. 1978 wurde ein Plutobegleiter fotografisch gefunden, Umlaufzeit ca. 6,4 Tage im Abstand von 20 000 km. Daraus lassen sich für die Durchmesser die Werte schätzen: Pluto etwa 3000 km, Charon – sein Begleiter – ca. 1300 km.
Die Fotografie der großen Planeten von der Erde aus ist immer noch ein sehr schwieriges Problem. Selbst der Riesenplanet Jupiter erzeugt bei günstigster Stellung in einem Fernrohr von 10 m Brennweite im Brennpunkt ein Bild von nur 2,4 mm Durchmesser. Große Brennweiten bedingen aber zwangsläufig Lichtschwäche und damit lange Belichtungszeiten. Bei letzteren kommt dann oft die so schädliche Luftunruhe zur Auswirkung. Im übrigen läßt der Helligkeitsabfall nach dem Rande zu bei Planeten mit dichten Atmosphären ihr fotografisches Bild fast immer unscharf erscheinen.
Dennoch ist es in den letzten Jahren gelungen, mit Hilfe hochempfindlicher Platten, welche für ganz verschiedene Spektralbereiche empfindlich gemacht werden, wertvolle Aufschlüsse über die Planetenatmosphären zu erhalten, die aus Zeichnungen niemals gewonnen werden können. Daneben spielen aber die Zeichnungen zur Erfassung von Einzelheiten immer noch eine Rolle.
Die Bilder auf S. 89 zeigen zwei ausgezeichnete Marsfotos, die in der reinen Luft auf dem Pic du Midi in den Pyrenäen 1941 erhalten wurden. Eine Farbaufnahme von Jupiter und Saturn zeigt die Tafel 2, S. 82. Den Anblick des Saturns mit seinen Ringen in verschiedenen Stellungen zeigt die Abb. auf S. 89. Auf Tafel 2 sehen wir eine moderne Farbaufnahme des Saturns, aufgenommen vom Mt.-Palomar-Observatorium. Solche Farbaufnahmen von Himmelskörpern sind erst seit etwa 1965 möglich, nachdem es gelungen ist, die Empfindlichkeit der fotografischen Emulsion durch Unterkühlung derselben erheblich zu steigern. Dies bedingt aber eine zusätzliche Apparatur am Fernrohr.

Tafel 3. Nordamerikanebel im Schwan. Ein diffuser fluoreszierender Gasnebel; aufgenommen mit dem 48″-Schmidtspiegel der Mt.-Palomar-Sternwarte. Aufn. Hale Obs.

Eigenschaften der Sterne und besondere Sterne

Die Helligkeit und die Zahl der Sterne

Schon seit alten Zeiten teilt man alle mit dem bloßen Auge sichtbaren Sterne nach ihrer Helligkeit in 6 Klassen ein. Die hellsten Sterne kamen in die Klasse 1, die schwächsten, fürs bloße Auge gerade noch sichtbaren Sterne in die Klasse 6. Natürlich gibt es auch Zwischenstufen, und vor rund 100 Jahren hat man diese Größenklassenskala der Fixsterne genauer festgelegt. Denkt man sich z. B. einen Stern 6. Größe durch eine Kerze in einer bestimmten Entfernung ersetzt, so wird ein Stern 5. Größe durch 2,5 Kerzen in der gleichen Entfernung dargestellt, ein Stern 4. Größe durch 2,5·2,5=6,3 Kerzen, usf. Der größeren Intensität (Helligkeit) entspricht also die kleinere Größenklassenzahl. Von Größenklasse zu Größenklasse steigert sich die Intensität immer um das 2,5-fache (die genaue Zahl ist 2,512). Die Intensitätsverhältnisse der für das bloße Auge sichtbaren 6 Größenklassen sind also die folgenden, wenn man die Intensität eines Sternes 6. Größe mit 1 bezeichnet:

Intensität eines Sternes 6. Größe	. . . .	=	1
„ „ „ 5. „	2,5	=	2,5
„ „ „ 4. „	2,5·2,5	=	6,3
„ „ „ 3. „	2,5·2,5·2,5	=	16
„ „ „ 2. „	2,5·2,5·2,5·2,5	=	40
„ „ „ 1. „	2,5·2,5·2,5·2,5·2,5 . . .	=	100

Ein Stern 1. Größe kann also in diesem Beispiel durch 100 Kerzen ersetzt werden, und man kann sich leicht merken, daß einem Unterschied von 5 Größenklassen in der Helligkeitsskala stets ein Intensitätsverhältnis von 1 : 100 entspricht. Selbstverständlich gibt es auch alle Zwischenstufen. Man bezeichnet die Größenklasse eines Sternes durch den Buchstaben m (für *m*agnitudo).

Diese Skala kann beliebig fortgesetzt werden, denn es gibt sowohl Sterne, die heller sind als $1^m,0$, als auch solche, die schwächer sind als $6^m,0$. Letztere können nur mit dem Fernrohr beobachtet werden. Bei einem Unterschied von 10 Größenklassen ist das Intensitätsverhältnis schon 1 : 100·100=1 : 10 000, bei 15 Größenklassen schon 1 : 100·100·100=1 : 1 000 000, usf.

Sterne, die genau um eine Größenklasse heller sind als $1^m,0$, wären also mit $0^m,0$ zu bezeichnen, die nächst hellere volle Größenklasse wäre $-1^m,0$ bei konsequenter Fortsetzung der Skala. Sterne, die um eine Größenklasse schwächer sind als $6^m,0$, werden mit $7^m,0$ bezeichnet, usf.

Die Helligkeiten (Größenklassen) der 11 hellsten bei uns sichtbaren Fixsterne sind der Reihe nach: Sirius $-1^m,58$; Wega $0^m,14$; Beteigeuze $0^m,1-1^m,2$ (veränderlich); Kapella $0^m,21$; Arkturus $0^m,24$; Rigel $0^m,34$; Prokyon $0^m,48$; Atair $0^m,89$; Aldebaran $1^m,06$; Pollux $1^m,21$; Spika $1^m,21$.

Fragt man nach der Helligkeit der Planeten, so muß die Skala noch weiter nach der negativen Seite hin fortgesetzt werden. Mars kann $-2^m,8$, Venus $-4^m,5$ erreichen. Die Helligkeit des Vollmonds ist $-12^m,6$, die der Sonne $-26^m,7$.

Tafel 4. Großer Orionnebel. Ein diffuser Gasnebel; Entfernung etwa 1700 Lichtjahre; aufgenommen mit dem 5-m-Spiegel der Mt.-Palomar-Sternwarte. Aufn. Hale Obs.

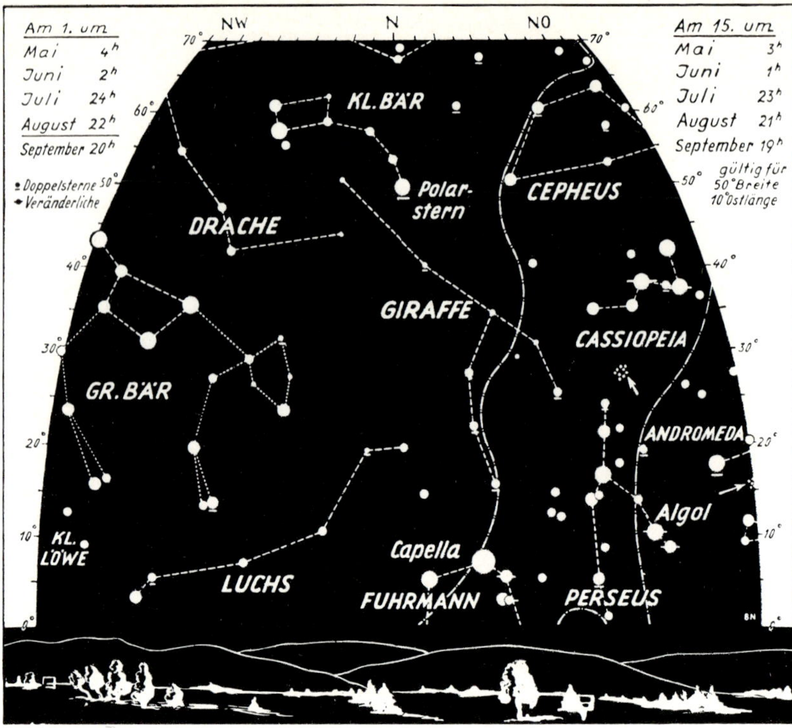

Was die Sternkarte zeigt

Die Mitte der Karte wird ganz von der aus lauter schwachen Sternen bestehenden *Giraffe* eingenommen. Über ihr liegen im NO *Kepheus,* im N der *Polarstern* mit dem *Kleinen Bären,* der sich schon stark nach W zu neigt. Der Schwanz des *Drachen* dringt im NW bis fast zur Mitte der Karte vor, unter ihm ist der *Große Bär* nahezu vollständig aufgetaucht. Auch der nur schwach zu erkennende *Luchs* ist tief im NW und N ganz im Feld der Karte enthalten. Der *Fuhrmann* mit *Kapella* steht jetzt wenig östlich des Nordpunktes, aber immer noch sehr tief, hingegen ist *Perseus* im NO wieder ganz sichtbar. Etwas höher im NO beginnt das W der *Kassiopeia* sich wieder aufzurichten, und darüber ist *Kepheus* noch nahezu vollständig sichtbar.
Die *Milchstraße* befindet sich nur noch in der rechten Hälfte des Kartenfeldes, also östlich vom Nordpunkt, und steigt steil auf vom *Perseus* bis zum *Kepheus.*

In mehr als 10° Höhe findet man die folgenden bemerkenswerten Objekte:

Veränderliche Sterne fürs bloße Auge: α und γ in der Kassiopeia. Tief im NO steht der bekannte Bedeckungsveränderliche Algol (Teufelsstern) oder β im Perseus.
Doppelsterne: Bloßes Auge und Feldstecher: Keine. 2-Zöller: η in der Kassiopeia, γ in der Andromeda, β und ξ im Kepheus, η im Perseus, α im Kl. Bären (Polarstern). 3–4-Zöller: $\varkappa$ im Kepheus, ε im Drachen, 19 H in der Giraffe, ι im Gr. Bären, ϑ im Perseus.
Sternhaufen und Nebel: Bloßes Auge: Doppelsternhaufen h und χ im Perseus. Feldstecher: Offener Sternhaufen 752 in der Andromeda.

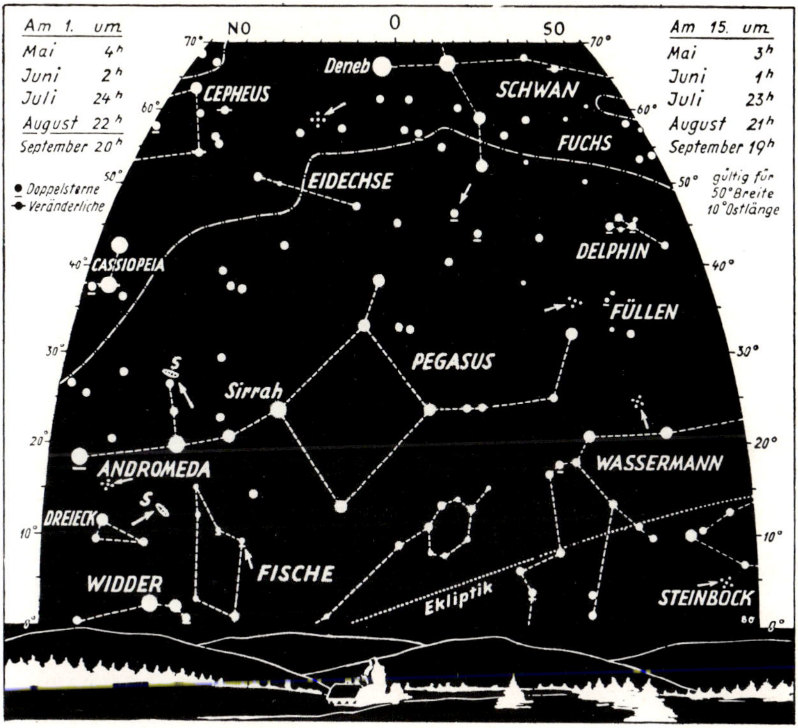

Was die Sternkarte zeigt

8
Ost

Der *Schwan* ist in großer Höhe bereits zum Teil aus dem Bereich der Karte herausgewandert. Unter ihm beherrscht den größten Teil des Osthimmels der ausgedehnte *Pegasus* mit dem markanten Viereck und der anschließenden *Andromeda.* Demgegenüber treten alle andern Sternbilder sehr zurück. Unter *Deneb* sieht man die unbedeutende *Eidechse,* neben dieser am NO-Rand Teile des *Kepheus,* darunter ein Stück der *Kassiopeia.* Unter *Andromeda* liegt das kleine *Dreieck,* darunter ist der *Widder* gerade aufgegangen. Neben dem *Dreieck* beginnen die *Fische,* die sich bis über den Ostpunkt hinaus ausdehnen. Ein großer Teil des *Wassermanns* schließt sich an die *Fische* an und begleitet den flachen Bogen der *Ekliptik.* Über dem *Wassermann* stellen die kleinen Sternbilder *Füllen, Delphin* und *Fuchs* die Verbindung mit dem *Schwan* her. Die *Milchstraße* erstreckt sich bis in große Höhen, so daß nur ihr unterer Rand in *Kassiopeia, Kepheus* und *Schwan* sichtbar ist.

In mehr als 10° Höhe findet man die folgenden bemerkenswerten Objekte:

Veränderliche Sterne fürs bloße Auge: δ und μ im Kepheus, α in der Kassiopeia und der Mirastern χ im Schwan.
Doppelsterne: Bloßes Auge: Keine. Feldstecher: μ im Schwan. 2-Zöller: η in der Kassiopeia, ξ im Kepheus, γ in der Andromeda, γ im Delphin. 3–4-Zöller: ζ im Wassermann.
Sternhaufen und Nebel: Bloßes Auge: Der bekannte Spiralnebel in der Andromeda (M 31). Feldstecher: Offener Sternhaufen M 39 im Schwan, Kugelhaufen M 15 im Pegasus, der offene Sternhaufen 752 in der Andromeda und der Spiralnebel M 33 im Dreieck.

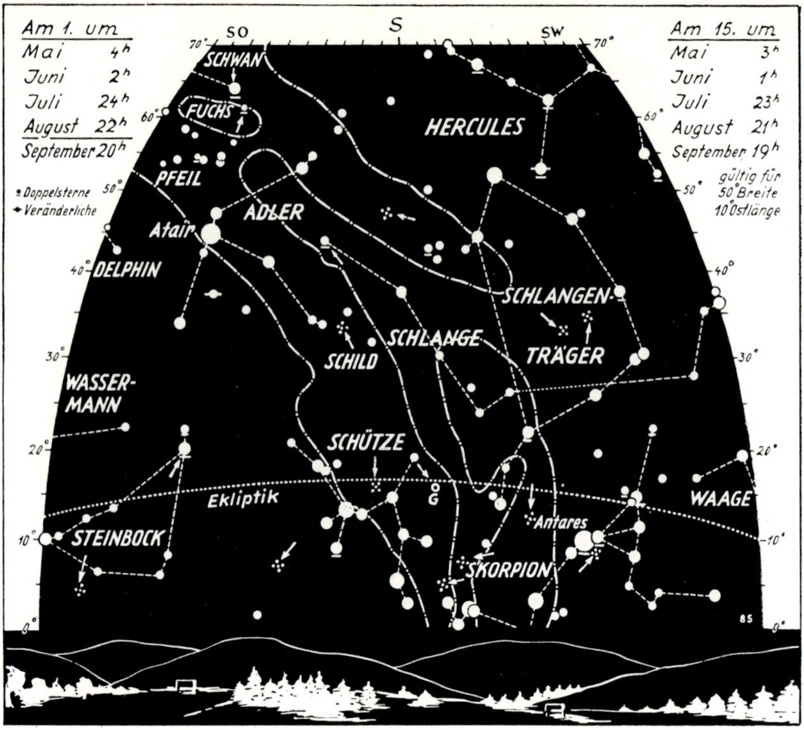

Was die Sternkarte zeigt

8
Süd

Tief im Süden steht der bei uns nur selten ganz sichtbare *Schütze* im Meridian. Ihm voran geht der *Skorpion,* der sich schon erheblich dem Horizont zuneigt. Ihm folgt der *Steinbock,* der zur Hauptsache auf der Karte enthalten ist. Durch alle drei zieht sich in tiefem, ganz flachem Bogen die *Ekliptik,* über der im SW noch einige Sterne der *Waage* zu sehen sind. Die Mitte des Feldes wird fast ganz ausgefüllt vom *Schlangenträger* und der *Schlange* – deren Kopf allerdings schon nicht mehr zu sehen ist – und dem *Adler.* Über dem *Schlangenträger* hat *Herkules* den Meridian überschritten. Über dem *Steinbock* im SO finden wir Sterne von *Wassermann, Delphin* und *Pfeil* sowie Teile des *Fuchses* und des *Schwans.*

Das Band der *Milchstraße* beginnt hoch oben im SO und zieht sich schräg herunter durch *Adler, Schlange* und *Schütze* in den *Skorpion* im SSW.

In mehr als 10° Höhe findet man die folgenden bemerkenswerten Objekte:

Veränderliche Sterne fürs bloße Auge: α im Herkules, η im Adler.

Doppelsterne: Bloßes Auge: Keine. Feldstecher: β im Schwan, α_2 und β im Steinbock, ϑ in der Schlange und 6 im Fuchs. 2-Zöller: α, δ, μ, γ im Herkules, ζ im Pfeil, ξ im Skorpion, 70 im Schlangenträger. 3–4-Zöller: α im Skorpion (Antares).

Sternhaufen und Nebel: Bloßes Auge: Kugelsternhaufen M 22 im Schützen. Feldstecher: Offener Haufen 6633 in der Schlange, Kugelsternhaufen M 4 im Skorpion (bei Antares), offener Haufen M 11 im Schild, Kugelsternhaufen M 10, M 12 und M 19 im Schlangenträger, Gasnebel M 8 im Schützen.

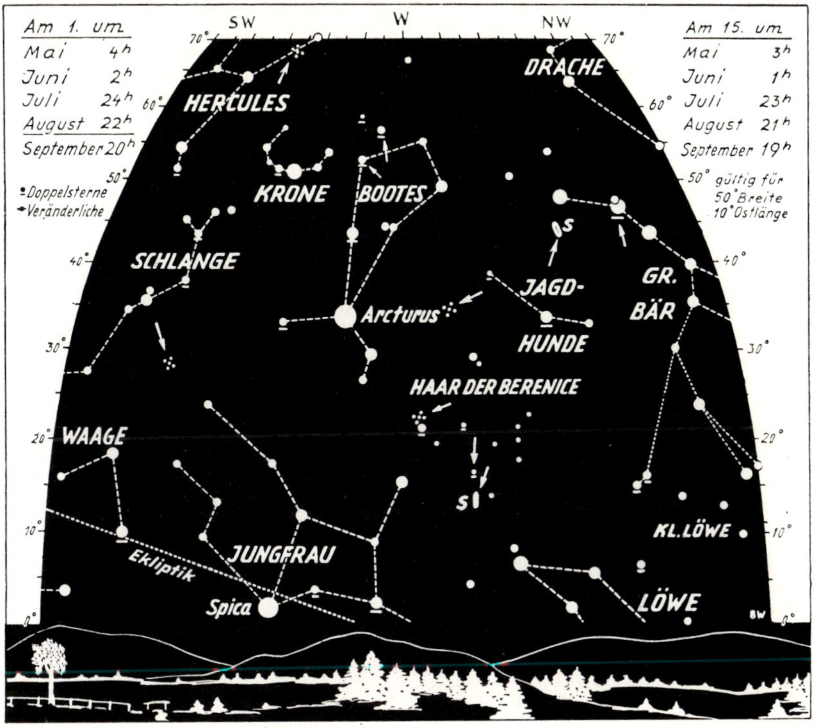

Was die Sternkarte zeigt

In der Mitte des Westhimmels fällt sofort der helle, rot leuchtende *Arkturus* im *Bootes* auf. Ihm zur Seite nach SW zu steht die zierliche *Krone* und darüber ein Teil des *Herkules.* Auf der NW-Seite finden wir ein Stück des *Drachen,* darunter den Schwanz des *Großen Bären* (Deichsel des Wagens), das *Haar der Berenike* und dicht am NW-Horizont den *Kleinen Löwen* und die letzten Sterne des untergehenden *Löwen.* Etwas links vom Westpunkt steht die *Jungfrau* vor dem Untergang, *Spika* steht schon so tief, daß sie kaum noch zu erkennen sein dürfte. Ein wenig höher erkennt man ganz im SW die unscheinbare *Waage,* darüber sind Kopf und vorderer Teil der *Schlange* erschienen.
Die *Milchstraße* kommt auf dieser Karte nicht vor. Die *Ekliptik* beschränkt sich auf einen ganz flachen, tiefliegenden Bogen im SW.

In mehr als 10° Höhe findet man die folgenden bemerkenswerten Objekte:

Veränderliche Sterne fürs bloße Auge: Keine.
Doppelsterne: Bloßes Auge: ζ (Mizar-Alkor) im Gr. Bären, der bekannte Prüfstern für gute Augen. Feldstecher: μ und δ im Bootes, 24 im Haar der Berenike. 2-Zöller: ζ im Gr. Bären, 12 in den Jagdhunden, γ im Herkules, β und δ in der Schlange, ζ in der Krone. 3–4-Zöller: μ und ε im Bootes, ξ und ν im Gr. Bären.
Sternhaufen und Nebel: Bloßes Auge: M 13 im Herkules, der schönste und hellste Kugelsternhaufen des ganzen Nordhimmels, M 5, der fast ebenso helle Kugelsternhaufen in der Schlange, Kugelsternhaufen M 3 in den Jagdhunden. Feldstecher: Kugelsternhaufen M 53 im Haar der Berenike, Spiralnebel M 51 in den Jagdhunden, M 100 im Haar der Berenike.

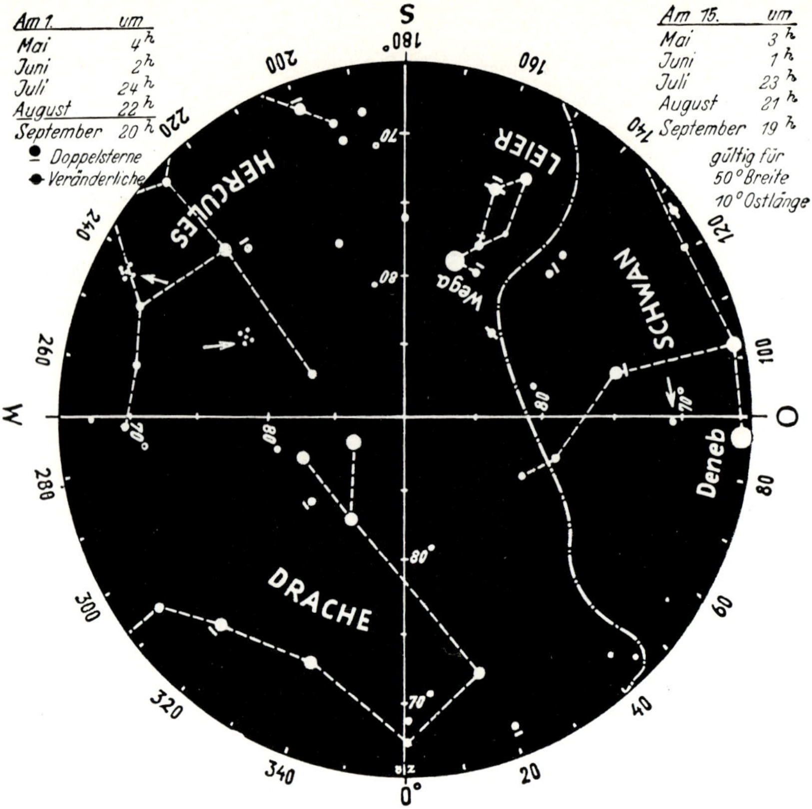

Was die Sternkarte zeigt

Der Kopf des *Drachen* befindet sich in unmittelbarer Nähe des Zenit und weite Teile des *Drachen* schlängeln sich, den Meridian zweimal überquerend, nach SW. Von Osten her hat sich die *Milchstraße* und mit ihr ein Teil des *Schwans* in die Zenitkalotte geschoben. Nahezu im Süden ist die ganze *Leier* mit der hellen *Wega* in fast 80° Höhe aufgetaucht, während im NW *Herkules* bereits wieder im Absinken begriffen ist.
Veränderliche Sterne fürs bloße Auge: β in der Leier, der bekannte Bedekkungsveränderliche und der Mirastern χ im Schwan.
Doppelsterne: Bloßes Auge: ε in der Leier (für sehr gute Augen). *Feldstecher:* ν im Drachen, β und ζ in der Leier, o_2 im Schwan (dreifach). *2-Zöller:* μ und ϱ im Herkules, η in der Leier. *3–4-Zöller:* ε und η im Drachen, ε_1 und ε_2 in der Leier.
Sternhaufen und Nebel: Bloßes Auge: Die beiden Kugelsternhaufen M 13 und M 92 im Herkules. *Feldstecher:* Keine.

Sonnenauf- und -untergangszeiten (MEZ) für +50° Breite und 10° östliche Länge		1. Aug.	11. Aug.	21. Aug.
	SA	4.48	5.02	5.17
	SU	20.04	19.47	19.28

Die Sonne ist also fast genau 25 Größenklassen heller als Sirius, d. h. die scheinbare Intensität, mit der die Sonne uns strahlt, ist 10 000 000 000=10 Milliarden mal so stark wie die des Sirius, des scheinbar hellsten Fixsterns.

Jede mit dem bloßen Auge oder fotografisch oder auch mit einer anderen sonstigen Apparatur gemessene Helligkeit eines Sterns nennt man auch seine „scheinbare" Helligkeit. Im Gegensatz hierzu steht die „absolute" Helligkeit, welche in der Stellarastronomie eine große Rolle spielt. Das ist diejenige Helligkeit, die ein Stern haben würde, wenn er sich in einer genau festgelegten Einheitsentfernung von 32,6 Lichtjahren befände. (Man vergleiche hierzu den Artikel über die Entfernungen der Fixsterne S. 115.) Kennt man außer der scheinbaren Helligkeit die Entfernung eines Sterns, so kann man die absolute Helligkeit berechnen. Umgekehrt kann man aus der absoluten und der beobachteten scheinbaren Helligkeit auch die Entfernung berechnen. Alle Sterne, die näher sind als die Einheitsentfernung, sind absolut schwächer, alle Sterne, die weiter entfernt sind als diese, sind absolut heller als scheinbar.

Schon mit einem Feldstecher kann man sehr viel mehr Sterne sehen als mit dem bloßen Auge, man kommt dann unter günstigen Umständen bis zur 10. Größe. Mit den größten Fernrohren kann man gerade noch Sterne bis zur 21. Größe fotografieren. Dabei wächst die Zahl der Sterne von Größenklasse zu Größenklasse sehr stark an, ohne daß ein Ende oder eine Abnahme zu bemerken wäre. Mit dem neuen 200zölligen Spiegel auf dem Mt. Palomar läßt sich die Größe $22^m,5$ erreichen.

Alle fotografisch gewonnenen Helligkeiten beziehen sich auf eine andere Wellenlänge des Lichtes und unterscheiden sich um den sogenannten Farbenindex F. I.$=m_{fot.} - m_{vis.}$ von den visuellen Helligkeiten.

Die Gesamtzahl der mit dem bloßen Auge sichtbaren Sterne beträgt auf der ganzen Himmelskugel bis zur Grenzgröße $6^m,0$ genau 4721. Da wir nie mehr als die Hälfte des Himmels überblicken können, wären mit bloßem Auge nur etwa die Hälfte, d. h. rund 2360 Sterne, zu sehen; hiervon gehen aber noch viele Sterne ab, die infolge des Dunstes in der Atmosphäre, besonders in Horizontnähe, nicht erkennbar sind, so daß höchstens 2000 Sterne auf einmal für das bloße Auge zu erblicken sind. In der zweiten Hälfte des vorigen Jahrhunderts hat man in Bonn die erste große Durchmusterung des Himmels durchgeführt, die *alle* Sterne bis zur Größe $9^m,2$ und einige schwächere enthält. (Bonner Durchmusterung, abgekürzt B.D.) Die Anzahl der Sterne unter Einbeziehung der südlichen Ergänzungen ist dabei auf etwas mehr als 1 Million angewachsen. Mit der Einführung der Himmelsfotografie und zunehmender Belichtungszeit stieg die Anzahl der Sterne ins Unermeßliche. 18 Sternwarten haben sich an einem internationalen Unternehmen, der sogenannten „fotografischen Himmelskarte", beteiligt, die alle Sterne bis zur 14. Größe enthält. Die Gesamtzahl aller Sterne auf diesen rund 22 000 Karten wird auf rund 20 Millionen geschätzt. Für noch schwächere Sterne hat man nur einzelne Eichfelder genauer auszählen können, mit dem Ergebnis, daß die Gesamtzahl aller Sterne bis zur 21. (fotografischen) Größe einschließlich auf rund 900 Millionen angegeben wird. Damit ist aber nur die Grenze unserer heutigen optischen Hilfsmittel erreicht. Schätzungen über die Gesamtzahl aller Sterne in *unserem* Milchstraßensystem gehen von einigen Milliarden bis zu einigen hundert Milliarden Sonnen.

Auf dem Mt. Palomar in Kalifornien ist vor mehreren Jahren ein fotografisches Unternehmen vollendet worden, das besondere Erwähnung verdient und unter dem Namen *Palomar Sky Survey* (Himmelsüberwachung) bekanntgeworden ist. Mit dem dortigen 48zölligen Schmidtspiegel wurde ein neuer fotografischer Himmelsatlas geschaffen, der auf 935 Aufnahmen, jeweils in rotem und blauem Licht, den Himmel vom Nordpol bis zu 30° südlicher Deklination umfaßt. Diese Aufnahmen enthalten schätzungsweise 500 Millionen Sterne bis etwa zur Größe 21; ferner ungefähr 10 Millionen Spiralnebel bis zu Entfernungen von rund 300 Millionen Lichtjahren. Jede Platte hat das Format 34×34 cm. Der Atlas ist 1968 schon in 4. Auflage erschienen und kostete 2500,– Dollar. Inzwi-

schen wurde noch eine Ergänzung mit 100 weiteren Aufnahmen bis zur Deklination von 45° Süd durchgeführt.
Nach modernen Schätzungen gibt es etwa 100 Millionen Spiralnebel, von denen *jeder* eine eigene Welteninsel darstellt und vielleicht auch viele Milliarden Sonnen enthält.

Die Eigenbewegungen (EB) der Fixsterne

Mit der Entdeckung des Gravitationsgesetzes durch Newton (1687) war die Anschauung von der völligen Unveränderlichkeit des gestirnten Himmels unhaltbar geworden. Denn, wo Anziehungskraft herrscht, da muß auch eine Bewegung sein. Also müssen auch die Sterne eine eigene Bewegung zeigen. Wenn es bis zu Beginn des 18. Jahrhunderts nicht gelungen war, eine solche nachzuweisen, so hat das seinen sehr einfachen Grund nur darin, daß wir infolge der riesenhaften Entfernungen der Sterne voneinander und von uns von solchen eigenen Bewegungen nichts merken konnten. Hat doch der nächste Fixstern, die allernächste Sonne – wie man erst viel später feststellen konnte –, eine Entfernung von uns, welche fast 300 000mal so groß ist wie die Entfernung Erde–Sonne!
Zwar hat man schon zu den ältesten Zeiten daran gedacht, den Anblick des gestirnten Himmels festzuhalten, und Hipparch war der erste, der uns um 134 v. Chr. einen Katalog mit den Örtern und den Helligkeiten von rund 1000 Sternen übermittelt hat. Er war es auch, der durch den Vergleich seiner Beobachtungen mit denen seiner Vorgänger die Veränderungen der Sternkoordinaten infolge der Präzession, der Wanderung des Himmelspoles, entdeckte.

Die Veränderung des Sternbildes Großer Bär durch die Eigenbewegung seiner Sterne. Die 5 Sterne β, δ, γ, ε, ζ besitzen eine gemeinsame E.B. Die Sterne α und η hingegen bewegen sich in nahezu entgegengesetzter Richtung. Dadurch verändert sich die bekannte Konstellation in 100 000 Jahren sehr stark.

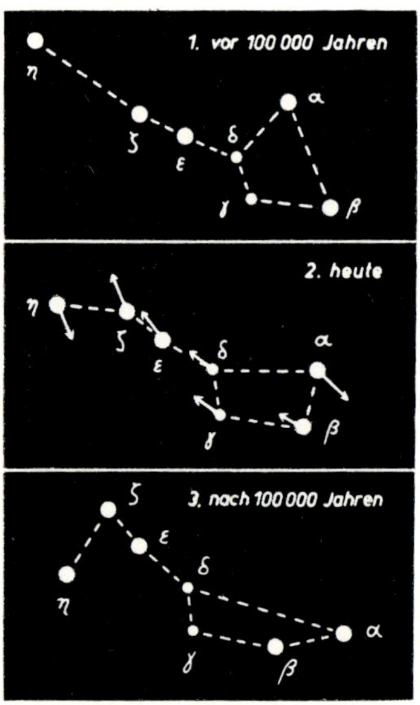

Aber erst fast 2000 Jahre später fand der englische Astronom Halley (1718) durch Vergleich seiner Örter mit denen Hipparchs, daß neben dieser Präzession auch noch andere reelle Veränderungen der Sternpositionen stattgefunden hatten, die er „Eigenbewegungen" nannte. Allerdings waren es nur 4 helle Sterne, die ihren Ort merklich verändert hatten, Sterne, deren Namen fast jeder kennt. Diese Ortsveränderungen betrugen in rund 2000 Jahren bei den Sternen Sirius, Arkturus und Aldebaran jeweils etwas mehr als $^1/_2$°.
Um sich von der Größe dieser Beträge eine klare Vorstellung zu machen, sei daran erinnert, daß eine Vollmondbreite fast genau $^1/_2$° beträgt. Da der Kreisumfang 360° umfaßt, müßte man 720 Vollmonde am Horizont aneinanderreihen, um den ganzen Umfang zu belegen. 1° wird in 60′ unterteilt und jede Bogenminute wieder in 60″; ein Grad hat somit 3600 Sekunden. Wenn nun Sirius in 2000 Jahren um 1,5 Vollmondbreiten gewandert ist, so wären das 2700″. Man kann also ebensogut sagen, daß die *jährliche* Eigenbewegung (EB) des Sirius $\frac{2700''}{2000} = 1'',35$ beträgt. Das ist am Himmel ein so kleines Stückchen, daß ein Beobachter ohne Fernrohr die Ortsveränderung nur feststellen kann, wenn ihm ein sehr großer Zeitraum zur Verfügung steht.

Auf jeden Fall war mit der Entdeckung Halleys der Nachweis der Eigenbewegungen erbracht, und damit war der Anlaß zu weiteren Beobachtungen und Nachforschungen gegeben. Schon 1760 konnte Tobias Mayer in Göttingen die EB einer größeren Zahl von Sternen sicher nachweisen. Doch erst Bradleys Beobachtungen in der Mitte des 18. Jahrhunderts erreichten die notwendige Genauigkeit, um eine sichere Grundlage zur Ableitung vieler EB zu gewinnen. Ende des vorigen Jahrhunderts schuf die Astronomische Gesellschaft durch Beobachtungen an vielen Sternwarten einen Katalog mit rund 150 000 genauen Sternpositionen, der in den letzten Jahrzehnten mehrmals wiederholt werden konnte. Die Mehrzahl der EB ist hiernach klein, weniger als 0″,5 pro Jahr. 1890 kannte man 259 Sterne, 1922 bereits 749 Sterne, deren jährliche EB den Betrag von 0″,55 übersteigt.
Die von Halley ermittelte EB von Arkturus ist wohl sehr groß, aber nicht die größte. Die bis heute ermittelte größte EB von 10″,3 pro Jahr zeigt ein schwacher, von Barnard entdeckter Stern $9^{m},7$. Die 10 größten jährlichen EB liegen zwischen 10″,3 und 4″,7. Merkwürdig ist dabei, daß es sich durchweg um schwächere Sterne handelt.
Heute kennt man die EB von insgesamt 300 000 Sternen.
Sobald man nun die EB der Sterne genauer untersucht, erkennt man, daß diese sich aus 2 ganz verschiedenen Komponenten zusammensetzt. Nämlich einmal aus der wirklichen EB der Sterne und aus einer Bewegung, die durch die Bewegung der Sonne als ein perspektivischer Effekt vorgetäuscht wird. Wenn alle Sterne sich bewegen, ist kein Grund vorhanden anzunehmen, daß die Sonne sich nicht auch bewegt, und das wird nicht ohne Einfluß auf die Bewegungen der Sterne bleiben. Man kann sich den Sachverhalt sehr roh, aber doch sehr anschaulich klarmachen, wenn man die Fußgänger auf der Straße von einem Auto aus betrachtet. Steht das Auto still, so werden sich die Fußgänger – vom Auto aus gesehen – ziemlich regellos infolge ihrer eigenen Bewegung durcheinander bewegen. Bewegt sich aber das Auto selbst auch, so kommt noch eine dauernde perspektivische Bewegung hinzu. Ein Fußgänger, der sehr nahe ist, wird sich scheinbar sehr viel rascher bewegen als einer, der noch sehr weit vom Auto entfernt ist. Eine große scheinbare EB deutet also immer darauf hin, daß der betreffende Stern uns relativ nahe ist oder daß er eine hohe Eigengeschwindigkeit hat. Umgekehrt wird man aus der EB der Sterne auch die der Sonne ableiten können.
Natürlich kann auch ein Stern mit kleiner EB uns sehr nahe sein, dann nämlich, wenn seine räumliche Bewegung gerade auf uns zu gerichtet ist und wir uns auch gerade in der Richtung auf ihn zu oder von ihm weg bewegen. In diesem seltenen Fall wird der Stern überhaupt keine EB zeigen.
Aus diesen Betrachtungen erkennt man jedenfalls, daß die EB nur einen Teil der räumlichen Bewegung eines Sternes darstellt, nämlich denjenigen Teil, der senkrecht zu unserer Blickrichtung erfolgt. Es kommt dann noch die zweite Komponente der räumlichen Bewegung, die sogenannte Radialgeschwindigkeit (s. S. 116), hinzu. Kennt man die EB, die Radialgeschwindigkeit und die Entfernung eines Sternes, dann kann man auch seine wirkliche räumliche Geschwindigkeit berechnen.
Wie stark eine merkliche EB aber ein Sternbild im Laufe von 100 Jahrtausenden zu verändern vermag, zeigt die linksstehende Abbildung. Diese zeigt uns das Sternbild des Großen Bären 1. vor 100 000 Jahren, 2. in der Gegenwart, 3. nach 100 000 Jahren.
So einfach das Prinzip der Bestimmung der EB ist, so mühsam ist ihre Durchführung, welche die Kräfte eines einzelnen Astronomen bei weitem übersteigt. Zur Bestimmung der kleinen EB ist ja nicht nur *eine* Beobachtung jedes Sternes erforderlich, sondern es muß nach Jahrzehnten eine ebenso sorgfältige zweite Bestimmung seines Ortes an der Sphäre vorgenommen werden. So müssen hier Generationen von Astronomen auf der ganzen Welt zusammenarbeiten, damit später die Früchte ihrer aufopferungsvollen Arbeit von anderen eingebracht werden können.

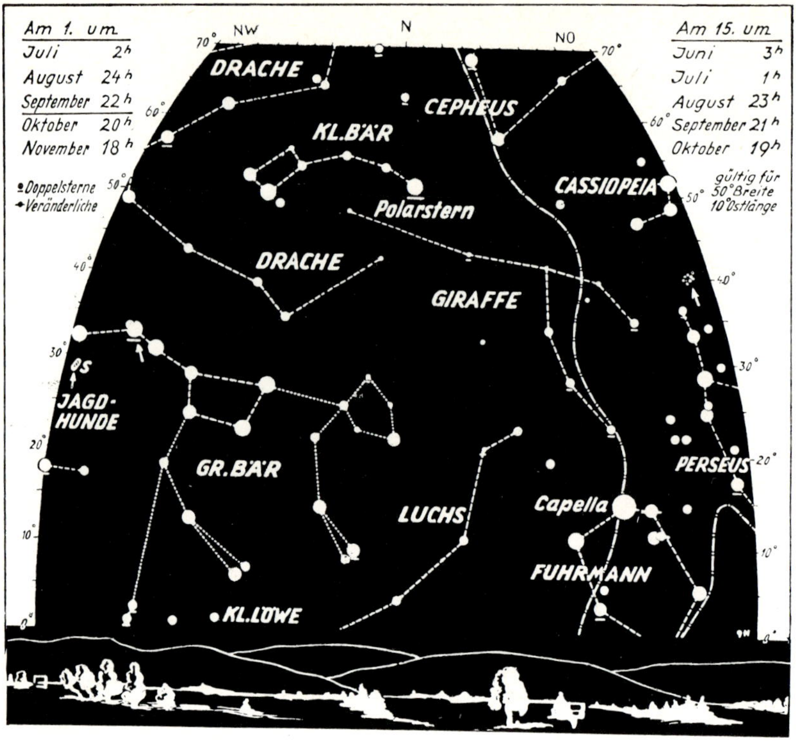

Was die Sternkarte zeigt

Vom *Polarstern* ausgehend finden wir den *Kleinen Bären* fast waagerecht nach Westen zu ausgestreckt. Der *Drachenschwanz* windet sich zwischen dem *Kleinen* und *Großen Bären* hindurch und findet unterhalb des *Polarsterns* sein Ende. Der *Große Bär* ist fast ganz erschienen, und der *Himmelswagen* steht nahezu waagerecht im NNW. Der *Luchs* hat seine tiefste Stellung erreicht, so daß nicht mehr alle seine Sterne über dem Horizont sichtbar sind. Im NO sind die meisten Sterne des *Fuhrmanns* wieder erschienen, und die hell leuchtende *Kapella* hat schon wieder 15° Höhe gewonnen. Vom *Perseus* sind noch einige Sterne am NO-Rande der Karte sichtbar, ebenso von der darüber befindlichen *Kassiopeia.* Der Raum zwischen *Perseus* und *Kleinem Bären* wird von der ausgedehnten, nur aus schwachen Sternen bestehenden *Giraffe* ausgefüllt.
Die *Milchstraße* steigt im NO (Fuhrmann) fast senkrecht auf bis zum *Kepheus.*

In mehr als 10° Höhe findet man die folgenden bemerkenswerten Objekte:

Veränderliche Sterne fürs bloße Auge: Tief im NO, bei Kapella, die beiden Bedeckungsveränderlichen ε und ζ im Fuhrmann; in größerer Höhe γ in der Kassiopeia.
Doppelsterne: Bloßes Auge: ζ (Mizar-Alkor) im Gr. Bären, der Prüfstern für gute Augen. Feldstecher: Keine. 2-Zöller: β im Kepheus, ζ im Gr. Bären, η und ε im Perseus, 12 in den Jagdhunden, α im Kl. Bären (Polarstern). 3–4-Zöller: $\varkappa$ im Kepheus, ε und η im Drachen, 19 H in der Giraffe.
Sternhaufen und Nebel: Bloßes Auge: Doppelsternhaufen h und χ im Perseus.

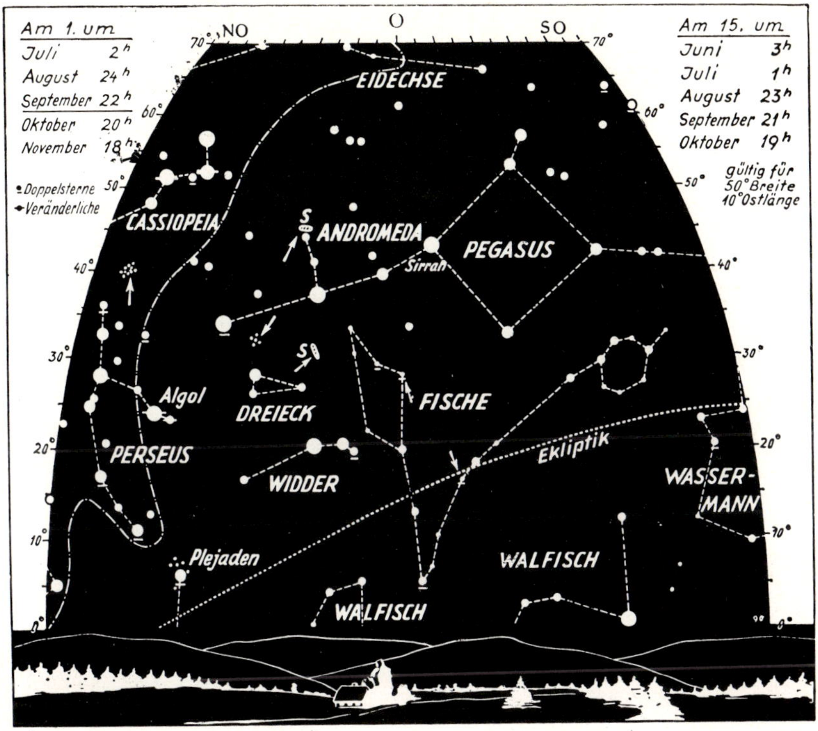

Was die Sternkarte zeigt

Das große *Pegasus*viereck und die anschließende *Andromeda* beherrschen den Osthimmel. Über beiden steht die unscheinbare *Eidechse,* unter beiden dehnen sich die *Fische* fast bis zum Osthorizont hinab. *Widder* und *Dreieck* lenken nach NO auf den *Perseus,* der mit allen wesentlichen Sternen auf dieser Karte enthalten ist. Über *Perseus* sind die meisten Sterne der *Kassiopeia* erschienen. Unter *Perseus* künden die *Plejaden* bereits den *Stier* an, und weiter nach Osten sind einzelne Sterne des *Walfisches* gerade über dem Horizont erschienen. Im SO verlassen die letzten Sterne des *Wassermanns* das Feld der Karte.
Die *Milchstraße* steigt vom NO-Horizont über *Perseus* und *Kassiopeia* empor bis zur *Eidechse;* die *Ekliptik* hat sich langsam wieder höher geschoben und erreicht im SO bereits 25° Höhe.

9
Ost

In mehr als 10° Höhe findet man die folgenden bemerkenswerten Objekte:

Veränderliche Sterne fürs bloße Auge: α und γ in der Kassiopeia, im Perseus der Teufelsstern β (Algol) und der Stern ϱ, hoch am NO-Rande der Stern δ im Kepheus.
Doppelsterne: Bloßes Auge: Keine. Feldstecher: ζ und ψ_1 in den Fischen. 2-Zöller: γ in der Andromeda, η in Kassiopeia, ε, ζ und η im Perseus, γ im Widder. 3–4-Zöller: φ in den Fischen, ϑ im Perseus.
Sternhaufen und Nebel: Bloßes Auge: Doppelsternhaufen h und χ im Perseus, Spiralnebel in der Andromeda (M 31). Feldstecher: Offener Sternhaufen 752 nahe bei γ in der Andromeda und Spiralnebel M 33 im Dreieck.

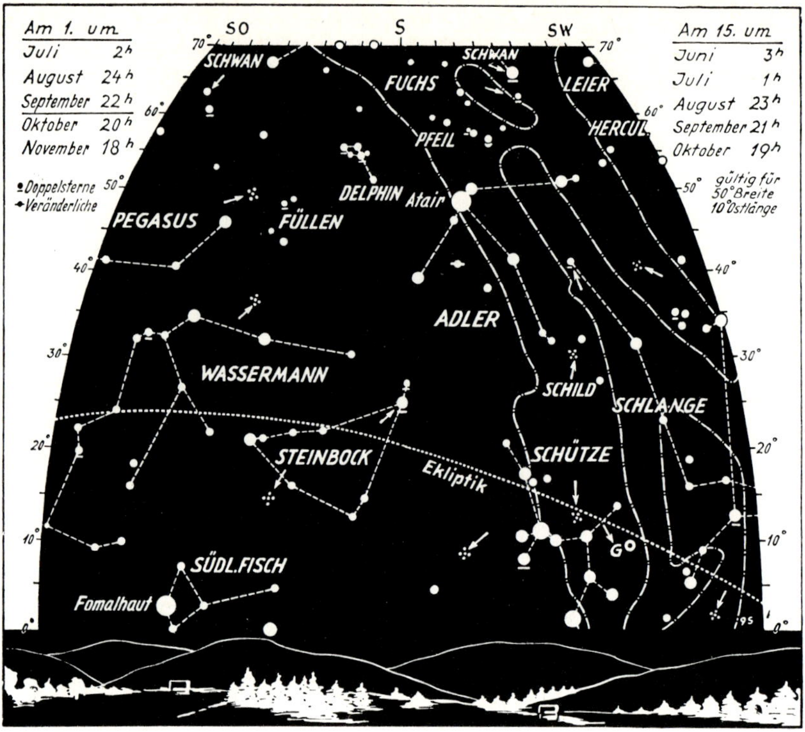

Was die Sternkarte zeigt

Als auffälligstes Sternbild beherrscht der *Adler* mit *Atair* den Südhimmel. Unter ihm im SW finden wir das Schwanzende der *Schlange, Schild* und *Schütze.* Über ihm weisen *Pfeil* und *Fuchs* auf den *Schwan.* Seitlich nach O zu führen, neben *Atair, Delphin* und *Füllen* zum *Pegasus* hinüber. Unter den ersten Sternen des *Pegasus* zeigt sich der *Wassermann* in ganzer Größe. Der *Steinbock* hat im Süden gerade seine höchste Stellung erreicht, und ganz tief im SO steht der *südliche Fisch* so knapp über dem Horizont, daß selbst der helle *Fomalhaut* kaum zu erkennen sein dürfte.

9
Süd

Die *Milchstraße* zeigt ihre prächtigen Teile mit der deutlichen Gabelung beim *Adler* und zieht vom *Schwan* durch *Adler* und *Schlange* bis hinab in den *Schützen,* tief im SW. Die *Ekliptik* steigt wieder merklich aufwärts und beginnt in fast 25° Höhe im SO mitten im *Wassermann,* zieht dann durch *Steinbock* und *Schütze* bis ganz tief in den SW.

In mehr als 10° Höhe findet man die folgenden bemerkenswerten Objekte:

Veränderliche Sterne fürs bloße Auge: η im Adler.
Doppelsterne: Bloßes Auge: Keine. Feldstecher: β und μ im Schwan, ϑ in der Schlange, α_2 und β im Steinbock, 6 im Fuchs. 2-Zöller: γ im Delphin, ζ im Pfeil. 3–4-Zöller: ζ im Wassermann.
Sternhaufen und Nebel: Bloßes Auge: Kugelsternhaufen M 22 im Schützen, Kugelsternhaufen M 2 im Wassermann. Feldstecher: Offener Haufen 6633 in der Schlange und M 11 im Schild, Kugelsternhaufen M 15 im Pegasus und M 30 im Steinbock.

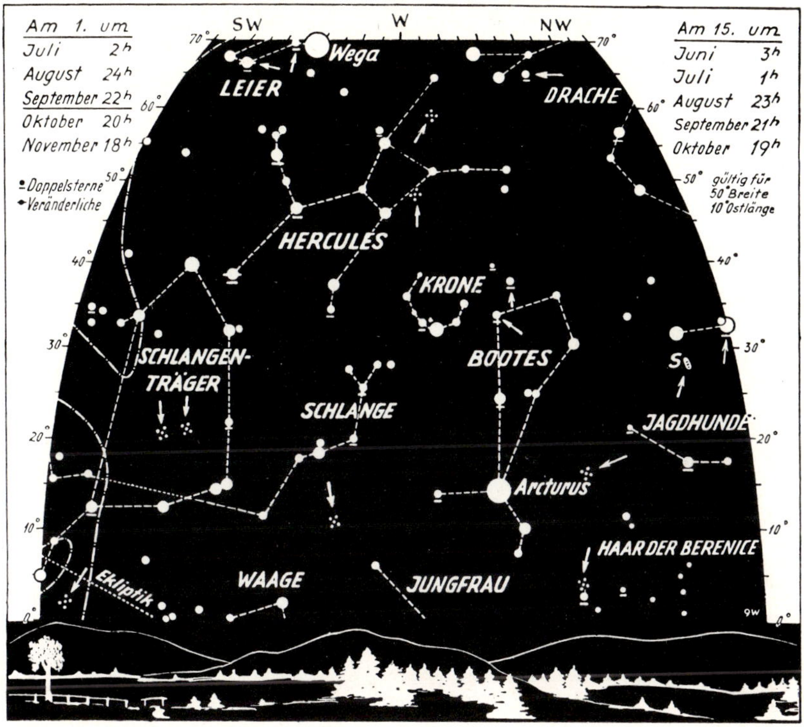

Was die Sternkarte zeigt

Der schon tiefstehende helle, rötlich leuchtende *Arkturus* mit *Bootes* beherrscht ganz die Gegend des Westhorizontes. Neben seinem oberen Teil finden wir die zierliche *Krone* und darüber das ausgedehnte, aus vielen schwächeren Sternen bestehende Sternbild des *Herkules.* In großen Höhen, ganz am Rand, erscheint die helle *Wega* in der *Leier* (im SW), auf der andern Seite (im NW) der Kopf und einige Teile des *Drachens.* Vom *Großen Bären* sind nur noch die beiden letzten Sterne des Schwanzes am NW-Rande zu sehen, darunter neigen sich die *Jagdhunde* dem Horizont zu, während ein Teil des *Haares der Berenike* im NW bereits untergegangen ist. Der SW-Himmel wird zu einem Großteil von dem ausgedehnten *Schlangenträger* und der *Schlange* ausgefüllt. Von der *Milchstraße* erscheinen kleine Teile wieder ganz am SW-Rand der Karte, die *Ekliptik* ist fast ganz verschwunden.

9
West

In mehr als 10° Höhe findet man die folgenden bemerkenswerten Objekte:

Veränderliche Sterne fürs bloße Auge: β in der Leier und α im Herkules.
Doppelsterne: Bloßes Auge: ζ (Mizar-Alkor) im Gr. Bären, der Prüfstern für gute Augen. Feldstecher: μ und δ in Bootes, ν im Drachen, β und ζ in der Leier. 2-Zöller: ζ im Gr. Bären, α, δ, γ, μ und ϱ im Herkules, 12 in den Jagdhunden, ζ in der Krone, β und δ in der Schlange, 70 im Schlangenträger. 3–4-Zöller: μ und ε im Bootes, η im Drachen.
Sternhaufen und Nebel: Bloßes Auge: Kugelsternhaufen M 13 und M 92 im Herkules sowie M 5 in der Schlange und M 3 in den Jagdhunden. Feldstecher: Kugelsternhaufen M 10 und M 12 im Schlangenträger, Spiralnebel M 51 in den Jagdhunden.

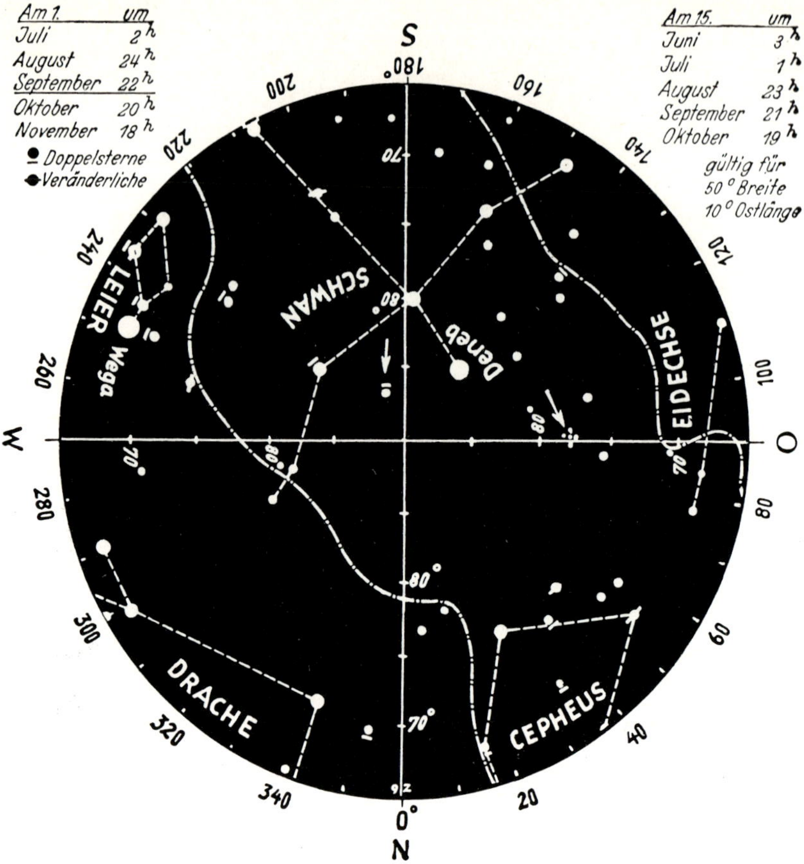

Was die Sternkarte zeigt

9
Zenit

Der *Drache* ist fast ganz im NW verschwunden, dafür sind Teile des *Kepheus* im NO-Sektor aufgetaucht, und im Osten ist gerade die zierliche *Eidechse* am Rand zu sehen. Im Süden befindet sich der *Schwan* in seiner höchsten Stellung und mit allen seinen hellen Sternen im Zenitsektor. *Deneb* steht fast 85° hoch kurz vor dem Meridian. Im SW beginnt die *Leier* wieder zu sinken.
Die *Milchstraße* geht durch *Kepheus* und *Schwan* und mitten durch den Zenit.
Veränderliche Sterne fürs bloße Auge: Diesmal sind 5 Veränderliche im Zenitsektor zu sehen, darunter 3 klassische: β in der Leier, δ im Kepheus und χ im Schwan; außerdem noch R in der Leier und μ im Kepheus.
Doppelsterne: Bloßes Auge: ε in der Leier (für sehr gute Augen). *Feldstecher:* β, ζ in der Leier, β, μ und o_2 im Schwan. *2-Zöller:* β und ξ im Kepheus, η in der Leier. *3–4-Zöller:* ε im Drachen, ε_1 und ε_2 in der Leier.
Sternhaufen und Nebel: Bloßes Auge: Keine. *Feldstecher:* Offener Sternhaufen M 39 im Schwan.

Sonnenauf- und -untergangszeiten (MEZ) für +50° Breite und 10° östliche Länge		1. Sept.	11. Sept.	21. Sept.
	SA	5.33	5.48	6.03
	SU	19.06	18.44	18.22

Die Entfernungen der Fixsterne

Einer der Hauptgründe gegen die Lehre des Kopernikus, daß die Erde um die Sonne laufe, war der, daß bei einem solchen jährlichen Umlauf die Erde den Fixsternen einmal näher, einmal entfernter sein müsse und daß sich dabei Verschiebungen des Ortes der Fixsterne zeigen müßten, wie wir sie auch bei den Planeten beobachten. Wenn auch Kopernikus auf diesen Einwand mit der kühnen Behauptung antwortete, daß die Entfernungen der Fixsterne so riesengroß seien, daß man solche Ortsveränderungen nicht beobachten könne, so blieb der praktischen Astronomie doch die Aufgabe, solche scheinbaren Verschiebungen der Fixsternörter nachzuweisen. Das war eine Aufgabe, deren Lösung nur mit dem Fernrohr und einer ganz erheblich verfeinerten Beobachtungskunst möglich war und die infolgedessen viel Zeit erforderte. So scheiterten auch lange Zeit alle Versuche, die Entfernungen der Fixsterne zu bestimmen, an der Kleinheit des Effektes.

Man spricht auch bei den Fixsternen statt von der Entfernung gern von der Parallaxe, versteht aber jetzt darunter denjenigen Winkel, unter dem, vom Fixstern aus gesehen, der *Erdbahn*halbmesser erscheint. Die neue Basis ist jetzt der Halbmesser der Erd*bahn,* d. h. die Entfernung Erde–Sonne.

Um also nun die Entfernung eines Fixsterns zu bestimmen, visiert man den Stern von zwei möglichst diametral gegenüberliegenden Punkten der Erdbahn aus an und beobachtet die Verschiebung gegenüber dem Hintergrund (s. Abb.). Als geeignet für eine solche Bestimmung erscheinen fast immer die Sterne, die durch große Eigenbewegung ihre relative Nähe bereits deutlich gemacht haben. So gelang Bessel in Königsberg 1838 die Bestimmung der Parallaxe des Sternes 61 Cygni, der die damals größte bekannte Eigenbewegung hatte. Er erhielt einen Wert von 0″,35, der nach neueren Messungen noch etwas kleiner sein dürfte. Fast gleichzeitig mit Bessel gelang es W. Struve in Dorpat, die Parallaxe von Wega, und Henderson an der Kapsternwarte, die von α Centauri zu bestimmen. Die uns heute bekannte größte Parallaxe hat ein schwaches Sternchen im Kentaur, das deshalb den Namen Proxima Centauri trägt. Seine Parallaxe ist 0″,762, seine Entfernung beträgt rund $4^1/_2$ Lichtjahre oder 300 000-mal den Abstand Erde–Sonne. Das Lichtjahr ist keine Zeit, sondern eine Wegstrecke, nämlich diejenige, welche das Licht in einem Jahr zurücklegt. Das ergibt bei einer Lichtgeschwindigkeit von 300 000 km/sec und 365 Tagen zu je 24 Stunden, zu je 60 Minuten, zu je 60 Sekunden:

$$1 \text{ Lichtjahr} = 300\,000 \cdot 365 \cdot 24 \cdot 60 \cdot 60 = 9{,}46 \text{ Billionen Kilometer} = 63\,240 \text{ Erdbahnhalbmesser.}$$

Man sieht, daß die Erdbahn ein viel zu kleiner Maßstab ist. Es hat sich noch eine andere Einheit für die Entfernungsangabe von Fixsternen sehr eingebürgert, nämlich diejenige Entfernung, die einer Parallaxe von 1″ entspricht. Diese Einheit hat deshalb auch den Namen Parsec (abgekürzt pc) erhalten. Für größere Entfernungen benutzt man entsprechend auch 1 Kiloparsec (kpc) = 1000 Parsec als Einheit.

Man hat dann:

$$1 \text{ Parsec} = 206\,265 \text{ Erdbahnhalbmesser} = 3{,}26 \text{ Lichtjahre} = 30{,}86 \text{ Billionen km.}$$

Aus der Kleinheit der hier in Frage kommenden Winkel erklärt sich die Schwierigkeit ihrer Bestimmung, und es ist nicht verwunderlich, daß es erst vor kaum mehr als 130 Jahren gelang, die ersten Fixsternparallaxen zu bestimmen. Diese Methode der trigonometrischen Parallaxenbestimmung ist nur bis zu Entfer-

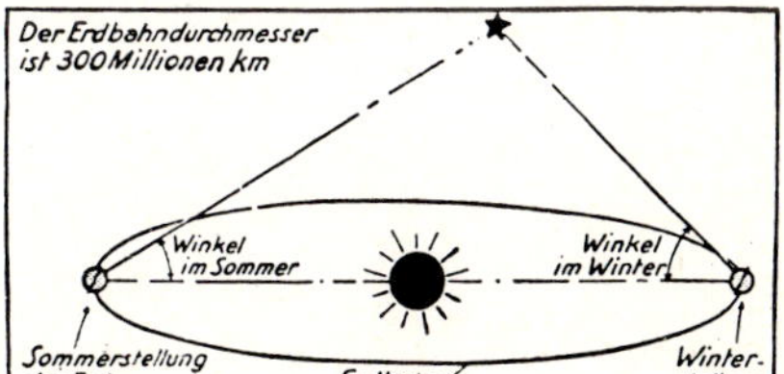

nungen von etwa 100 Parsec, entsprechend einer Parallaxe von 0″,01, anwendbar. Für mehrere tausend meist hellere Sterne sind solche Parallaxen bestimmt worden, doch haben nur etwa 250 Sterne eine Parallaxe von mehr als 0″,1; die Mehrzahl der so bestimmten Parallaxen ist so klein, daß sie an oder gar unter der Grenze der Meßgenauigkeit liegen und die so ermittelten Entfernungen also nicht mehr verbürgt werden können. Geht man aber zu schwächeren Sternen über, so findet man bei ihnen auch oft noch große Parallaxen, und eine Zusammenstellung des amerikanischen Astronomen Kuiper enthält in einer Kugel von 10,5 pc Radius um die Sonne insgesamt 254 zum großen Teil schwächere Sterne. Die frühere Annahme, daß auch die scheinbare Helligkeit der Sterne ein Kriterium für die Entfernung der Sterne sei, hat sich zum mindesten als sehr grob erwiesen. Es gibt somit viele schwächere Sterne, die sich in der Nähe der Sonne aufhalten.

Für die bei uns sichtbaren 11 scheinbar hellsten Sterne sind nach verschiedenen Parallaxenbestimmungen die Entfernungen in Lichtjahren in der nebenstehenden kleinen Übersicht zusammengestellt. Man sieht, daß die hellen Sterne Beteigeuze und Rigel im Orion viel weiter weg sind, als ihre scheinbare Helligkeit erwarten läßt. Rigel ist übrigens der absolut hellste Stern, den wir kennen, auch Beteigeuze finden wir noch zwischen den 20 absolut hellsten Sternen.

Name	Entfernung in Lichtjahren
Sirius	8,7
Wega	27
Beteigeuze	650
Kapella	45
Arkturus	36
Rigel	1300
Prokyon	11
Atair	16
Aldebaran	68
Pollux	35
Spika	217

Für alle Entfernungen von mehr als 100 pc (326 Lichtjahre) versagt die Methode der direkten Entfernungsbestimmung, der trigonometrischen Parallaxen. Bei ihnen ist man gezwungen, indirekte Verfahren anzuwenden, die uns heute allerdings in großer Zahl zur Verfügung stehen.

Sie beruhen vielfach darauf, die absolute Helligkeit eines Sternes auf irgendeinem Umweg zu ermitteln. Ist diese aber bekannt, so folgt durch Vergleich mit der beobachteten scheinbaren Helligkeit sofort die Entfernung des Sternes. Die beiden wichtigsten derartigen Methoden sind:

1. Bei veränderlichen Sternen vom Typ δ-Cephei (s. S. 125) läßt sich nach einem einfachen Gesetz aus der Dauer des Lichtwechsels die absolute Helligkeit ermitteln. Die Cepheiden bilden gewissermaßen die Normalkerzen, mit deren Hilfe wir weit in den Weltraum vordringen können.
2. Häufig kann man aus gewissen Eigenschaften (Intensitäten) der Spektrallinien der Sterne auf die absoluten Helligkeiten schließen. Die auf diese Weise dann ermittelten Parallaxen nennt man daher auch spektroskopische Parallaxen.

Eine der vielen anderen Methoden beruht auf einem Vorschlag, den der holländische Astronom Kapteyn schon um 1900 gemacht hat. Er geht von der Überlegung aus, daß auch die fortschreitende Bewegung der Sonne im Raum, die sich pro Jahr auf rund 2 Erdbahndurchmesser beläuft, eine perspektivische Verschiebung der Sternörter hervorrufen muß, aus welcher man auf die Entfernung schließen kann (säkulare Parallaxen).

Die Radialgeschwindigkeiten (RG) der Sterne

Wie schon bemerkt wurde, stellt die Eigenbewegung (EB) der Sterne nur denjenigen Teil der Bewegung dar, der senkrecht zur Blickrichtung erfolgt. Schon vor mehr als 100 Jahren wurde aber darauf hingewiesen, daß die Anwendung des „Doppler'schen Prinzips" auf die Spektrallinien (s. S. 135) eines Sternes es ermöglichen müsse, auch die Bewegung des Himmelskörpers in Richtung der Verbindungslinie Erde–Stern zu erkennen.

Was ist das Doppler'sche Prinzip?

Es ist bekannt, daß, wenn man z. B. am Bahngleis steht und eine Lokomotive pfeifend vorüberfährt, der Ton der Pfeife sich bei Annäherung bis zum Augenblick des Vorbeifahrens erhöht und dann wieder merklich heruntergeht. Dabei ist es übrigens gleichgültig, ob die Schallquelle sich bewegt oder wir uns bewegen, es kommt lediglich auf die Bewegung als solche an. Die Erklärung dieser Erscheinung ist sehr einfach. Bewegen wir uns auf die Schallquelle zu, so werden in der Zeiteinheit mehr Schallwellen zu uns kommen, und der Ton erscheint infolgedessen höher; entfernen wir uns, so treffen weniger Schallwellen in der Zeiteinheit an unser Ohr, und die Tonhöhe sinkt. Das ist das Doppler'sche Prinzip, das ganz entsprechend auch für die Lichtwellen gilt. Sendet eine einfarbige Lichtquelle Licht einer bestimmten Wellenlänge aus und nähert sie sich gleichzeitig, so werden mehr Schwingungen in der Zeiteinheit zu uns kommen als dann, wenn beide Lichtquellen stillstehen oder sich voneinander entfernen. Im ersten Fall verschiebt sich die Spektrallinie nach violett, im Fall des Entfernens aber nach rot; es ändert sich also die Farbe. Bei weißem Licht, das bekanntlich aus allen Farben besteht, spielt die geringe Farbänderung keine Rolle, wohl aber verschieben sich die Spektrallinien gegenüber ihrer normalen Lage, bei Annäherung nach violett, beim Auseinanderstreben nach rot. Auch hier ist es gleichgültig, welcher von beiden Körpern sich bewegt. Infolge der großen Lichtgeschwindigkeit und der im Vergleich dazu geringen Geschwindigkeit der Sterne sind jedoch diese Verschiebungen der Spektrallinien im allgemeinen sehr klein. Bei einer Geschwindigkeit von ± 1000 km/sec entsteht z. B. eine Verschiebung der beiden bekannten Natriumlinien D_1 und D_2 um nur $1/6$ ihres gegenseitigen Abstandes. Daher ist es nicht überraschend, daß die ersten Versuche von Secchi und Huggins 1867, durch visuelle Beobachtungen die Radialgeschwindigkeiten der Sterne nachzuweisen, nur zu widerspruchsvollen Resultaten führten, die angezweifelt wurden. Übrigens gibt man bei Annäherung den beobachteten Radialgeschwindigkeiten das Vorzeichen – (die gegenseitige Entfernung wird kleiner), bei Entfernung + (die gegenseitige Entfernung wird größer).
Erst 1890 gelang es Keeler, am 36″ Refraktor des Lick-Observatoriums für die drei Sterne Arkturus, Aldebaran und Beteigeuze visuelle Radialgeschwindigkeiten zwischen -7 km/sec und $+55$ km/sec zu bestimmen, die als reell anzusehen waren.
Bald gelang es H. C. Vogel und J. Scheiner in Potsdam, fotografisch bestimmte Werte der RG von 52 Sternen zu erhalten, die eine erheblich höhere Genauigkeit hatten. Damit trat die Methode der fotografisch bestimmten RG ihren Siegeszug an. Auch bei den amerikanischen Beobachtungen sank die Fehlerbreite bei der RG-Bestimmung bald auf $\pm 0{,}5$ km. Und als es glückte, bekannte Bewegungen, wie die Rotation der Sonne, die Bewegung der Planeten und der Erde in ihrer Bahn auch spektroskopisch nachzuweisen, waren jegliche Zweifel über Zuverlässigkeit und Anwendbarkeit des Doppler'schen Prinzips behoben. Im Gegensatz zur EB erfordert die spektroskopische Methode der Bestimmung der RG nur *eine* Beobachtung, deren Fehlerbreite heute unter günstigen Bedingungen auf unter $\pm 0{,}1$ km/sec herabgedrückt werden kann, während die RG der Sterne durchschnittlich bei etwa ± 20 km/sec liegt.
Abgesehen von den systematischen Fehlern der an den einzelnen Observatorien bestimmten RG besteht aber eine andere grundsätzliche Schwierigkeit darin, daß den spektroskopischen Bestimmungen durch die Lichtstärke der verwendeten Apparate eine Grenze gesetzt ist, die selbst am 2,5-m-Spiegel des Mt. Wilson-Observatoriums schon bei Sternen 11^m bis 12^m erreicht ist. So ist es nicht verwunderlich, daß wir heute nur etwa 15 000 RG kennen gegenüber der fast 20fachen Zahl von EB.
Neuerdings hat man auch versucht, die RG mit der Objektivprismenkamera zu

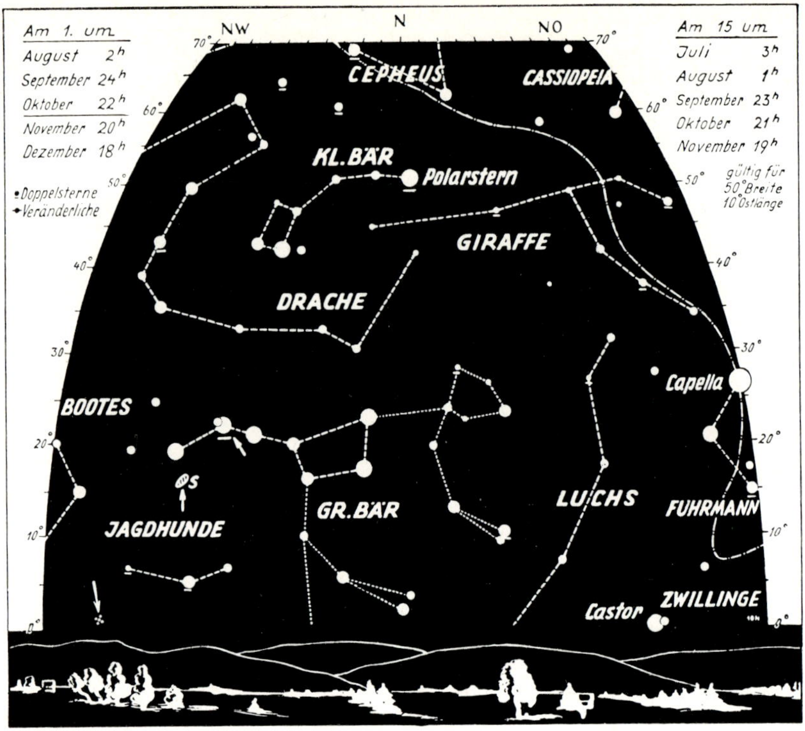

Was die Sternkarte zeigt

Der Nordhimmel wird ganz beherrscht vom *Großen Bären,* der seine tiefste Stellung erreicht hat, trotzdem aber mit fast allen seinen Sternen noch über dem Horizont bleibt. Der *Kleine Bär* hingegen senkt sich, vom Polarstern ausgehend, schon schräg nach NW abwärts, und zwischen beiden ist der *Drache* mit Ausnahme des Kopfes wieder ganz sichtbar. Vom *Polarstern* aus streckt sich fast waagerecht nach Osten die ausgedehnte, nur aus schwachen Sternen bestehende *Giraffe.* Unter dieser steigt jetzt *Luchs* steil aufwärts, und ganz am NO-Rand sind außer *Kapella* noch einige Sterne des *Fuhrmanns* sichtbar. Tief im NO gehen gerade die *Zwillinge* auf, im NW streben die *Jagdhunde* und *Bootes* dem Untergang zu.

Die *Milchstraße* ist fast ganz verschwunden, nur ein schmaler Streifen zieht sich noch im NO steil in die Höhe.

In mehr als 10° Höhe findet man die folgenden bemerkenswerten Objekte:

Veränderliche Sterne fürs bloße Auge: Keine.

Doppelsterne: Bloßes Auge: ζ (Mizar-Alkor) im Gr. Bären, der Prüfstern für gute Augen. Feldstecher: Keine. 2-Zöller: β im Kepheus, ζ im Gr. Bären, α im Kl. Bären (Polarstern). 3–4-Zöller: $\varkappa$ im Kepheus, ε und η im Drachen, 19 H in der Giraffe, ι im Gr. Bären.

Sternhaufen und Nebel: Feldstecher: Etwas unterhalb des letzten Deichselsternes des Wagens (Gr. Bär) findet man den Spiralnebel M 51 in den Jagdhunden.

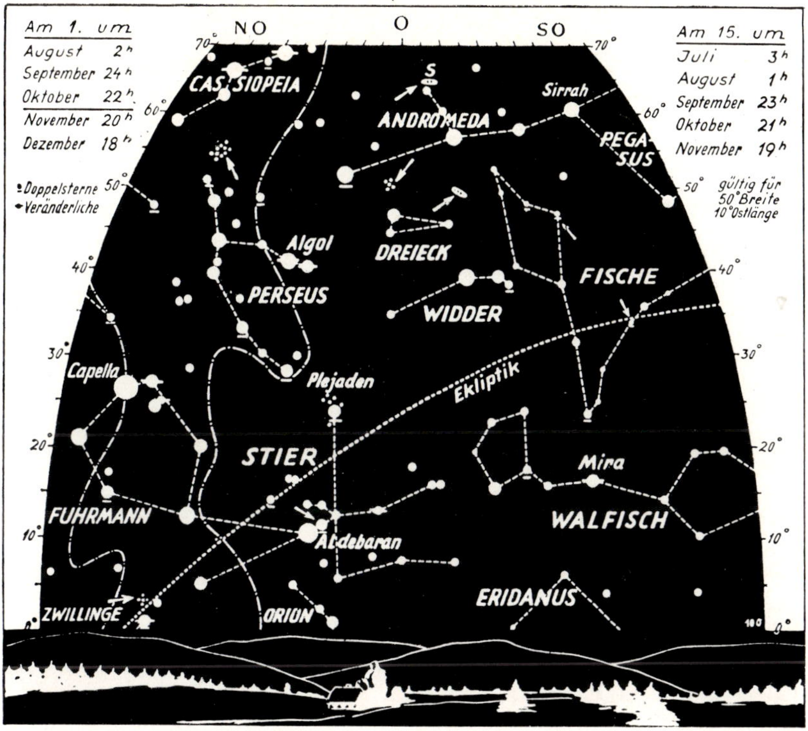

Was die Sternkarte zeigt

Durch das Erscheinen des hellen, rotleuchtenden *Aldebaran* mit dem *Stier* und der gleichfalls helleuchtenden *Kapella* mit dem *Fuhrmann* hat sich der Anblick des Osthimmels wesentlich verändert. Über beiden streckt sich der *Perseus* schon bis in Höhen von über 50°. Nach oben schließt sich die *Kassiopeia* an. Fast genau im Osten finden wir über dem *Stier* mit den *Plejaden Widder, Dreieck* und *Andromeda.* Letztere geht im SO in den *Pegasus* über. Unter *Sirrah* (Andromeda) und neben dem *Widder* erstrecken sich die *Fische* mit ihren vielen unscheinbaren Sternen. Unter diesen ist ein Teil des *Walfisches* sichtbar. In Horizontnähe kündigen die ersten Sterne der *Zwillinge,* des *Orions* und des *Eridanus* das Nahen des Winters an.
Die *Milchstraße* steigt vom NO-Horizont über *Fuhrmann* und *Perseus* fast senkrecht auf bis in die *Kassiopeia.* Die *Ekliptik* geht vom NO-Horizont aufwärts durch *Stier* und *Fische.*

10
Ost

In mehr als 10° Höhe findet man die folgenden bemerkenswerten Objekte:

Veränderliche Sterne fürs bloße Auge: α und γ in der Kassiopeia, β und ϱ im Perseus, ε und ζ im Fuhrmann, sowie λ im Stier und Mira im Walfisch.
Doppelsterne: Bloßes Auge: ϑ im Stier (leicht für gute Augen). Feldstecher: ζ und ψ_1 in den Fischen. 2-Zöller: η in Kassiopeia, γ in Andromeda, ε, ζ und η im Perseus, γ im Widder. 3–4-Zöller: α und φ in den Fischen, ϑ im Perseus, γ im Walfisch.
Sternhaufen und Spiralnebel: Bloßes Auge: Plejaden, Doppelsternhaufen h und χ im Perseus, Spiralnebel M 31 (Andromeda). Feldstecher: Offener Haufen 752 (Andromeda), M 33 (Dreieck).

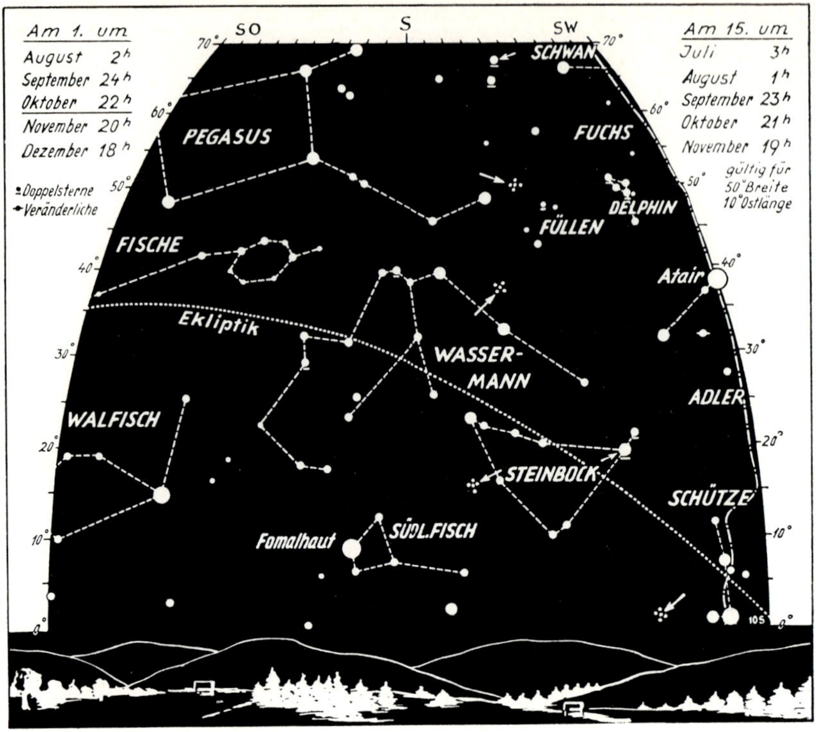

Was die Sternkarte zeigt

Die Mitte der Karte wird ganz von dem ausgedehnten, aber nicht sehr hellen *Wassermann* eingenommen, der gerade seine höchste Stellung erreicht hat. Neben ihm begleiten nach SO zu Teile der *Fische* die *Ekliptik,* und über ihm wird schon fast ganz in großer Höhe das Viereck des *Pegasus* sichtbar. Im SW sind *Schwan, Adler* und *Schütze* im Verschwinden, *Atair* ist gerade noch am Rand der Karte zu sehen. Unter dem *Wassermann* beginnt der *Steinbock* wieder abzusinken, aber der *südliche Fisch* im Meridian mit *Fomalhaut* hat seine höchste Stellung mit nahezu 10° Höhe fast erreicht. Ein Stück des *Walfisches* ist in geringer Höhe im SO-Sektor aufgetaucht.

Von der *Milchstraße* zeigt die Karte nur einen ganz schmalen, kaum merkbaren Streifen ganz am SW-Rand. Die *Ekliptik* beginnt im SO in fast 35° Höhe und zieht langsam abfallend durch *Wassermann* und *Steinbock* in den *Schützen* im SW.

In mehr als 10° Höhe findet man die folgenden bemerkenswerten Objekte:

Veränderliche Sterne fürs bloße Auge: η im Adler.
Doppelsterne: Bloßes Auge: Keine. Feldstecher μ im Schwan, α_2 und β im Steinbock. 2-Zöller: γ im Delphin. 3–4-Zöller: ζ im Wassermann.
Sternhaufen und Nebel: Bloßes Auge: Kugelsternhaufen M 2 im Wassermann. Feldstecher: Kugelsternhaufen M 15 im Pegasus und M 30 im Steinbock.

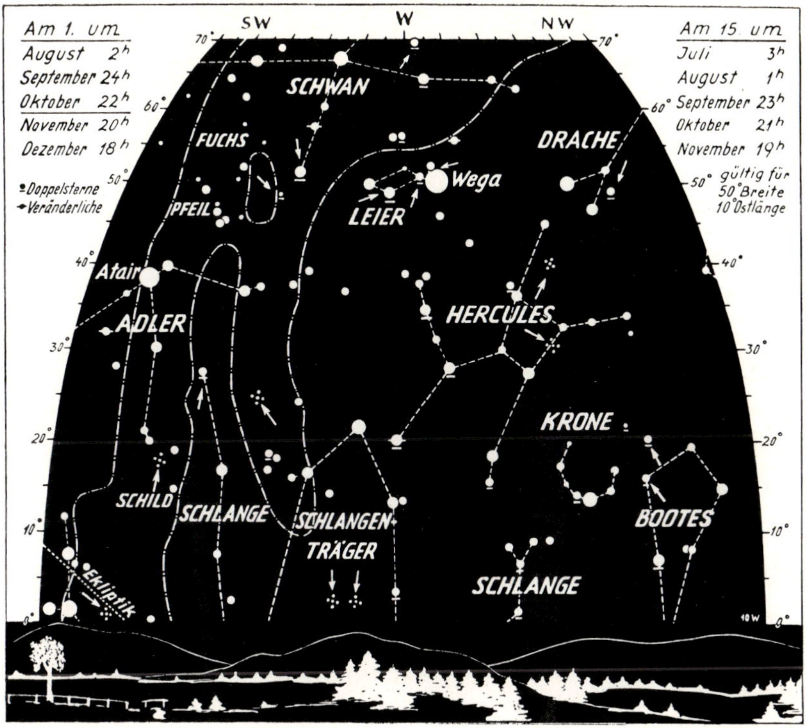

Was die Sternkarte zeigt

Fast genau im Westen fällt in einer Höhe von 50° sofort die *Wega* auf. Über ihr sind jetzt schon Teile des *Schwans* erschienen, und in gleicher Höhe mit *Wega* und der *Leier* sehen wir im NW den Kopf des *Drachen.* Unter den beiden senkt sich *Herkules* langsam weiter hinab. Unter diesem sehen wir noch deutlich die zierliche *Krone. Arkturus* ist schon untergegangen, aber die oberen Teile von *Bootes, Schlange* und *Schlangenträger* sind noch zum Teil sichtbar. Am SW-Himmel erstreckt sich der Schwanz der *Schlange* fast senkrecht in die Höhe, über ihm ist der *Adler* erschienen, von dem aus die unscheinbaren Sternbilder *Pfeil* und *Fuchs,* in die Höhe strebend, in den *Schwan* überleiten. Die *Milchstraße* steigt als breites gegabeltes Band im SW steil in die Höhe, von der *Schlange* über den *Adler* in den *Schwan* verlaufend. Die *Ekliptik* ist noch fast ganz verschwunden.

In mehr als 10° Höhe findet man die folgenden bemerkenswerten Objekte:

Veränderliche Sterne fürs bloße Auge: β und R in der Leier, η im Adler, α im Herkules und der Mirastern χ im Schwan.
Doppelsterne: Bloßes Auge: ε in der Leier, ein Prüfstern für sehr gute Augen. Feldstecher: μ und δ im Bootes, ν im Drachen, β und ζ in der Leier, β und o_2 im Schwan (letzterer dreifach), ϑ in der Schlange, 6 im Fuchs. 2-Zöller: α, δ, γ, μ und ϱ im Herkules, ζ in der Krone, η in der Leier, ζ im Pfeil, 70 im Schlangenträger. 3–4-Zöller: μ im Bootes, δ im Schwan, ε_1 und ε_2 in der Leier.
Sternhaufen und Nebel: Bloßes Auge: Kugelsternhaufen M 13 und M 92 im Herkules. Feldstecher: Galaktische Sternhaufen M 11 im Schild (Schwanzende des Adlers) und 6633 in der Schlange.

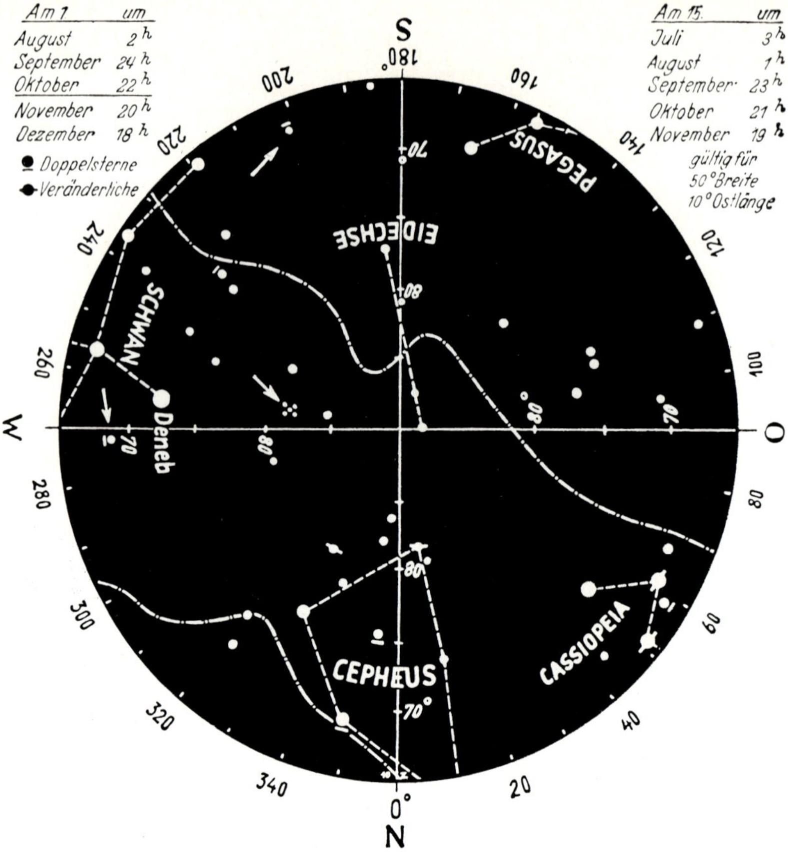

Was die Sternkarte zeigt

Im Norden und NW ist *Kepheus* fast ganz, *Kassiopeia* zum Teil in den Zenitabschnitt eingedrungen. Im Osten zeigen sich die ersten Sterne der *Andromeda,* und auch *Pegasus* streift den Sektor. Die *Eidechse* steht genau im Meridian und mit ihrem hellsten Stern fast genau im Zenit. Im SW und W sind noch einige Sterne des *Schwans* sichtbar, und *Deneb* steht noch etwas höher als 70°. Das Band der *Milchstraße* fängt an, sich weiter nach Norden zu zu senken, berührt aber noch die Zenitgegend.

10
Zenit

Veränderliche Sterne fürs bloße Auge: δ und μ im Kepheus, sowie die hellen Veränderlichen α und γ in der Kassiopeia.
Doppelsterne: Bloßes Auge: Keine. *Feldstecher:* μ und o_2 im Schwan. *2-Zöller:* η in der Kassiopeia, β und ξ im Kepheus. *3–4-Zöller:* Keine.
Sternhaufen und Nebel: Bloßes Auge: Keine. *Feldstecher:* Offener Sternhaufen M 39 im Schwan.

Sonnenauf- und -untergangszeiten (MEZ) für +50° Breite und 10° östliche Länge

	1. Okt.	11. Okt.	21. Okt.
SA	6.18	6.34	6.50
SU	18.00	17.39	17.19

bestimmen, wobei man zwar gleichzeitig die RG einer größeren Anzahl von Sternen erhält, aber mit einer wesentlich geringeren Genauigkeit.
Die Bestimmung der RG der Sterne hat eine ganze Reihe von sehr bemerkenswerten Resultaten gezeitigt, von denen die beiden wichtigsten hier kurz erwähnt werden müssen:

1. Die Mehrzahl der Sterne hat eine kleine RG. Nur rund 500 Sterne – von den bisher untersuchten 15 000 Sternen – haben eine RG von mehr als 65 km/sec. Sie haben deshalb den Namen „Schnelläufer" erhalten. Die größten beobachteten RG von Sternen liegen bei den Werten +543 und −405 km/sec.
2. Über 1300 Sterne zeigen eine periodisch veränderliche RG. Dies kann in den meisten Fällen nur dadurch erklärt werden, daß zwei Sterne gemäß dem Gravitationsgesetz um den gemeinsamen Schwerpunkt kreisen. Wenn sie dem Beobachter im Fernrohr trotzdem nur als ein Stern erscheinen, so liegt das einfach daran, daß sie so nahe beieinander stehen und zugleich so weit von uns weg sind, daß man ihre Doppelsternnatur nicht direkt zu erkennen vermag. Sie heißen deshalb spektroskopische Doppelsterne.

Über die RG der Spiralnebel siehe S. 147.

Doppelsterne und Sternhaufen

Wenn auch das Auge des Sternfreundes immer wieder entzückt sein wird von den bereits mit dem bloßen Auge erkennbaren wenigen Doppelsternen, wie Mizar im Großen Bären und ϑ im Stier oder ε in der Leier, so bezeichnet der Astronom als Doppelsterne nur solche, deren Abstände nur wenige Sekunden betragen. Von den mit freiem Auge sichtbaren Sternen sind etwa 25% Doppelsterne, und sie sind von besonderer Bedeutung, weil wir mit ihnen die einzigen wirklich genauen Bestimmungen von Massen, Radien und Dichten der Sterne ausführen können.
Optische Doppelsterne, die nur scheinbar nebeneinander stehen, sind allerdings ohne weiteres Interesse. Bei den physischen (wirklichen) Doppelsternen unterscheidet man 3 Klassen:

a) *visuelle* Doppelsterne, deren Komponenten im Fernrohr sichtbar sind.
b) *spektroskopische Doppelsterne,* die so eng stehen, daß sie im Fernrohr nicht mehr getrennt werden können. Ihre Duplizität läßt sich nachweisen, entweder durch das zusammengesetzte Spektrum oder aus den Linienverschiebungen der Spektrallinien infolge der Bahnbewegung der beiden Sterne umeinander (s. oben).
c) *Bedeckungsveränderliche,* bei denen bei jedem Umlauf eine Bedeckung und somit ein Lichtwechsel stattfindet, da die Bahnebene beider Komponenten nahezu in der Blickrichtung gelegen ist (s. S. 131).

Die Zahl der visuellen Doppelsterne bis zur 9. Größe wird auf über 30 000 geschätzt, doch sind nur rund 750 Bahnen genauer bestimmt. Der letzte große Katalog aller visuellen Doppelsterne überhaupt enthält über 64 000 Objekte. Die Umlaufszeiten gehen von einigen hundert Tagen bis zu 10 000 Jahren. Besonders bemerkenswert ist, daß die Bahnen dieser visuellen Doppelsterne meist stark exzentrisch sind. In der Tabelle auf S. 164 ist eine Liste einer ausgewählten Anzahl heller Doppelsterne gegeben, die auch auf den Karten bezeichnet sind.
Doppelsterne kleiner Umlaufszeiten stehen im allgemeinen so eng, daß sie nur spektroskopisch als Doppelsterne erkannt werden können. Wenn auch nur rund 1300 Sterne mit veränderlichen Radialgeschwindigkeiten bekannt sind, die meistens spektroskopische Doppelsterne sein dürften, so schätzt man die Gesamtzahl aller spektroskopischen Doppelsterne bis zur 9. Größe doch auf 33 000. Die Umlaufszeiten (Perioden) liegen meist zwischen 2 und 50 Tagen, und ihre Bahnen sind im allgemeinen wieder mehr kreisähnlich.

Die Bedeckungsveränderlichen werden unter „Veränderliche Sterne" noch kurz besprochen (S. 131). Hier sei nur noch auf einen besonders interessanten Bedeckungsveränderlichen hingewiesen. Es ist der Stern ζ im Fuhrmann, nahe bei der hellen Kapella. Der Hauptstern ist ein Überriese, dessen Begleiter wohl eine große Flächenhelligkeit, aber nur 1/75 des Durchmessers des Hauptsterns besitzt. Infolgedessen wirkt sich eine Bedeckung des Hauptsternes durch den Begleiter nur geringfügig aus. Dagegen gibt eine Bedeckung des Begleiters durch den Hauptstern Anlaß zu äußerst interessanten Beobachtungen, weil das Licht des Begleiters lange vor und nach der eigentlichen Bedeckung durch die dünne ausgedehnte Atmosphäre des Riesensterns abgeschwächt wird.

Bei den Sternhaufen unterscheidet man etwa 900 *offene Sternhaufen* und rund 120 *Kugelsternhaufen,* häufig auch kurz nur Kugelhaufen genannt. Beide gehören dem Milchstraßensystem an, unterscheiden sich aber, wie der Name besagt, wesentlich durch die Konzentration der in ihnen enthaltenen Sterne. Typische Vertreter der offenen Sternhaufen sind die Plejaden, Praesepe und die Hyaden mit je einigen hundert Sternen. Auch die mit dem bloßen Auge noch sichtbaren schönen Doppelsternhaufen h und χ im Perseus gehören hierher.

Als offene Sternhaufen bezeichnet man lokale Verdichtungen im Milchstraßensystem. Die Kugelhaufen dagegen umgeben dieses in nahezu gleichförmiger Verteilung bis zu einem Abstand von 160 000 Lichtjahren. Die drei hellsten von Mitteleuropa aus sichtbaren Kugelhaufen sind M 13 (Herkules), M 22 (Schütze) und M 5 (Schlange); jeder von ihnen enthält Zehntausende, wenn nicht Hunderttausende von Sternen. Die Kugelhaufen kommen vor allem am Südhimmel vor und zeigen außerdem eine starke Anhäufung in ganz bestimmter Richtung, die wir als das Zentrum des Milchstraßensystems ansprechen. Diese scheinbare Asymmetrie wird durch die exzentrische Stellung der Sonne vorgetäuscht. In der äquatorialen Milchstraßenzone, wo die offenen Haufen am häufigsten vorkommen, fehlen die Kugelhaufen fast gänzlich. Bemerkenswert ist auch, daß man in den verschiedenen Kugelhaufen insgesamt schon etwa 1600 Veränderliche gefunden hat.

Als ein weiterer wichtiger Unterschied zwischen den beiden Arten von Sternhaufen ist die verschiedene Radialgeschwindigkeit zu erwähnen. Während sie bei den offenen Haufen etwa den durchschnittlich kleinen RG der Fixsterne entspricht, findet man bei den Kugelhaufen oft große RG von mehreren hundert km/sec. Die Durchmesser der offenen Haufen sind gering und liegen zwischen 5 und 50 Lichtjahren, bei den Kugelsternhaufen aber im Mittel bei etwa 200 Lichtjahren. Schon in ganz lockeren offenen Haufen ist aber die räumliche Dichte der Sterne etwa 20–30mal so groß wie in der Sonnenumgebung, um im Zentrum der Kugelhaufen auf das Vieltausendfache anzuwachsen.

Die veränderlichen Sterne

Vor nun schon bald 400 Jahren (1596) wurde von Fabricius an dem Stern o im Walfisch die merkwürdige Beobachtung gemacht, daß seine Helligkeit mit einer Periode von etwa 11 Monaten stark schwankt. Dieser Stern erhielt deshalb den Namen „Mira", das heißt der Wunderbare. Im Maximum ist er meistens 3. Größe, mitunter auch heller bis zur 2. Größe, dann sinkt er im Minimum bis zur 10. Größe herab und bleibt so monatelang für das bloße Auge unsichtbar. Seine Helligkeitsschwankungen betragen also mehr als 7 Größenklassen.

Alle solche Sterne, deren Helligkeit meßbaren Schwankungen unterworfen ist, bezeichnet man als *Veränderliche.* Seit der Entdeckung des Sternes Mira hat die Zahl der beobachteten Veränderlichen – besonders in den letzten Jahrzehnten – stark zugenommen. Von den mit bloßem Auge sichtbaren Sternen sind allerdings nur 3% Veränderliche. Einschließlich vieler schwächerer Sterne kannte man 1920 etwa 2000 Veränderliche, 1933 war ihre Zahl schon auf fast 6000 gestiegen, 1948 konnte man schon von mehr als 10 000 Veränderlichen bis zur 17. Größe sprechen, und 1958 waren es über 23 000.

Soweit die Veränderlichen nicht helle Sterne sind, die schon einen besonderen Namen tragen, werden sie zunächst durch Hinzufügung der Buchstaben R, S, ... Z zum Namen des Sternbildes gekennzeichnet; reicht dies nicht aus, so nimmt man die weiteren Buchstaben RR, RS, ... bis ZZ. Kommt man auch dann nicht aus, so beginnt die Bezeichnung wieder mit den Buchstaben AA, ... bis QZ. In vielen Fällen genügt auch dies nicht mehr, obwohl die Kombinationsmöglichkeiten für 334 Veränderliche ausreichen. Dann beginnt man mit der Numerierung von V 335 an, wie es z. B. im Schlangenträger und im Schützen der Fall ist. Im Schlangenträger kennt man heute über 1000, im Schwan über 800 allerdings meist sehr schwache Veränderliche.
Die Form des Lichtwechsels der veränderlichen Sterne ist so mannigfaltig, daß es sich als notwendig erwies, eine Klassifikation einzuführen.
Auf Grund einer Empfehlung der Internationalen Astronomischen Union vom Jahre 1958 wurden die Veränderlichen nach physikalischen Gesichtspunkten in 3 Hauptklassen eingeteilt.
Die Veränderlichen der *ersten Klasse* heißen *pulsierende Veränderliche.* Es sind sogenannte Riesen und Überriesen aller Spektralklassen, deren Lichtwechsel eine mehr oder weniger ausgeprägte Pulsation ihrer Atmosphäre vermuten läßt.
Die Veränderlichen der *zweiten Klasse* nannte man *eruptive Veränderliche;* bei ihnen erfolgen mehr oder weniger regellose Ausbrüche ihrer Atmosphären.
Veränderliche der *dritten Klasse* sind *Bedeckungsveränderliche vom Algoltyp.*
Natürlich gibt es sehr viele Untergruppen. Wir wollen uns hier darauf beschränken, einige wenige wichtige Typen kennenzulernen.
Der Stern *Mira,* der erste bekannte Veränderliche überhaupt, gehört zur ersten Klasse und hat einer ganzen Gruppe von Veränderlichen, den *Mirasternen,* seinen Namen gegeben. Mit über 3650 Vertretern ist sie eine der größten Gruppen von Veränderlichen überhaupt. Ihr visueller Lichtwechsel ist beträchtlich und geht oft bis zu 10 Größenklassen. Die Perioden des Lichtwechsels liegen zwischen 63 und 1374 Tagen mit einem Häufigkeitsmaximum bei 270 Tagen. Sowohl die Amplituden des Lichtwechsels als auch die Periodenlängen sind häufig Schwankungen unterworfen. Bei Mira selbst liegt das Lichtmaximum meist bei der Größenklasse 3^m; 1969 erreichte er im Maximum sogar $2^m,4$. Die visuelle Amplitude beträgt 7–8 Größenklassen und die Periode im Mittel 331 Tage. Alle Mirasterne sind rote Riesen- und Überriesensterne mit Oberflächentemperaturen von 2000 °C bis 4000 °C. Mira selbst hat einen Durchmesser von etwa 400 Sonnenradien.
Eine zweite, etwas kleinere, aber wichtige Gruppe der ersten Klasse sind die *δ-Cephei-* und *RR-Lyrae-Sterne,* benannt nach dem ersten Vertreter dieser Art, dem Stern δ im Kepheus. Die Periode des Lichtwechsels beträgt 5,37 Tage und die Amplitude (fotografisch) nur $0^m,7$. Man unterscheidet deutlich 2 Gruppen, die langperiodischen Cepheiden mit Lichtwechselperioden von 1–45 Tagen und solche mit einer Periode von unter 1 Tag bis zu nur 80 min Dauer. Diese letztere Gruppe heißt *RR-Lyrae-Sterne.* Bemerkenswert ist, daß der Spektraltyp und die Radialgeschwindigkeit mit der gleichen Periode wie der Lichtwechsel variieren. Im Helligkeitsmaximum hat die RG den größten negativen Wert (auf uns zu), im Minimum den größten positiven Wert (von uns weg). Als Erklärung dieser Eigenschaften der Cepheiden nimmt die Pulsationstheorie an, daß die Durchmesser der Sterne um etwa 10% ihres Wertes mit der Lichtwechselperiode variieren. Auch die Cepheiden sind Übergiganten, ihre Radien betragen das 10–150fache des Sonnenradius.
Die Cepheiden sind deswegen so wichtig, weil zwischen der Lichtwechselperiode und ihrer absoluten Helligkeit ein bemerkenswerter Zusammenhang besteht, der zuerst an den Cepheiden in der kleinen Magellanschen Wolke (am Südhimmel) nachgewiesen wurde. Hiernach ist die absolute Helligkeit eines Cepheiden um so größer, je größer seine Periode ist. Diese Periodenhelligkeitsbeziehung spielt eine fundamentale Rolle bei der Entfernungsbestimmung weiter entfernter extragalaktischer Objekte, denn aus der beobachteten

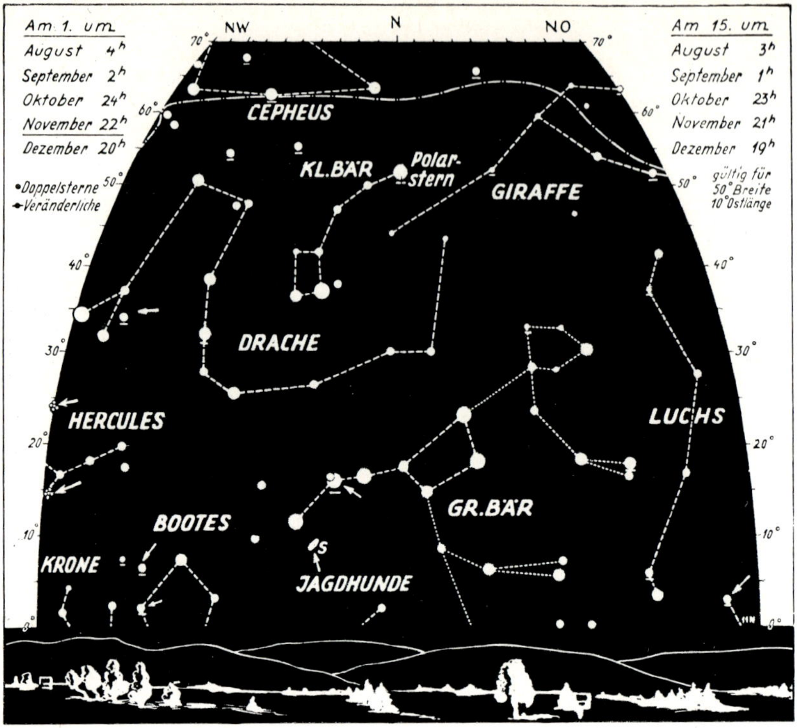

Was die Sternkarte zeigt

Der *Große Bär* hat seine tiefste Stellung im Norden teils schon überschritten, und sein Kopf ist bereits wieder im Aufsteigen. Der *Kleine Bär* geht vom *Polarstern* aus ziemlich stark abwärts, während der *Drache* in ungefähr waagerechter Lage sich zwischen den beiden Bären hindurchwindet und jetzt wieder ganz in der Karte enthalten ist. Von den übrigen Sternbildern ist im NO nur noch *Luchs* ganz zu sehen, er steigt fast senkrecht ganz steil aufwärts. Auch die *Giraffe,* deren Hals unter dem *Polarstern* liegt, weist nach Osten zu wieder aufwärts. *Kepheus* erscheint hoch im NW wieder.

Unter dem *Kopf des Drachen* taucht auch im NW, in Höhen von beiläufig 20°, *Herkules* auf, während sich etwas weiter nach N zu die oberen Sterne des *Bootes* ihrer tiefsten Stellung nähern. Von den *Jagdhunden* ist noch der bekannte Spiralnebel sichtbar.

Das Band der *Milchstraße* liegt ganz hoch und verläuft hier fast parallel zum Horizont.

11
Nord

In mehr als 10° Höhe findet man die folgenden bemerkenswerten Objekte:

Veränderliche Sterne fürs bloße Auge: Keine.
Doppelsterne: Bloßes Auge: ζ (Mizar-Alkor) im Gr. Bären, der Prüfstern für gute Augen. Feldstecher: ν im Drachen. 2-Zöller: ζ im Gr. Bären, β und ξ im Kepheus, α im Kl. Bären (Polarstern). 3–4-Zöller: ε und η im Drachen, ι im Gr. Bären, $\varkappa$ im Kepheus, 19 H in der Giraffe.
Sternhaufen und Nebel: Bloßes Auge: M 13 im Herkules, der schönste Kugelsternhaufen des Nordhimmels und unter günstigen Bedingungen gerade für das bloße Auge erkennbar. Etwas schwächer ist der andere bekannte Kugelhaufen M 92 im Herkules.

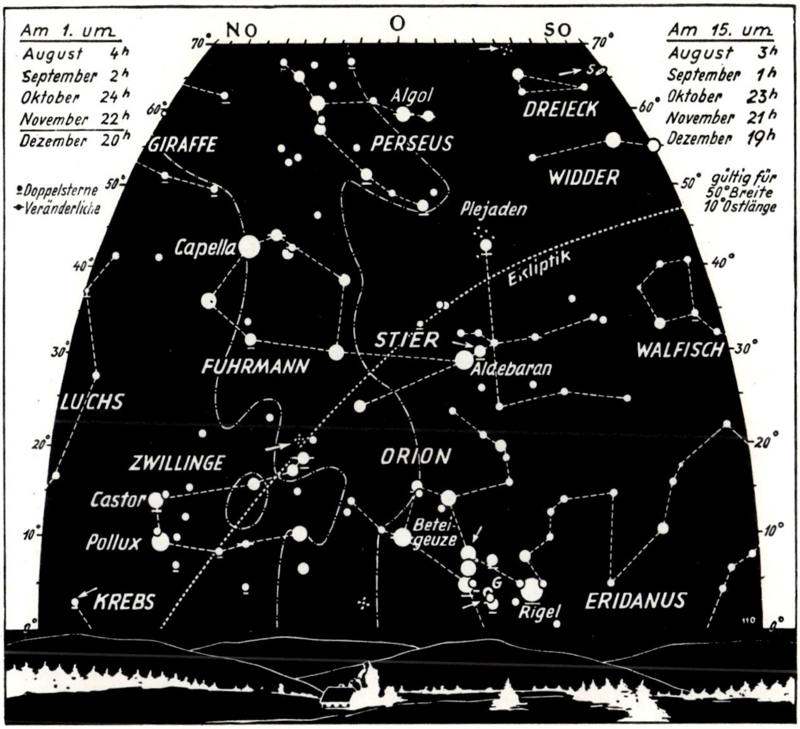

Was die Sternkarte zeigt

Der Osthimmel zeigt schon einen großen Teil der winterlichen Pracht. In der Mitte der Karte herrschen *Stier* mit dem hellen, rötlich leuchtenden *Aldebaran* und *Fuhrmann* mit der hellen *Kapella*. Über beiden steht *Perseus* in großer Höhe. *Orion* ist schon fast ganz, und etwas weiter nach NO sind die *Zwillinge* vollends aufgegangen. Daneben spielen alle Sternbilder am Rande keine nennenswerte Rolle mehr. Im SO hat sich mit dem *Orion* ein großer Teil des *Eridanus* erhoben. Über ihm ist noch ein Rest des *Walfisches* verblieben, und in größerer Höhe erkennt man *Widder* und *Dreieck*.

Die *Milchstraße* steigt vom Osten ausgehend ziemlich steil an und zieht sich durch *Zwillinge, Fuhrmann* und *Perseus* in die *Giraffe*. Die *Ekliptik* nähert sich ihrer höchsten Stellung, sie beginnt nahezu am NO-Horizont und wandert durch *Zwillinge* und *Stier* bis in fast 50° Höhe im SO.

In mehr als 10° Höhe findet man die folgenden bemerkenswerten Objekte:

Veränderliche Sterne fürs bloße Auge: Algol und ϱ im Perseus, im Fuhrmann die Bedeckungsveränderlichen ε und ζ, λ im Stier und η in den Zwillingen.

Doppelsterne: Bloßes Auge: ϑ im Stier (leicht für gute Augen). Feldstecher: Keine. 2-Zöller: λ im Orion, ε, ζ und η im Perseus, α in den Zwillingen (Kastor, mehrfach). 3–4-Zöller: ϑ im Perseus, γ im Walfisch.

Sternhaufen und Nebel: Bloßes Auge: Plejaden. Feldstecher: Offene Sternhaufen M 35 in den Zwillingen und 752 (Andromeda), Spiralnebel M 33 im Dreieck.

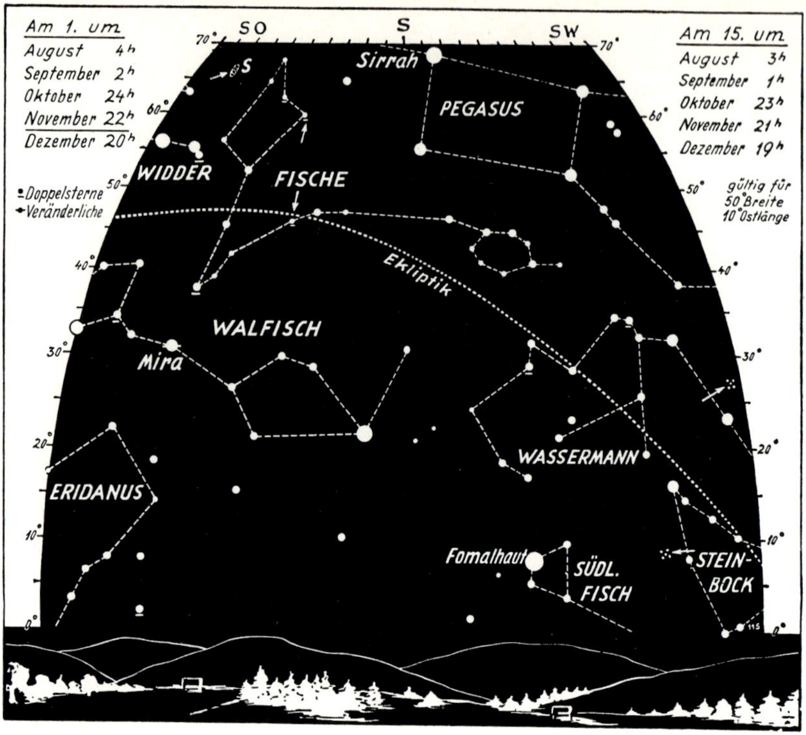

Was die Sternkarte zeigt

Außer dem großen und hellen *Pegasus*viereck mit *Sirrah* ganz hoch im Süden, finden wir auf der ganzen Karte nur noch zwei helle Sterne: tief im SW *Fomalhaut* im *südlichen Fisch* und in 20° Höhe fast genau im Süden den Stern β im *Walfisch.* Der ganze Raum zwischen *Pegasus* und *Walfisch* ist durch die weitgestreckten, nur aus schwachen Sternen bestehenden *Fische* ausgefüllt, denen sich im SO die ersten Sterne des *Widders* anschließen. Unter dem *Walfisch* erblicken wir tief im SO einige Sterne des *Eridanus,* in gleicher Höhe mit dem *Walfisch* senkt sich im SW langsam der *Wassermann* gegen den Horizont. Unter ihm ist der *Steinbock* zum Teil schon untergegangen.
Die *Milchstraße* kommt auf dieser Karte nicht vor. Die *Ekliptik* erreicht in den *Fischen* schon Höhen von fast 50°, senkt sich dann aber steil im SW herab.

In mehr als 10° Höhe findet man die folgenden bemerkenswerten Objekte:

Veränderliche Sterne fürs bloße Auge: Mira, der Wunderbare, im Walfisch.
Doppelsterne: Bloßes Auge: Keine. Feldstecher: ζ und ψ_1 in den Fischen. 2-Zöller: γ im Widder. 3–4-Zöller: α und φ in den Fischen, ζ im Wassermann, γ im Walfisch.
Sternhaufen und Nebel: Bloßes Auge: Kugelsternhaufen M 2 im Wassermann. Feldstecher: Spiralnebel M 33 im Dreieck (ganz hoch im SO).

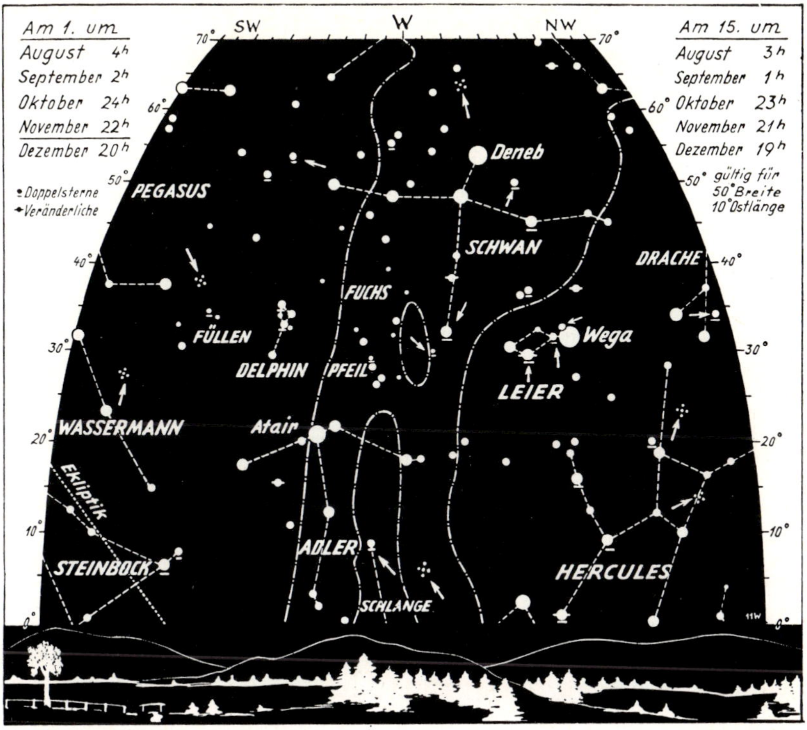

Was die Sternkarte zeigt

Die drei den Westhimmel beherrschenden Sternbilder sind: ziemlich tief im W der *Adler* mit dem hellen *Atair,* in mittlerer Höhe die *Leier* mit der hellen *Wega* und über beiden der ausgedehnte *Schwan,* der jetzt vollständig auf der Karte erschienen ist. *Herkules* mit seinen vielen schwachen Sternen neigt sich stark dem NW-Horizont zu, vom *Drachen* ist in mittlerer Höhe im NW nur der Kopf zu sehen. Die Mitte des Kartenfeldes füllen, in etwa gleicher Höhe mit *Wega* stehend, *Pfeil, Fuchs, Delphin* und *Füllen.* Im SW zeigt sich in unmittelbarer Nähe des Horizontes ein kleiner Teil des *Steinbocks* mit der *Ekliptik.* Über diesem einige Sterne des *Wassermanns* und des *Pegasus.*
Die *Milchstraße* steigt nahezu senkrecht in der Mitte der Karte hoch, vom *Adler* über *Fuchs* und *Schwan* bis in den *Kepheus* hinein.

In mehr als 10° Höhe findet man die folgenden bemerkenswerten Objekte:

Veränderliche Sterne fürs bloße Auge: β und R in der Leier, μ im Kepheus und der Mirastern χ im Schwan.
Doppelsterne: Bloßes Auge: ε in der Leier, ein Prüfstern für sehr gute Augen. Feldstecher: ν im Drachen, β und ζ in der Leier, β, μ und o_2 im Schwan (letzterer dreifach), 6 im Fuchs. 2-Zöller: μ und ϱ im Herkules, γ im Delphin, η in der Leier, ζ im Pfeil, 3–4-Zöller: δ im Schwan, ε_1 und ε_2 in der Leier.
Sternhaufen und Nebel: Bloßes Auge: Die prächtigen Kugelsternhaufen M 13 und M 92 im Herkules sind für das bloße Auge fast schon zu tief. Kugelsternhaufen M 2 im Wassermann. Feldstecher: Kugelsternhaufen M 15 im Pegasus und offener Sternhaufen M 39 im Schwan.

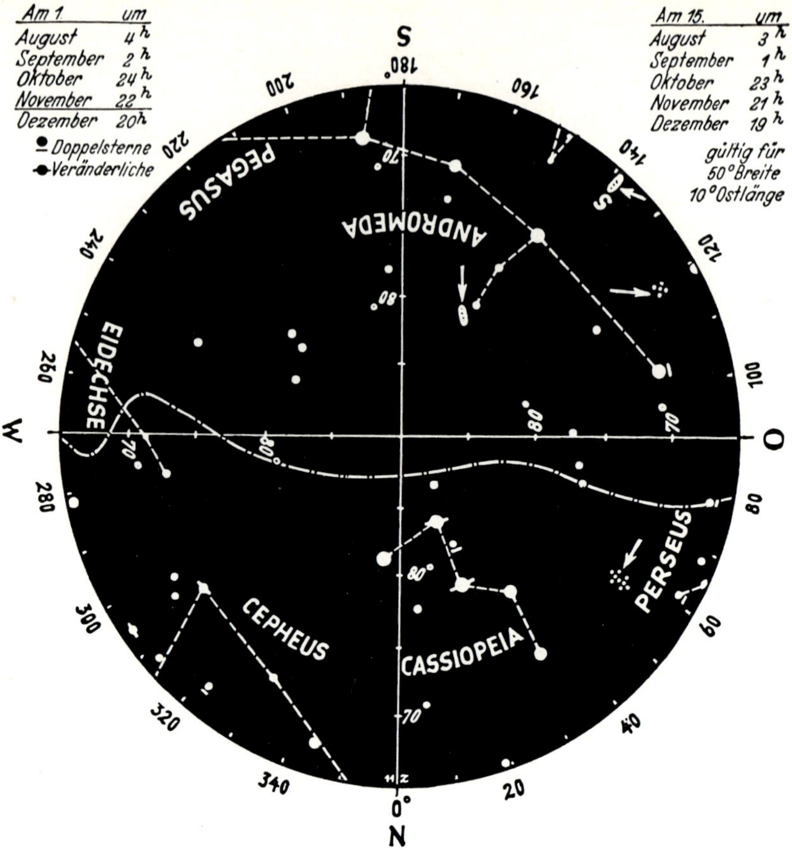

Was die Sternkarte zeigt

Im Norden beherrscht *Kassiopeia* ganz das Feld, der Stern β hat gerade den Meridian überschritten. *Kepheus* ist im NW im Begriff, den Sektor zu verlassen. Von Osten her streifen einige Sterne des *Perseus* das Feld. Der SO wird ganz von der Kette der hellen Sterne der *Andromeda* eingenommen, der sich im S ein Stück des *Pegasus* anschließt. Im W sinkt gerade die *Eidechse* aus dem Feld heraus. Die ganze nördliche Hälfte ist noch angefüllt vom Band der *Milchstraße,* welche den Zenitpunkt jetzt nicht mehr berührt.

Veränderliche Sterne fürs bloße Auge: δ und μ im Kepheus, die hellen Veränderlichen α und γ in der Kassiopeia.

Doppelsterne: Bloßes Auge und *Feldstecher:* Keine. *2-Zöller:* γ in der Andromeda, η in der Kassiopeia, ξ im Kepheus, η im Perseus. *3–4-Zöller:* ϑ im Perseus.

Sternhaufen und Nebel: Bloßes Auge: Doppelsternhaufen h und χ im Perseus, Spiralnebel M 31 in der Andromeda (in nahezu höchster Stellung). *Feldstecher:* Offener Sternhaufen 752 in der Andromeda.

Sonnenauf- und -untergangszeiten (MEZ) für +50° Breite und 10° östliche Länge

	1. Nov.	11. Nov.	21. Nov.
SA	7.08	7.25	7.41
SU	16.58	16.42	16.30

Periode eines Cepheiden folgt die absolute Helligkeit und aus dieser durch Vergleich mit der direkt beobachteten scheinbaren Helligkeit dann sofort die Entfernung.

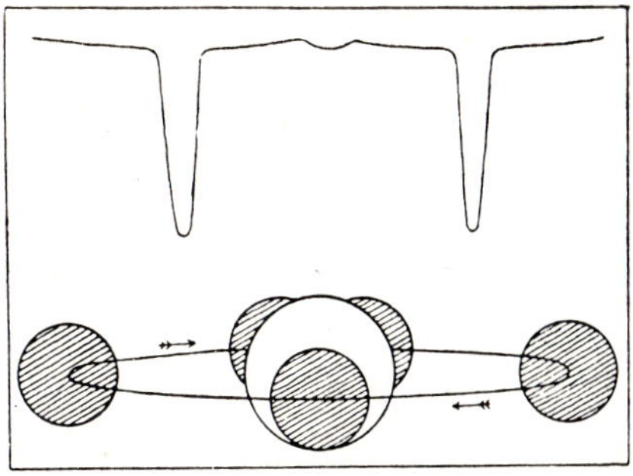

So wird Algol von einem dunklen Begleiter teilweise bedeckt. Steht der dunkle Begleiter auf diese Weise zwischen Algol und Erde, dann hat Algol sein schwächstes Licht. Rund alle 2 Tage und 20 Stunden tritt eine derartige teilweise Verfinsterung ein. Die obere Kurve zeigt uns den Ablauf des Lichtwechsels.

Die 3. Gruppe von Veränderlichen, die eine wichtige Rolle in der Stellarastronomie spielen, sind die *Bedeckungsveränderlichen* vom *Algoltyp,* daher auch kurz *Algolsterne* genannt. Wir kennen heute rund 4000 solcher Sterne, deren Lichtwechselperioden im allgemeinen zwischen 2 und 5 Tagen liegen. Doch gibt es auch einen Bedeckungsveränderlichen mit einer Periode von nur 1,78 Stunden, und die längste Periode eines solchen Sternes umfaßt etwa 200 Jahre. *Algol* oder *β Persei* ist der typische Vertreter dieser Gruppe von Veränderlichen; er wurde schon 1667 entdeckt und hat normalerweise die Helligkeit $2^m,2$. Alle 68 Std. 48,9 min nimmt seine Helligkeit ganz plötzlich ab und sinkt innerhalb von 5 Std. bis auf $3^m,5$, um dann gleich in weiteren 5 Std. wieder auf den alten Wert anzusteigen. Die Lichtkurve ist von großer Regelmäßigkeit. Wir haben im Fall Algol einen Doppelstern vor uns, dessen Bahnebene zufällig in unserer Blickrichtung liegt, so daß eine Bedeckung der beiden Sterne stattfindet. Während der Bedeckung des hellen Hauptsternes durch den dunklen Begleiter tritt das kurzdauernde scharfe Minimum des Lichtes ein. Die kleine Einsenkung in der Mitte der Lichtkurve (s. Abb. oben) entsteht dadurch, daß nach einem halben Umlauf auch der dunkle Begleiter vom Hauptstern bedeckt wird. Den Algolsternen sehr verwandt ist der Typ der *β-Lyrae-Sterne,* bei denen während der ganzen Periode Helligkeitsschwankungen eintreten. Diese werden wahrscheinlich dadurch verursacht, daß die beiden Komponenten nicht kugelförmig, sondern elliptisch sind. So sind die Bedeckungsveränderlichen die einzigen Veränderlichen, bei denen wir die Ursache des Lichtwechsels sicher kennen.

Noch eine nur kleine, aber sehr interessante Gruppe von Veränderlichen soll erwähnt werden, das sind die *Novae* und *Supernovae.* Schon 134 v. Chr. stellte *Hipparch* das plötzliche Auftauchen eines neuen Sterns im *Skorpion* fest, und bis 1958 wurden in der Milchstraße ungefähr 150 solche *Novae* entdeckt. Die genauere Untersuchung ergab, daß es sich bei einer Nova nicht um einen wirklich neuen Stern handelt; vielmehr war immer an der gleichen Stelle schon ein sehr schwacher Stern vorhanden. Aus irgendwelchen Gründen sieht sich der Stern veranlaßt, plötzlich in einem Gasausbruch einen Teil seiner Materie und Energie auszustrahlen, wobei seine Helligkeit meist innerhalb von wenigen Tagen um etwa 10 Größenklassen ansteigt. Da nur ungefähr der einhunderttausendste Teil der Gesamtenergie ausgestrahlt wird, bleibt der Stern bestehen, und man findet – nachdem der Ausbruch wieder aufgehört hat, was in manchen Fällen Jahre dauert – an der gleichen Stelle einen schwachen Stern wieder, den man *Exnova* nennt. Die Veränderungen zeigen sich auch im Spektrum, in welchem sich ein typischer Wandel vollzieht. Manchmal erscheint die Exnova auch als enger Doppelstern; die ausgeworfene Materie hat sich zu einem kleinen Begleiter verdichtet.

Ein besonderer Typ sind die *Supernovae,* die etwa 10 Größenklassen heller werden als die Novae und die Sonnenhelligkeit bis zum 100millionenfachen übersteigen können. In ihren Spektren lassen sich Expansionsgeschwindigkei-

ten bis zu 10 000 km/sec beobachten. Wahrscheinlich findet bei diesen Supernovae eine echte Sternexplosion statt. Der *Crabnebel* (s. Bild rechts) ist sehr wahrscheinlich der Überrest einer solchen Supernova. An der gleichen Stelle am Himmel meldeten die Chinesen im Jahre 1054 das Aufleuchten eines neuen, sehr hellen Sternes. Bis Mai 1971 wurden insgesamt etwa 300 Supernovae entdeckt; mitgezählt sind solche in *anderen* Milchstraßensystemen (Spiralnebel). Jährlich werden jetzt etwa zwanzig neue Supernovae entdeckt.
Auf S. 163 ist eine kleine Liste veränderlicher Sterne gegeben, die aber vorwiegend nur solche enthält, welche im Maximum mindestens die Helligkeit $4^{m},3$ erreichen und deren Lichtwechsel mindestens $0^{m},3$ beträgt.

Tafel 5. Crabnebel im Stier. Überreste einer Supernova aus dem Jahre 1054; Entfernung etwa 3000 Lj.; aufgenommen mit dem 5-m-Spiegel der Mt.-Palomar-Sternwarte. Aufn. Hale Obs.

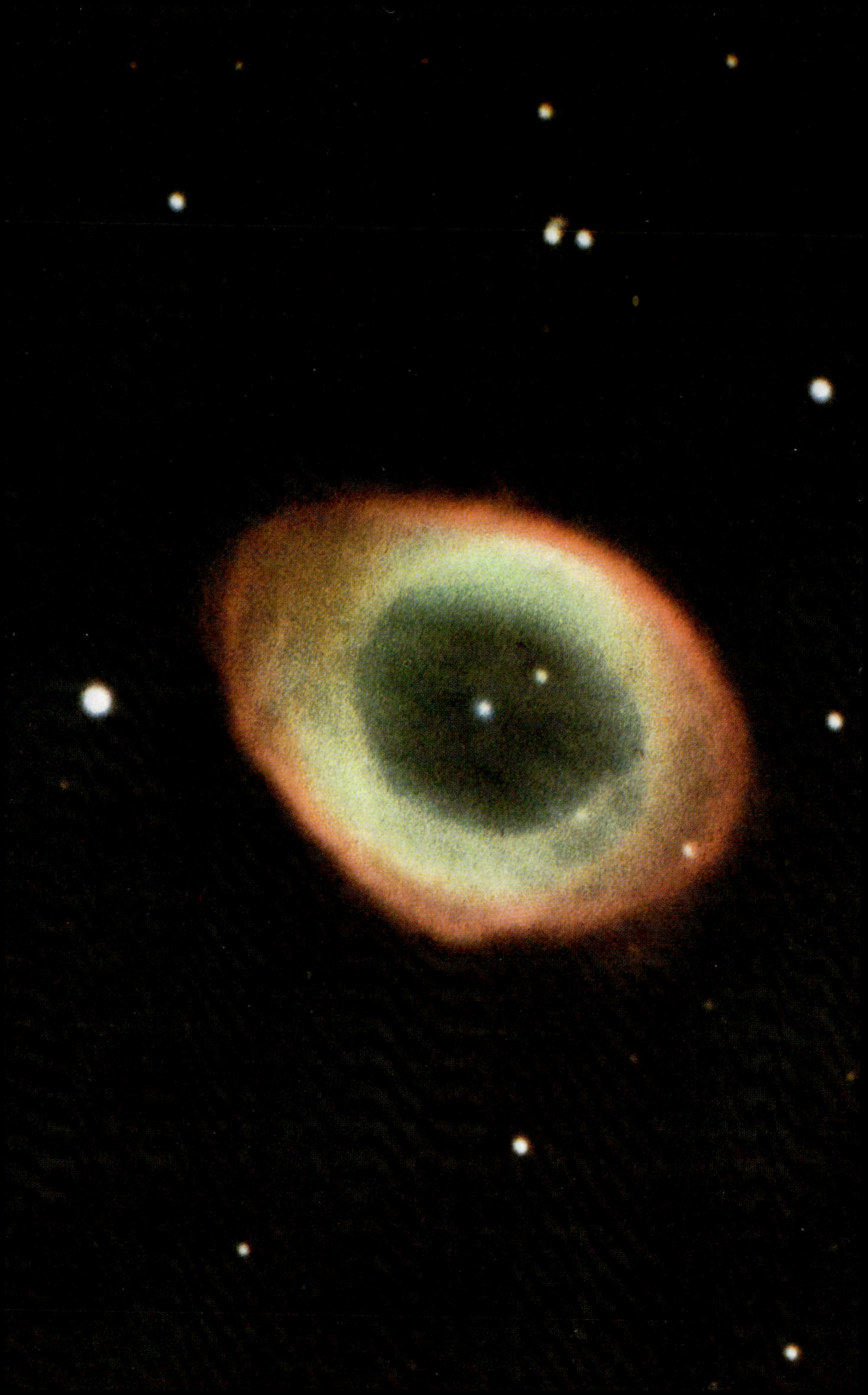

Die Einteilung der Sterne in Spektralklassen

Riesen und Zwerge

Läßt man das Sonnenlicht durch einen feinen Spalt in einen dunklen Raum fallen und bringt in den Strahlenweg ein Prisma, so lenkt dies die einzelnen Teile des Sonnenlichtes verschieden stark ab. Das weiße Licht wird in seine Grundfarben zerlegt, und es entsteht ein mehr oder weniger breites, auseinandergezogenes farbiges Bild: das Spektrum mit den Hauptfarben rot, orange, gelb, grün, blau und violett. Einen nach diesem Prinzip gebauten Apparat nennt man *Spektroskop,* und wenn er mit einer fotografischen Platte versehen ist *Spektrograph.*
Ein fester glühender Körper gibt ein auf den ersten Blick lückenlos erschei-

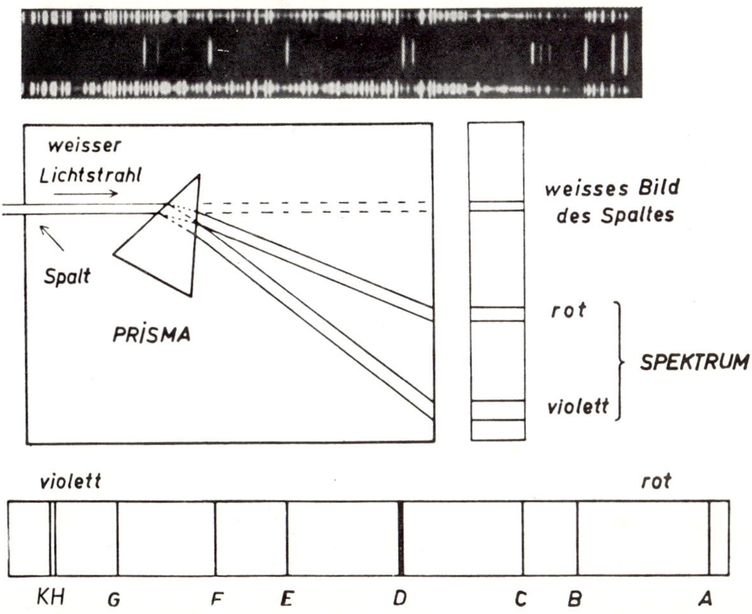

Die Entstehung des Spektrums
Mitte: Entstehung des Spektrums durch Brechung eines Lichtstrahls in einem Prisma. Oben: Linienspektrum eines Gasnebels (über und unter den Linien ein Vergleichsspektrum). Unten: Die wichtigsten Fraunhoferschen Linien des Sonnenspektrums (das kontinuierliche Sonnenspektrum befindet sich auf S. 142).

Tafel 6. Ringnebel in der Leier. Ein planetarischer Gasnebel, durch einen heißen Zentralstern zum Leuchten angeregt; aufgenommen mit dem 5-m-Spiegel der Mt.-Palomar-Sternwarte. Aufn. Hale Obs.

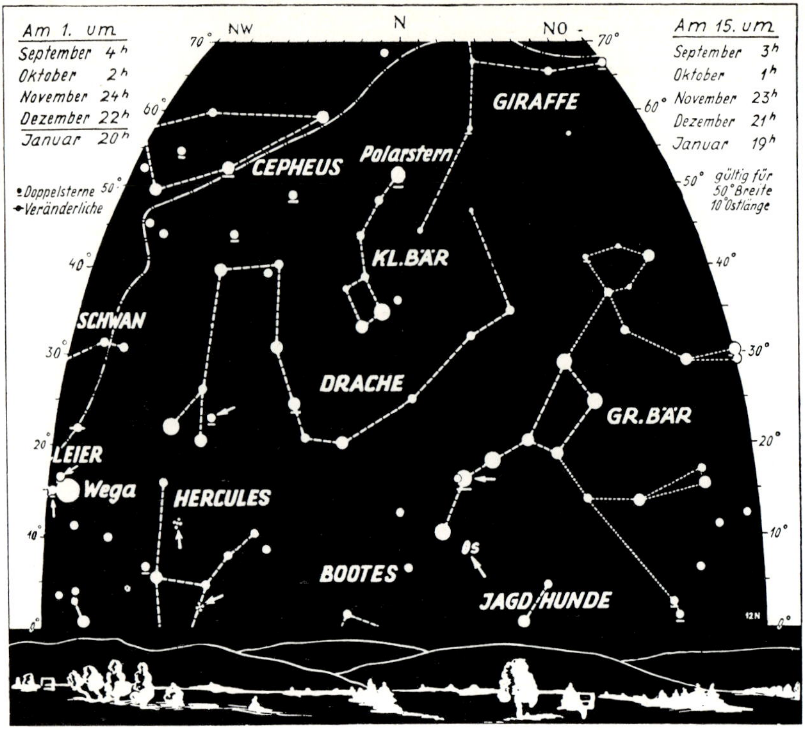

Was die Sternkarte zeigt

Nur drei Sternbilder befinden sich ganz auf der Karte. Das sind einmal vom *Polarstern* ausgehend der *Kleine Bär,* welcher jetzt fast senkrecht nach unten ausgerichtet erscheint, dann zweitens unter ihm und zu seinen beiden Seiten der ausgedehnte *Drache* und drittens am NO-Himmel der *Große Bär,* der immer wieder zur leichten und schnellen Orientierung dient. Hoch im NO erstrecken sich Teile der *Giraffe,* hoch im NW *Kepheus.* Am NW-Rand zeigen sich in mittlerer Höhe die ersten Sterne des *Schwans,* darunter die Hauptteile der *Leier* mit der hellen *Wega* und zwischen dieser und dem Nordpunkt weite Teile des *Herkules.* Genau im Norden, in geringer Höhe, finden wir noch einige Sterne des *Bootes* in der Nachbarschaft der Deichsel des *Wagens.*
Die *Milchstraße* zieht sich in weitem Bogen zunächst in großer Höhe durch die *Giraffe* (im NO), dann über den *Kepheus* nach NW bis herunter zum *Schwan,* jedoch nur ganz am Rande des Kartenfeldes.

In mehr als 10° Höhe findet man die folgenden bemerkenswerten Objekte:

Veränderliche Sterne fürs bloße Auge: R in der Leier (NW-Rand der Karte).
Doppelsterne: Bloßes Auge: ζ (Mizar-Alkor) im Gr. Bären, der Prüfstern für gute Augen. Feldstecher: ν im Drachen, ζ in der Leier. 2-Zöller: β und ξ im Kepheus, ζ im Gr. Bären, α im Kl. Bären (Polarstern). 3–4-Zöller: $\varkappa$ im Kepheus, ε und η im Drachen, ι im Gr. Bären, 19 H in der Giraffe, ε_1 und ε_2 in der Leier.
Sternhaufen und Nebel: Bloßes Auge: M 92, der bekannte Kugelsternhaufen im Herkules.

12
Nord

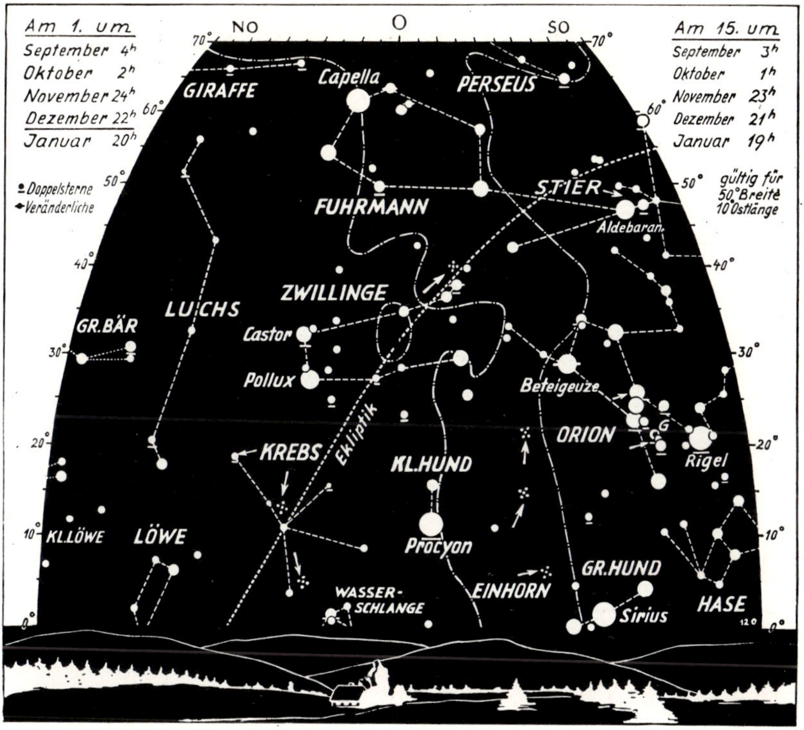

Was die Sternkarte zeigt

Der Osthimmel zeigt nun vollends die Pracht der winterlichen Sternbilder, die zum Teil auch schon zum Südhimmel hinübergleiten. Von den 10 hellsten Sternen des bei uns sichtbaren Sternenhimmels sind 7 auf dieser Karte vereinigt. In großer Höhe fällt genau im Osten sofort der *Fuhrmann* mit *Kapella* auf, darunter die *Zwillinge* mit *Kastor* und *Pollux* und wieder unter diesen der *Kleine Hund* mit *Prokyon.* Im SO geht gerade der *Sirius* im *Großen Hund* auf. Über ihm strahlen die sieben hellen Sterne des *Orion* und über diesem *Aldebaran* im *Stier.* Die übrigen Sternbilder treten mehr zurück.
Die *Milchstraße* verläuft im OSO aufwärts durch *Kleinen Hund, Zwillinge* und *Fuhrmann.* Die *Ekliptik* hat sich weiter aufgerichtet und steigt steil in die Höhe durch *Krebs* und *Zwillinge* in den *Stier.*

In mehr als 10° Höhe findet man die folgenden bemerkenswerten Objekte:

Veränderliche Sterne fürs bloße Auge: ε und ζ im Fuhrmann (genau im O), Beteigeuze im Orion, ζ und η in den Zwillingen.
Doppelsterne: Bloßes Auge: ϑ im Stier (leicht für gute Augen). Feldstecher: ι im Krebs, ϑ_1, ϑ_2 und δ im Orion. 2-Zöller: ζ im Krebs (dreifach), β im Einhorn (dreifach), β, ι, λ, σ und ϑ_1 im Orion, ζ im Perseus, α in den Zwillingen (Kastor, mehrfach), λ in den Zwillingen. 3–4-Zöller: ι im Gr. Bären, 38 im Luchs, ζ im Orion, δ und $\varkappa$ in den Zwillingen.
Sternhaufen und Nebel: Bloßes Auge: Praesepe im Krebs, Gasnebel im Orion (M 42). Feldstecher: Offene Sternhaufen: M 35 in den Zwillingen, 2244 und 2301 im Einhorn (zwischen Orion und Kl. Hund).

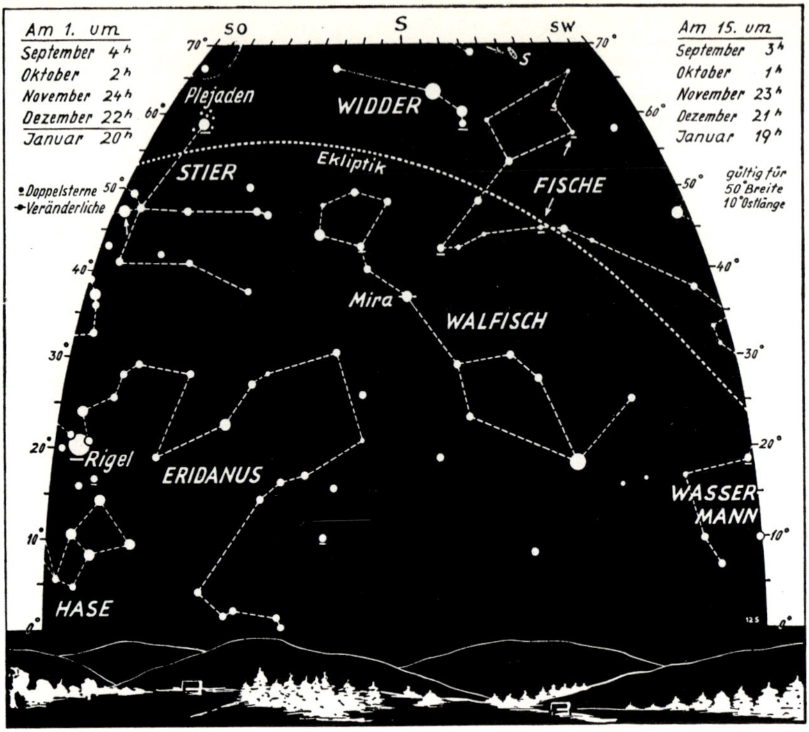

Was die Sternkarte zeigt

Schwache Sternbilder beherrschen den Südhimmel. Das Zentrum der Karte wird zum Großteil von dem ausgedehnten *Walfisch* eingenommen. Die untere Hälfte des SO füllen die Zickzacklinien des *Eridanus* aus, an dessen Anfang bereits *Rigel,* der eine Fußstern des *Orion,* aufgetaucht ist. Unter *Rigel* sieht man Teile des *Hasen,* und über den Orionsternen dehnt sich ein großer Teil des *Stieres* mit den *Plejaden* bis in große Höhen. Im SW verschwinden gerade die letzten Teile des *Wassermanns.* In großer Höhe, fast genau im Meridian, begegnen wir dem *Widder,* dem nach SW zu absteigend die Fische vorangehen. Die *Milchstraße* kommt auf der Karte nicht vor. Die *Ekliptik* hat schon fast ihre höchste Stellung erreicht. Sie verläuft dicht unterhalb der *Plejaden* und geht dann durch *Widder* und *Fische* bis herunter zum *Wassermann* im SW.

In mehr als 10° Höhe findet man die folgenden bemerkenswerten Objekte:

Veränderliche Sterne fürs bloße Auge: Mira, der Wunderbare, im Walfisch, λ im Stier.
Doppelsterne: Bloßes Auge: ϑ im Stier (leicht für gute Augen). Feldstecher: ζ und ψ_1 in den Fischen. 2-Zöller: β im Orion (Rigel), γ im Widder. 3–4-Zöller: $\varkappa$ im Hasen (unter Rigel), α und φ in den Fischen, γ im Walfisch.
Sternhaufen und Nebel: Bloßes Auge: Hoch im SO erkennt das bloße Auge spielend die Plejaden im Stier und etwas höher, aber im SW, den Spiralnebel M 33 im Dreieck.

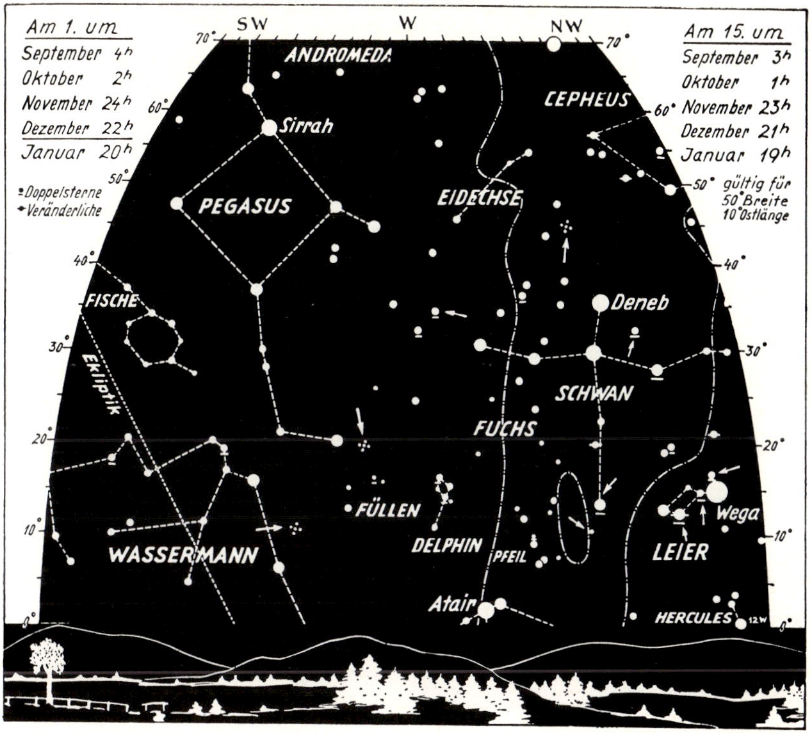

Was die Sternkarte zeigt

Im NW fällt die zwar schon tief stehende, aber immer noch sehr helle *Wega* in der *Leier* sofort auf. Über ihr erstreckt sich der *Schwan* bis in mittlere Höhen. Hoch im NW ist die *Eidechse* erschienen, und Teile des *Kepheus* sinken nach Norden ab. Tief im SW ist der *Wassermann* fast ganz sichtbar, über ihm ein kleiner Teil der *Fische. Pegasus* mit seinem großen Viereck erstreckt sich von 20° Höhe im W bis fast 60° Höhe im SW. Über ihm tauchen die ersten Sterne der *Andromeda* auf. Zu erwähnen sind noch die kleinen Sternbilder *Fuchs, Füllen, Delphin* und *Pfeil,* die den Raum zwischen *Pegasus* und *Schwan* einerseits und dem *Adler* andererseits füllen.
Das Band der *Milchstraße* steigt im NW durch *Schwan* und *Kepheus* ziemlich steil nach oben, während die *Ekliptik* sich im SW wieder aufzurichten beginnt und in den *Fischen* schon wieder 30° Höhe erreicht.

In mehr als 10° Höhe findet man die folgenden bemerkenswerten Objekte:

Veränderliche Sterne fürs bloße Auge: β und R in der Leier, δ und μ im Kepheus und den Mirastern χ im Schwan.
Doppelsterne: Bloßes Auge: ε in der Leier, ein Prüfstern für sehr gute Augen. Feldstecher: β und ζ in der Leier, β, μ und o_2 im Schwan (letzterer dreifach). 2-Zöller: ξ im Kepheus, γ im Delphin, η in der Leier, ζ im Pfeil. 3–4-Zöller: δ im Schwan, ζ im Wassermann, ε_1 und ε_2 in der Leier.
Sternhaufen und Nebel: Bloßes Auge: Keine. Feldstecher: Der Kugelsternhaufen M 2 im Wassermann ist wegen seiner tiefen Stellung nicht mehr mit dem bloßen Auge erkennbar. M 15 im Pegasus. M 39 im Schwan sehr günstig in größerer Höhe.

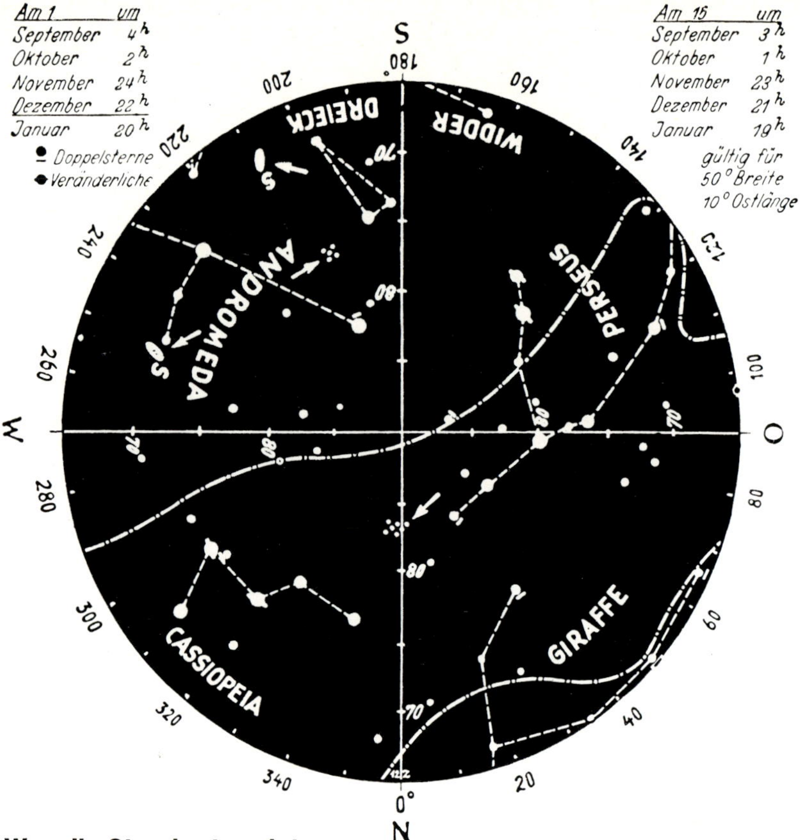

Was die Sternkarte zeigt

Kassiopeia beherrscht den NW und beginnt wieder langsam zu sinken. Einige Teile der unscheinbaren *Giraffe* sind im N aufgetaucht. Der O und SO ist fast ganz vom *Perseus* ausgefüllt, der bis in die Zenitgegend reicht. Im S ist das *Dreieck* ganz, der *Widder* zu einem Teil erschienen. *Andromeda* hat den Meridian ganz überschritten und ist im SW noch mit einigen hellen Sternen sichtbar. Die *Milchstraße* schiebt ihr breites Band von NW nach O, die Zenitgegend gerade noch tangierend.

Veränderliche Sterne fürs bloße Auge: α und γ in der Kassiopeia, β (Algol) im Perseus, ϱ im Perseus.

Doppelsterne: Bloßes Auge und *Feldstecher:* Keine. *2-Zöller:* γ in der Andromeda, η in der Kassiopeia, ε und η im Perseus. *3–4-Zöller:* ϑ im Perseus.

Sternhaufen und Nebel: Bloßes Auge: Der Doppelsternhaufen h und χ im Perseus steht in seiner höchsten Stellung, nur 7° vom Zenit entfernt. Der Andromedanebel (M 31) befindet sich jetzt im WSW noch 70° hoch. *Feldstecher:* Offener Sternhaufen 752 in der Andromeda und in fast 70° Höhe Spiralnebel M 33 im Dreieck.

12
Zenit

Sonnenauf- und -untergangszeiten (MEZ) für +50° Breite und 10° östliche Länge		1. Dez.	11. Dez.	21. Dez.
	SA	7.56	8.08	8.16
	SU	16.22	16.18	16.21

nendes Spektrum, das deswegen auch *kontinuierliches Spektrum* heißt. Betrachtet man das Sonnenspektrum aber genauer, so erkennt man, daß es nicht streng kontinuierlich ist, sondern von einer großen Zahl von schwachen dunklen Streifen, die nach Fraunhofer als *Fraunhofersche Linien* benannt sind, durchsetzt ist. Merkwürdig erscheint zunächst, daß diese Linien an genau der gleichen Stelle auftreten, wo sonst helle Linien eines Gases (s. unten) zu finden sind. Dies erklärt man dadurch, daß die Gase auf der Sonnenoberfläche – die zweifellos kühler sind als der darunterliegende Kern – gerade diejenigen Teile des dahinterliegenden kontinuierlich strahlenden Sonnenlichts absorbieren, welche sie selbst aussenden. Somit bleiben die entsprechenden schmalen Stellen des Spektrums dunkel. Ein solches Spektrum heißt deswegen *Absorptionsspektrum.*
Hiervon grundsätzlich verschieden ist das Spektrum eines leuchtenden Gases. Es besteht nur noch aus einzelnen farbigen Linien auf dunklem Untergrund und heißt deswegen auch *Emissionsspektrum.* Die Zahl und Anordnung solcher Linien hängt ganz von der Art des Gases ab. Natriumdampf z. B. gibt unter anderem die bekannte gelbe Doppellinie D.
Mit Hilfe der Spektralanalyse ist es somit möglich, auf einfachste Art chemische Verbindungen auf ihre Zusammensetzung hin zu untersuchen. Aus den ersten Anfängen der Spektralanalyse der Gestirne um 1860 (Kirchhoff und Bunsen) hat sich seitdem ein hochspezialisierter Zweig, die Astrophysik, entwickelt, die uns im Zusammenhang mit der modernen Atomphysik in den letzten Jahrzehnten ungeahnte Fortschritte der Forschung ermöglicht hat.
Entsprechend ihrem Spektrum teilt man die Sterne nun in eine sinngemäße Folge von Typen ein, deren Bezeichnung und Kriterien trotz mancher notwendig gewordener Umstellungen auf die Vorschläge von Pickering und Cannon vom Harvard-Observatorium zurückgehen. Mit Hilfe der Objektivprismenaufnahmen war es möglich, die Zahl der Sterne bekannter Spektraltypen ganz erheblich zu erweitern, und der Henry-Draper-Katalog gibt uns heute bereits die Spektraltypen von rund 268 000 Sternen bis zur 9. Größe.
Ohne auf Einzelheiten einzugehen, seien die wichtigsten Haupttypen ganz kurz angedeutet:

Typ	Kurze Beschreibung	Vertreter
O	Helle Wasserstofflinien, helle Banden des Stickstoffes	γ Velorum
B	Linien des Wasserstoffes und Heliums (Heliumsterne)	ε im Orion
A	Intensive Wasserstofflinien (kein Helium)	Sirius
F	Wasserstofflinien zurücktretend, Kalziumlinien treten auf	δ Geminorum
G	Wasserstofflinien treten mehr zurück, Linien von Metalldämpfen treten auf	Kapella
K	Kalziumlinien im Maximum, auch Zyanbanden	Arkturus
M	Auftreten von Metalloxiden	Beteigeuze
N	Breite dunkle Bänder von Kohlenwasserstoffen	19 Piscium

Die Reihenfolge der Typen ist zugleich eine Temperaturskala, je früher der Typ, um so heißer ist der Stern. Ein B-Stern hat etwa 22 000 °C, ein M-Stern nur noch 3000 °C Oberflächentemperatur.
Für feinere Unterschiede reicht diese rohe Klassifikation nicht aus, und man teilt jeden Typ nochmals in 10 Unterstufen, die durch Anhängen der Zahlen von 0 bis 9 gekennzeichnet werden. So bedeutet z. B. F 5 einen Spektraltyp, der in der Mitte zwischen dem Typ F und G steht. Auf weitere Einzelheiten der spektralen Unterteilungen und Bezeichnungen sei hier nicht eingegangen. Ein Bild der wichtigsten Spektraltypen zeigt die Abbildung auf S. 142.
Es ist nun nicht schwer, für alle Sterne bekannter Entfernung die absolute Helligkeit zu berechnen. Ordnet man jetzt alle Sterne mit bekanntem Spektraltyp und bekannter absoluter Helligkeit in ein Gitternetz ein, dessen waagerechte

Die wichtigsten Typen von Fixstern-Spektren

(Nach W. C. Rufus, Publ. of the Observatory of the University of Michigan, Bd. III, S. 257)

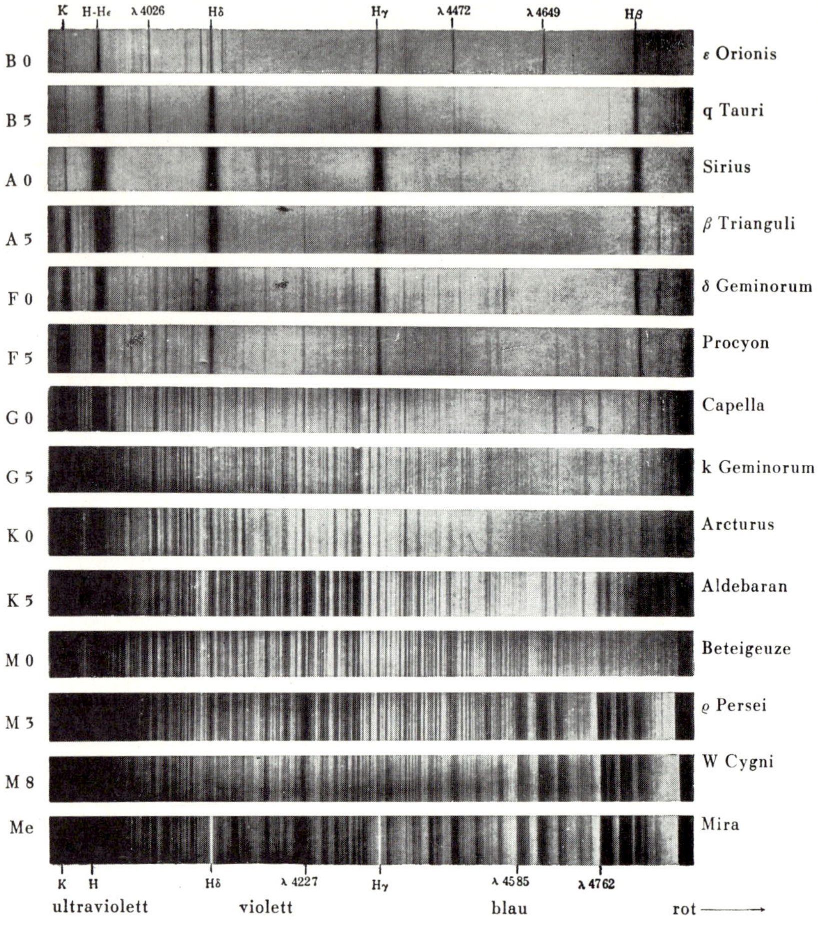

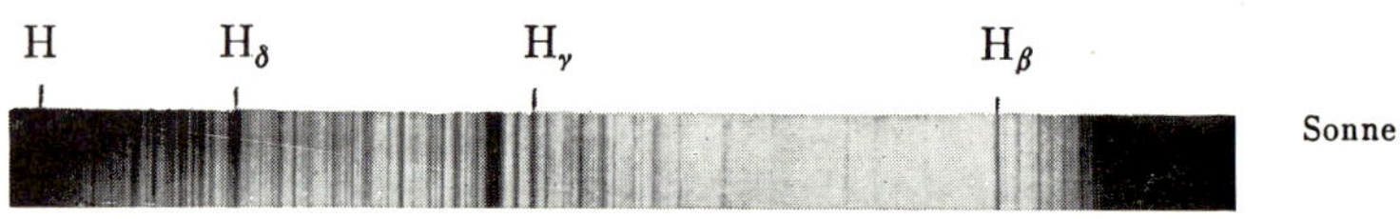

Achse den Spektraltyp und dessen senkrechte Achse die absolute Helligkeit gibt, so erhält man ein berühmtes Diagramm, das zuerst von E. Hertzsprung (1907) und dann von Russell (1914) studiert und nach ihnen benannt worden ist. Die Sterne liegen hierin nicht willkürlich verstreut, sondern in gesetzmäßiger Anordnung, die heute als Ausgangspunkt zahlloser weiterer Untersuchungen gilt. Die ausführliche Diskussion des Russelldiagramms, das in untenstehender Abbildung schematisch wiedergegeben ist, zeigt die folgenden wesentlichen Merkmale:

Die meisten Sterne liegen auf einem Streifen, der von oben links nach unten rechts quer durch das ganze Diagramm verläuft. Dieser Streifen heißt die Hauptreihe, Hauptserie oder auch Zwergast, weil auf ihm die Mehrzahl der Sterne gelegen ist. Unsere Sonne selbst ist ein normaler Stern dieser Hauptreihe vom Typ G 2 und der absoluten Helligkeit $+4^{m},8$. Alle Sterne in der näheren Umgebung der Sonne, deren Entfernung man sicher kennt, liegen sehr nahe auf einer geraden Linie, die in dieser Hauptreihe verläuft.

Bei der absoluten Helligkeit $M = 0^{m}$ etwa biegt ein zweiter Ast fast waagerecht ab, der sogenannte *Riesenast.*

Außer diesen beiden sind noch zwei weitere Gruppen sicher vorhanden:

Da ist zunächst eine Gruppe von Sternen, deren absolute Helligkeit um etwa 3–4 Größenklassen höher liegen als die gewöhnlichen Riesen, sie heißen deswegen *Überriesen* und Übergiganten.

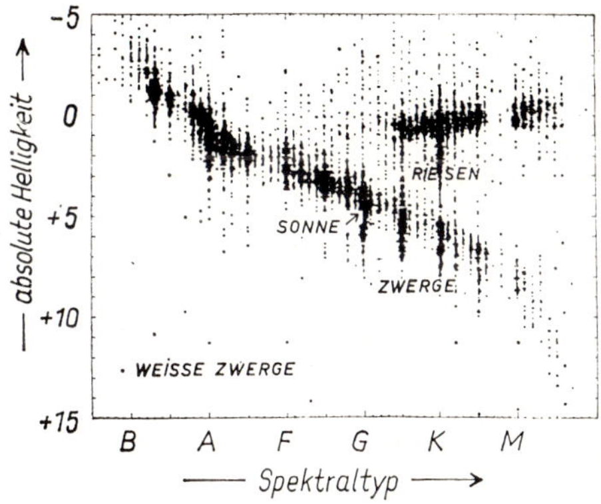

Das Russell-Diagramm für etwa 6000 Sterne der Sonnenumgebung

Eine sehr kleine, aber besonders wichtige und interessante Gruppe bilden ferner die *weißen Zwerge,* deren absolute Helligkeit um rund 10 Größenklassen zu klein erscheinen. Sie gehören durchweg den frühen Spektraltypen an, müssen also eine große Oberflächenhelligkeit haben. Wenn sie dennoch nur so schwach sind (absolut), so ist dies nur möglich, wenn sie kleine Oberflächen, d. h. aber kleine Radien haben. Man kennt bisher nur etwa 100 dieser weißen Zwerge; bekannte Beispiele sind die Begleiter von Sirius, Prokyon und Mira Ceti B. Die Radien dieser Sterne betragen nur etwa $^{1}/_{100}$ des Sonnenradius, und ihre Dichten sind daher nahezu von der Größenordnung 10^{6}.

Von Bedeutung ist noch eine Beziehung zwischen den absoluten Helligkeiten und den Massen, indem mit der absoluten Helligkeit auch die Masse zunimmt, was zuerst 1924 auf theoretischem Wege von Eddington gefunden wurde. Diese Tatsache darf aber nicht dazu führen, die Bezeichnungen Riesen und Zwerge falsch zu verstehen. Diese Bezeichnungen beziehen sich in erster Linie auf den *Durchmesser,* nicht auf die Masse. Es gibt Überriesen mit dem 400fachen Sonnendurchmesser, dabei aber mit nur 30facher Sonnenmasse. Daraus folgt, daß diese Überriesen eine außerordentlich geringe Dichte haben und viel dünner sind als unsere Erdatmosphäre.

Die Sterne der Hauptserie haben Massen von der Größenordnung der Sonnenmasse und entsprechende Dichten, während die weißen Zwerge, wie schon erwähnt, bei sehr kleinen Radien und Massen, die etwas kleiner sind als die Sonnenmasse, sehr hohe Dichten zeigen.

Obiges Diagramm gilt nur für die Sterne in der näheren Umgebung der Sonne.

Das Milchstraßensystem

Schon der bloße Anblick des nächtlichen Sternhimmels vermittelt uns den Eindruck einer ungleichmäßigen Verteilung der Sterne. Ganz unzweifelhaft findet eine starke Konzentration nach der Ebene der Milchstraße zu statt. W. Herschel, der Vater der Stellarastronomie, erkannte die Notwendigkeit, durch Sternzählungen Material zur Erforschung des Aufbaus und der Struktur des Universums zu sammeln. Er und sein Sohn John Herschel führten zusammen Zählungen an insgesamt über 3300 Feldern des gesamten Himmels durch. Ihr Ergebnis war nicht nur, daß es bis zur 14. Größe rund 20 Millionen Sterne gibt, sondern auch, daß diese Sterne in der galaktischen Ebene 14mal zahlreicher sind als an den Polen. Unter gewissen Hilfsannahmen kam dann Herschel zu der Anschauung, daß alle diese Sterne in einem linsenförmigen System vereinigt sind, das eine Längsausdehnung von etwa 14 000 und eine Dicke von etwa 2500 Lichtjahren hat.

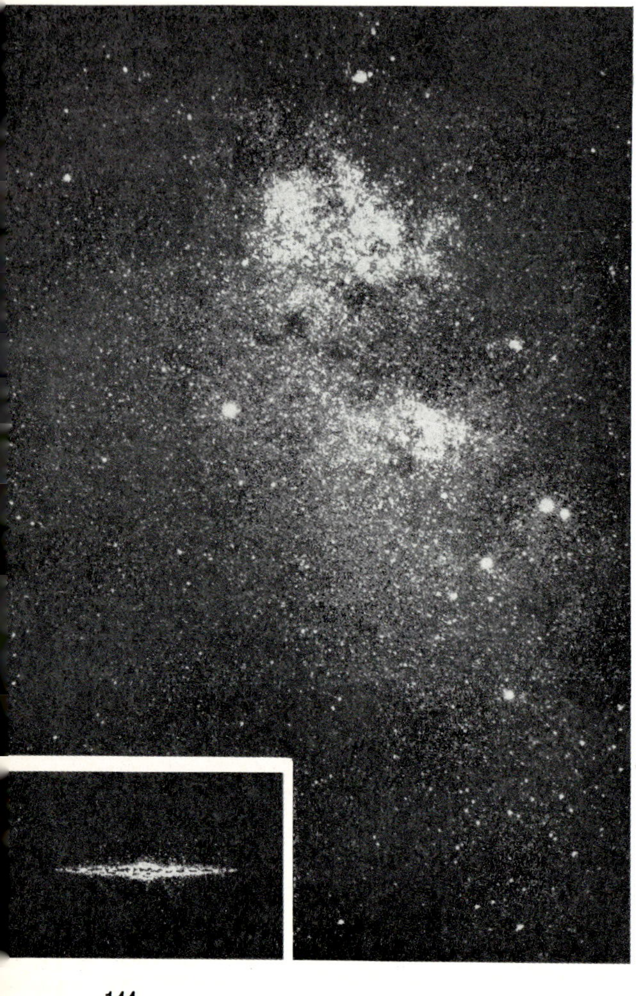

Seine Annahmen aber, daß die Sterne alle gleich hell und zudem gleichmäßig im Raum verteilt sind, haben sich keineswegs bewahrheitet. So konnte Herschel nur ein ganz rohes Bild des Universums erhalten. Dennoch gaben seine Untersuchungen die Grundlagen und Anregungen zu weiteren Forschungen, deren mühsam und schrittweise errungene Resultate uns heute ein besseres, aber immer noch rohes Bild der Milchstraße geben.

Bei näherer Betrach-

Die sternreiche Gegend im Sternbild Skorpion, in der das Zentrum des Milchstraßensystems liegt; Zeichnung: Schematisches Aussehen unseres Milchstraßensystems von außen. Aufnahme: Prof. Hoffmeister

tung der Sternverteilung in der Ebene der Milchstraße selbst fällt schon dem bloßen Auge auf, daß diese eine deutliche Anhäufung in der Länge von etwa 325° erkennen läßt. Hieraus schließt man, daß die Sonne eine stark exzentrische Stellung in der Milchstraße einnimmt, und das kommt auch indirekt darin zum Ausdruck, daß wir sagen, daß in der eben genannten Richtung das Zentrum der Milchstraße zu suchen ist. Späterhin erkannte man auch durch Vergleich der Sternzahlen nördlich und südlich der Milchstraße ein merkliches Überwiegen der südlichen, und hieraus wiederum mußte gefolgert werden, daß die Sonne nicht genau in der Milchstraßenebene, sondern etwas nördlich dieser Symmetrieebene gelegen sein muß.
Besonders genau hat man dann naturgemäß die nächste Umgebung der Sonne studiert und kennt heute bis zu einer Entfernung von 35 Lichtjahren bereits 254 Sterne, die größtenteils schwach sind. Dem tieferen Eindringen in den Raum stellen sich nicht unerhebliche Schwierigkeiten entgegen, nicht zuletzt auch durch das Vorhandensein einer interstellaren Materie, deren Absorptionswirkung auf große Entfernungen berücksichtigt werden muß. Zudem darf sich die Erforschung des Milchstraßensystems nicht nur darauf beschränken, den reinen Aufbau zu ergründen, sondern man muß auch die räumliche Bewegung der Sterne mit Hilfe der Eigenbewegungen und der Radialgeschwindigkeiten zu erfassen versuchen. Wo Anziehungskräfte sind, sind auch Bewegungen, und so kommen wir zur modernen Kinematik und Dynamik des Milchstraßensystems, die noch ganz in ihren Anfängen steckt. Zunächst mußte die Bewegung der Sonne selbst bestimmt werden. Diese kennen wir heute aus den EB und RG der übrigen Sterne mit ziemlicher Genauigkeit und wissen, daß die Sonne sich mit einer Geschwindigkeit von rund 20 km/sec, relativ zum System der helleren Sterne, auf einen Punkt im Sternbild des Herkules, den sogenannten „Apex", zu bewegt. Die Vermehrung des Beobachtungsmaterials und die weitere Diskussion der Geschwindigkeiten der Sterne, ihrer EB und RG führte nun in neuerer Zeit zu der Auffassung, daß das ganze Milchstraßensystem sich in einer Rotationsbewegung befindet, die in der Umgebung der Sonne mit einer Rotationsgeschwindigkeit von 268 km/sec, relativ zu der Gruppe der Kugelsternhaufen, erfolgt. Diese Bewegung verläuft in der Ebene der Milchstraße und senkrecht zur Richtung nach ihrem Zentrum. Dabei ist der Umlaufssinn um das Zentrum der Milchstraße demjenigen der Planeten um die Sonne entgegengesetzt.
So erhalten wir heute ein Bild von unserem Milchstraßensystem, das schon wesentlich mehr Einzelheiten liefert, die aus der folgenden Übersicht entnommen werden können.

Elemente des Milchstraßensystems

Durchmesser in der Milchstraßenebene	100 000	Lichtjahre
Durchmesser senkrecht zur Milchstraßenebene . . .	16 000	„
Abplattung	1 : 6	
Durchmesser des Systems der Kugelhaufen	160 000	Lichtjahre
Abstand der Sonne nördlich der Milchstraßenebene .	50	„
Abstand der Sonne vom Massenzentrum	32 000	„
Richtung zum Massenzentrum von der Sonne aus . .	325°	gal. Länge
Rotationsgeschwindigkeit des Systems an der Stelle der Sonne	220	km/sec
Rotationsperiode an der Stelle der Sonne	250×10^6	Jahre
Masse im Zentrum	2×10^8	Sonnen
Gesamtmasse	$2{,}0 \times 10^{11}$	Sonnen
Durchschnittliche Massendichte	0,1	Sonne/pc³
Absolute Gesamthelligkeit (rohe Schätzung)	-18^m	
Sonnenmasse	$1{,}98 \times 10^{33}$	g

Diese Werte sind natürlich mit einer gewissen Unsicherheit behaftet. So findet man in neueren Untersuchungen auch etwas andere Zahlen.

Diffuse Nebel, dunkle Nebel, planetarische Nebel, Spiralnebel (Galaxien)

Bereits Herschel kannte einige der eindrucksvollen *diffusen Nebelmassen,* die meist in der Nähe heller Sterne leuchten und oft recht ausgedehnte Gebiete erfüllen. Doch erst um 1880 beginnt mit der Einführung der Himmelsfotografie, an der der Amerikaner Barnard und der Deutsche M. Wolf großen Anteil haben, die genauere Erforschung dieser Gebilde. Heute wird die Zahl der diffusen Nebel auf etwa 1000 geschätzt.

Der bekannteste Vertreter dieser Art ist der *Orionnebel* (s. Abb. auf S. 100), der dicht unter dem Gürtel des Orion schon mit dem bloßen Auge erkennbar ist. Er ist 1750 Lichtjahre entfernt und enthält bei einer Ausdehnung von etwa 100 Lichtjahren eine Gesamtmasse von nur rund 180 Sonnen, so daß er außerordentlich dünn ist. Daher verdankt er auch sein Leuchten vor allem der Anregung von Sternen, die ihm zugehören oder sich in seiner unmittelbaren Nachbarschaft befinden. Andere bekannte diffuse Nebel sind der *Nordamerikanebel* und die *Plejadennebel.*

Andererseits gibt es *Dunkelwolken,* die kein Licht aussenden und sich somit der direkten Beobachtung entziehen. Sie bleiben aber nicht ohne Einfluß auf das Licht der dahinterstehenden Sterne, das sie zum großen Teil absorbieren. Uns ist heute bekannt, daß die scheinbar zerrissene Struktur der Milchstraße, ihre scharf begrenzten sternarmen Gebiete, durch solche Dunkelwolken bedingt werden. Derartige Dunkelwolken von teilweise großer flächenhafter Ausdehnung bis zu mehreren hundert Quadratgrad sind z. B. festgestellt worden in den Sternbildern: *Stier, Orion, Fuhrmann, Kepheus, Kassiopeia* und *Schwan.* Ihre Entfernungen gehen bis zu über 2000 Lichtjahren, ihre Durchmesser betragen bis zu 600 Lichtjahren, ihre Massen zwischen 100 und 1400 Sonnenmassen, und die Absorption des Lichtes ist ca. 1 Größenklasse. Doch kommen auch merklich größere Absorptionen vor, und im sogenannten *Kohlensack* hat man z. B. eine Absorption von 4^m festgestellt. Es handelt sich hier um feine staubförmige Materie, deren Teilchendurchmesser in einem Falle etwa $^1/_{1000}$ mm betragen, so daß man durchaus noch von gröberen Partikeln sprechen kann. Zur Beurteilung der Gesamtabsorption im interstellaren Raum darf nicht übersehen werden, daß außer diesen eben genannten Dunkelwolken noch kontinuierlich absorbierende staubförmige Materie fast in der *ganzen* Milchstraßenzone vorhanden ist und auch gasförmige absorbierende Materie.

Eine untergeordnete Rolle spielen in diesem Zusammenhang etwa rund 1000 *planetarische Nebel,* die eine deutliche Konzentration nach der Milchstraßenebene und damit ihre Zugehörigkeit zur Milchstraße zeigen. Sie sind sehr klein und haben meist nur Durchmesser bis zu 1′. Meistens besitzen sie einen sehr heißen Zentralstern. Der bekannteste Vertreter ist der *Ringnebel* in der *Leier.* Bei vielen dieser planetarischen Nebel hat man ein Expandieren der Nebelhüllen festgestellt, und es ist daher vermutlich ein Zusammenhang mit einer Exnova vorhanden, indem wir in diesen expandierenden planetarischen Nebeln die Überreste einer Nova sehen (s. Abb. des Ringnebels in der Leier, S. 134).

Von sehr viel größerer Bedeutung sind wegen ihrer Anzahl und wegen ihrer kosmogonischen Stellung die Spiralnebel, die man seit einigen Jahrzehnten auch extragalaktische Nebel oder Galaxien nennt. Der bekannteste Spiralnebel ist der helle *Andromedanebel* (s. Abb. S. 14), der unter günstigen Bedingungen ohne Schwierigkeit dem bloßen Auge sichtbar ist. Der Name „Nebel" für alle diese Objekte ist geblieben, obgleich sie im Gegensatz zu den obigen echten Nebeln gar keine Gasnebel sind. Schon seit einigen Jahrzehnten weiß man z. B. aus dem Spektrum, daß der Andromedanebel eine Ansammlung von Sternen ist. Seit 1926 ist es gelungen, bei einigen solcher Nebel wenigstens die äußeren Partien in Einzelsterne aufzulösen. Man hat auch das Innere des Andro-

Spiralnebel Messier 101 im Großen Bären. Wir blicken nahezu senkrecht auf die Spirale, deren Entfernung auf 10–14 Millionen Lichtjahre geschätzt wird. Aufnahme mit dem 200zölligen Spiegelteleskop des Mt. Wilson und Palomar Observatoriums.

medanebels in Einzelsterne aufzulösen vermocht. Es besteht heute kein Zweifel mehr, daß jeder Spiralnebel eine Welteninsel, eine Milchstraße für sich, darstellt.
Der erste Generalkatalog der Nebel von 1864 enthielt 5079 Objekte; der neue Generalkatalog (NGC) von 1888 mit 2 Nachträgen (Neuauflage 1953 in London) enthält rund 13 000 Objekte, die nicht alle Spiralnebel sind. Mit abnehmender Helligkeit wächst die Zahl der Spiralnebel sehr an, so stark, daß man ihre Zahl in die gleiche Größenordnung rücken kann, wie die Zahl der Sterne. Die Anzahl der Spiralnebel, die mit den modernen Instrumenten erreichbar sind, wird auf mindestens 100 Millionen geschätzt. Wer vermag sich noch die Zahl der Sonnen vorzustellen, wenn jeder Spiralnebel ein Milchstraßensystem etwa wie das unsrige ist?
Der helle Andromedanebel, dessen Entfernung wir auf 2 400 000 Lichtjahre veranschlagen, ist der scheinbar größte, weil er der nächste Nachbar des Milchstraßensystems ist. Etwa gleich nahe ist noch der Nebel M 33 im Dreieck, alle anderen Nebel sind weiter entfernt, und zwar steigen die Entfernungen bald in die Lichtjahrmillionen. Die Methoden der Entfernungsbestimmungen sind natürlich nur indirekte, wie z. B. mit Hilfe der Cepheiden (vgl. S. 116, 125).
Die größte Überraschung aber brachten uns die Spiralnebel hinsichtlich ihrer Radialgeschwindigkeiten. Zunächst gelang 1912 dem amerikanischen Astronomen Slipher vom Lowell-Observatorium, aus der Verschiebung der Absorp-

tionslinien im Spektrum des Andromedanebels eine RG von –300 km/sec abzuleiten (nach neuen Erkenntnissen sind es –61 km/sec). Mit einer erheblich verbesserten Kameraoptik mit einem Öffnungsverhältnis von 1 : 0,35 sind bis heute die Spektren von etwa 150 außergalaktischen Nebeln aufgenommen worden. Natürlich ist die Genauigkeit dieser nur 2,5 mm langen Spektren, die in Belichtungszeiten bis zu 100 Stunden von Nebeln bis zur 18. Größe erhalten werden, sehr gering, und die Genauigkeit der daraus bestimmten RG liegt bei nur ±100 km/sec. Die sogenannten Rotverschiebungen der Spektrallinien sind aber so groß und nach Abzug der Sonnenbewegung alle positiv, daß die Ungenauigkeit keine Rolle mehr spielt. Die RG ist um so größer, je weiter die Nebel von uns entfernt sind. An dem entferntesten Spiralnebel, der bisher beobachtet wurde, hat R. Minkowsky 1960 eine RG von rund 130 000 km/sec beobachtet; dies entspricht einer Entfernung von rund 4,5 Milliarden Lichtjahren, vorausgesetzt, daß man diese Rotverschiebung als Dopplereffekt deuten darf. Diese „Flucht der Spiralnebel“ stellt eines der größten Probleme der modernen Kosmogonie dar.
Eine wichtige neue Erkenntnis hat uns das Hale-Teleskop schon gebracht. W. Baade fand, daß die Cepheiden – die Normalkerzen der Entfernungsbestimmungen – in 2 Gruppen zerfallen mit verschiedenen Periodenhelligkeitskurven. Infolgedessen mußten 1952 alle Entfernungen der extragalaktischen Nebel verdoppelt werden.

Radiostrahlung, Radiosterne, Quasare und Pulsare

Das sichtbare Licht erfaßt nur einen kleinen Bruchteil des weiten Bereiches der gesamten elektromagnetischen Strahlung. Diesen Bereich nennt man auch das „optische Fenster" der Atmosphäre, weil hier diese Strahlen von der Atmosphäre durchgelassen werden.
Es gibt aber noch einen zweiten Bereich, innerhalb dessen die Atmosphäre die Strahlung durchläßt, das ist das sogenannte „Radiofenster", welches Strahlung der Wellenlängen von etwa 1 mm bis zu 20 m oder 30 m, die sogenannte Radiostrahlung, hindurchläßt. Diese Strahlung ist unsichtbar.
Der eigentliche Beginn der Radioastronomie liegt in den 40er Jahren, obgleich es schon 1886 dem deutschen Physiker *Heinrich Hertz* gelang, elektrische Wellen großer Länge zu empfangen. Nach ihm benutzt man für diese Wellen als neue Einheit 1 Hertz (1 Hz) und versteht darunter eine Schwingung pro Sekunde. Die Zahl der Schwingungen ist aber auch bei den Radiowellen noch sehr groß, und man braucht daher die folgenden Einheiten:

1 000 Schwingungen pro Sekunde = 1 Kilohertz = 1 kHz
1 000 000 Schwingungen pro Sekunde = 1 Megahertz = 1 MHz

So entsprechen z. B. einer Wellenlänge von

1 cm . . . . 30 000 MHz
1 m . . . . 300 MHz
15 m . . . . 20 MHz

Man unterscheidet hauptsächlich 2 Arten der kosmischen Radiostrahlung:

1. Die sogenannte *thermische* Strahlung; hier betrachtet man den Strahler als „schwarzen Körper" und kann die zugehörige Temperatur des Strahlers berechnen.
2. Bei stark verdünnten Gasen spricht man von einer *nicht thermischen* Strahlung.

Die Radiowellen können mit Hilfe eines Radiospiegels aufgefangen und zu einer Empfangsapparatur geleitet werden. Die Fläche des Radiospiegels kann viel größer sein als die eines herkömmlichen Spiegels; oft genügt auch ein Drahtmaschennetz. Der andere große Vorteil eines Radioteleskops ist der, daß es zu jeder Zeit, bei Tag und Nacht und unabhängig von der Bewölkung verwendet werden kann. Dem steht als großer Nachteil gegenüber, daß das Auflösungsvermögen etwa 100 000mal geringer ist als das der optischen Spiegel.
Es gibt etwa 100 Radioteleskope auf der Erde, einige sind unbeweglich, andere nur im Meridian verstellbar und einige frei beweglich (in Richtung und Höhenwinkel). Das größte frei bewegliche Radioteleskop wurde aus Mitteln der Volkswagenstiftung erbaut und ist seit 1971 nahe Effelsberg in der Eifel in Betrieb. Fast ebensogroße Geräte befinden sich in *Green Bank* (USA) und in *Jodrell*

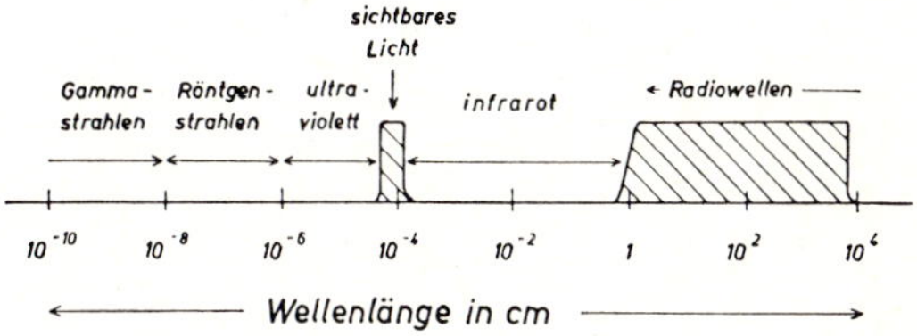

Durchlässigkeit der Atmosphäre für verschiedene Wellenlängen

Das neue, voll bewegliche Radioteleskop von 100 m Durchmesser in der Eifel. Es wurde aus Mitteln der Volkswagenstiftung erbaut und 1971 in Betrieb genommen (Aufnahme Hans Wolf).

Bank (England). Das mit 300 m Durchmesser größte, aber unbewegliche Radioteleskop steht in *Arecibo* auf Puerto Rico.
Als eigentlicher Entdecker der kosmischen Radiostrahlung gilt der Amerikaner *Karl G. Jansky* (1931).
Die Radiostrahlung der *Sonne* ist recht schwach; sie wurde eigentlich nur entdeckt (Februar 1942), weil damals gerade zufällig ein starker Strahlungsausbruch auf der Sonne erfolgte, und diese Radiostrahlung wäre für uns überhaupt nicht meßbar, wenn die Sonne nicht so nahe stände.
Die Radiostrahlung des *Mondes* kommt aus einer tieferen Schicht desselben.
Von den Planeten ist eigentlich nur die Radiostrahlung des Planeten *Jupiter* erwähnenswert; sie wurde erst 1950 entdeckt, und 1960 fand man 3 Radioquellen unregelmäßiger Aktivität auf dem Jupiter. Bemerkenswerterweise zeigten diese eine Rotationsperiode, die 11 Sekunden kleiner ist als die zweite der beiden Perioden, die man für optische Beobachtungen verwendet. Man nimmt heute meistens an, daß diese Periode auch diejenige der festen Jupiteroberfläche ist.
Von den anderen Planeten konnte eine Radiowellenemission nur beim Planeten *Uranus* auf der 11,13-cm-Welle nachgewiesen werden.
Auch die *Kometen* senden wahrscheinlich eine Radiostrahlung aus. Doch konnte eine solche bisher nur bei dem Kometen *Arend-Roland* (= 1956 III) bei der 11-m-Welle nachgewiesen werden.
Eine besondere Bedeutung hat auch die *Radarastronomie,* bei der die Reflexion von ausgesandten Radiowellen beobachtet wird. Radarechos konnten empfangen werden von *Sonne, Merkur, Mars* und *Jupiter.* Große Bedeutung erlangten auch die Radarechos der Meteore.
Für die *Milchstraße* hatte der holländische Astronom *H. V. van de Hulst* 1944 eine Radiostrahlung des neutralen Wasserstoffs auf der 21-cm-Welle vorausgesagt. Sie wurde dann 1951 gefunden.
Gewisse Radioquellen in der Galaxis bezeichnete man anfangs als *Radiosterne.* Zuerst wurde 1946 die *Cygnus-Quelle* entdeckt; sie erwies sich später als extra-

Tafel 7. Pferdekopfnebel beim Stern ζ im Orion. Eine kosmische Dunkelwolke von Gas und Staub; etwa 1700 Lichtjahre entfernt; aufgenommen mit dem 5-m-Spiegel der Mt.-Palomar-Sternwarte. Aufn. Hale Obs.

galaktisch. Intensive galaktische Quellen wie *Kassiopeia A, Taurus A* und *Sagittarius A* folgten.

Kassiopeia A ist – auf der Wellenlänge 5 m – die intensivste Radioquelle. Wahrscheinlich handelt es sich hier um die Überreste einer Supernova. Heute kennt man in der Milchstraße mindestens 12 000 getrennte Radioquellen, deren Identifizierung mit optischen oder fotografierten Objekten bisher nur teilweise gelungen ist.

Zu den überraschenden Neuentdeckungen der letzten etwa 10 Jahre gehören die *Quasare* und *Pulsare.* Der Ausdruck *Quasar* ist eine Abkürzung aus Quasi stellar radio sources. 1963 wurden die ersten 3 derartigen Objekte entdeckt, 1967 war ihre Zahl schon auf 150 angestiegen. Es handelt sich dabei um punktförmige starke Radioquellen von völlig sternartigem Aussehen.

Die Linien in den Spektren der Quasare zeigen eine starke Rotverschiebung; sie müßten also sehr weit entfernt sein. Erschwert wird die Deutung dadurch, daß viele Quasare kräftige Schwankungen ihrer Licht- und Radiostrahlung aufweisen. Vielleicht sind es Objekte in Entfernungen von Milliarden von Lichtjahren; doch wissen wir noch nicht, welche physikalischen Prozesse ihre enorme Energiestrahlung verursachen.

Noch bedeutender als die Quasare sind die erst 1967 entdeckten *Pulsare.* Damals fanden *A. Hewish* und seine Mitarbeiter eine bestimmte Stelle im Sternbild *Vulpecula,* von der auf der Welle 3,68 m pulsierende Radioimpulse von nur 0,016 Sekunden Dauer ausgingen, die sich sehr regelmäßig alle 1,337 Sekunden wiederholten. Das Objekt lag offensichtlich in der Milchstraße. Eine optische Veränderlichkeit konnte zunächst nicht festgestellt werden.

Die anfangs ausgesprochene Vermutung, daß es sich hier um einen pulsierenden weißen Zwerg handele, ließ sich aber theoretisch nicht bestätigen. Es handelt sich um einen sogenannten Neutronenstern, der viele milliardenmal dichter ist als Wasser und der mit Perioden von weniger als 1 Sekunde rotiert.

Ein weiterer ein Jahr später entdeckter Pulsar konnte mit dem bekannten Zentralstern des *Crabnebels* identifiziert werden. Es gelang der Nachweis, daß dieser Stern synchron zu seinen Radioimpulsen auch starke Lichtimpulse von nur 0,0033 Sekunden Dauer aussandte. Dieser Pulsar war auch der erste, bei dem eine langsame Zunahme der Schwankungsperiode festgestellt werden konnte.

Bis Ende 1973 waren schon 100 Pulsare bekannt. Wir sind noch weit davon entfernt, ihren Mechanismus richtig zu deuten. Vielleicht kommt die Auffassung eines amerikanischen Astrophysikers der Wirklichkeit nahe, der vermutet, daß heißes Gas (Plasma) in das intensive Magnetfeld eines Neutronensternes gerät. Das Gas wird von dem rotierenden Stern mitgenommen; wenn nun die Radiostrahlung nur von einem bestimmten Teil der Wolke ausgeht, wird bei jeder Rotation – wie bei den Lichtstrahlen eines rotierenden Leuchtfeuers – ein kurzer regelmäßiger Impuls ausgestrahlt.

Auch von extragalaktischen Objekten wurde schon eine intensive Radiostrahlung beobachtet; dabei gibt es auch Radiostrahlung von anormalen und zusammenstoßenden Systemen sowie viele mehrfache Radioquellen, die meist aus zwei ganz nahe beieinander liegenden Systemen bestehen.

Tafel 8. Trifid-Nebel im Schützen. Ein diffuser Gasnebel, durch benachbarte heiße Sterne zum Fluoreszieren angeregt; aufgenommen mit dem 48″-Schmidtspiegel der Mt.-Palomar-Sternwarte. Aufn. Hale Obs.

Drei Weltmodelle

Zum Schluß unserer Betrachtungen wollen wir versuchen, uns noch einmal eine Vorstellung von der Größe des Weltalls, soweit wir es heute kennen, zu machen. Dies gelingt anschaulich nur dadurch, daß wir eine entsprechende Verkleinerung des Maßstabes vornehmen, denn wer könnte sich sonst z. B. auch nur die mittlere Plutoentfernung von rund 6000 Millionen Kilometer wirklich vorstellen? Der erste Schritt soll darin bestehen, daß wir ein verkleinertes Modell des Sonnensystems entwerfen, so daß es anschaulich vor unseren Augen steht. Es sollen nicht nur alle Größen, sondern auch alle Geschwindigkeiten im gleichen Verhältnis verkleinert werden. Dies gelingt gut bei einer Verkleinerung von 1 : 1000 Millionen. Was heißt das? 1 000 000 km haben 1 000 000 000 m. Wird dies Stück auf 1 : 1000 Millionen verkleinert, so wird daraus gerade 1 m. Oder, was das gleiche ist, aus je 1000 km wird 1 mm. Dann ergibt sich das folgende:

Modell I. Maßstab 1 : 1 000 Millionen, planetarer Maßstab
(1 000 km in der Natur = 1 mm im Modell)

Erddurchmesser	=	12,7 mm
Sonnendurchmesser	=	1,4 m
Abstand Erde–Mond	=	0,4 ,,
,, Erde–Sonne	=	150 ,,
Monddurchmesser	=	3,5 mm
Geschwindigkeit der Erde	=	0,03 mm/sec
,, des Mondes	=	0,001 ,,
Lichtgeschwindigkeit	=	0,3 m/sec

Planet	Durchmesser	Abstand v. Sonne	Geschwindigkeit
Merkur	5,1 mm	58 m	0,048 mm/sec
Venus	12,6 ,,	108 ,,	0,035 ,,
Mars	6,9 ,,	228 ,,	0,024 ,,
Jupiter	143,6 ,,	777 ,,	0,013 ,,
Saturn	120,6 ,,	1428 ,,	0,010 ,,
Uranus	53,4 ,,	2871 ,,	0,007 ,,
Neptun	50 ,,	4498 ,,	0,005 ,,
Pluto	3 ,,	5904 ,,	0,005 ,,

Wir sehen, die Sonne ist ein großer Ballon von 1,4 m Durchmesser geworden, der Riesenplanet Jupiter läuft als eine sehr große Pampelmuse von 14 cm Durchmesser im Abstand von 777 m um diesen Ballon. Unsere Erde ist nur noch eine Kirsche von 13 mm Durchmesser, die 150 m vom Ballon (Sonne) entfernt ist. Der Mond begleitet die Kirsche Erde als kleine Erbse in 40 cm Abstand.

Und die Geschwindigkeiten der Planeten? Am schnellsten durchläuft Merkur seine Bahn. In gut 20 sec durcheilt er 1 mm seiner Ellipse. Pluto benötigt die 10fache Zeit für das gleiche Stück. Das Sonnensystem als Ganzes würde sich in je 50 sec um 1 mm in der Richtung auf den Herkules zu bewegen.

Selbst das Licht wird jetzt nur 30 cm in einer Sekunde durcheilen. Dies kann man sich alles sehr gut vorstellen; und wir bezeichnen daher diese Verkleinerung, die uns das Planetensystem so anschaulich vor Augen führt, als planetaren Maßstab. Suchen wir jetzt aber den nächsten Fixstern, so finden wir ihn erst in 40 000 km Entfernung; die durchschnittliche Dichte der Sterne ergibt auf je 60 000 km³ einen Stern, und die Milchstraße hätte immer noch einen Durchmesser von 1 Milliarde km. Hier versagt die Vorstellungskraft wieder, und durch eine nochmalige Verkleinerung gehen wir deshalb zum Modell II über.

Verkleinern wir das Modell I im Verhältnis 1 : 1 Million, so wird je 1 km des Modells I jetzt 1 mm. Im Verhältnis zur Wirklichkeit ist der Maßstab dann 1 : 1000 Billionen, oder aus 1 Milliarde km der Natur wird jetzt 1 mm. Wir erhalten das folgende Bild:

Modell II. Maßstab 1 : 1 000 Billionen, galaktischer Maßstab
(1 000 000 000 km der Natur = 1 mm im Modell)

Unser Sonnensystem schrumpft sehr stark zusammen. Der Sonnendurchmesser wird von der Größenordnung der Wellenlänge des roten Lichts ($\lambda = 0{,}8 \cdot 10^{-3}$ mm). Die Erde ist nur noch ein winziges Körnchen von $^1/_{100}$ Durchmesser dieser Wellenlänge.

Erddurchmesser	=	$1{,}3 \cdot 10^{-5}$ mm
Sonnendurchmesser	=	$1{,}4 \cdot 10^{-3}$,,
Abstand Erde–Mond	=	$0{,}4 \cdot 10^{-3}$,,
,, Erde–Sonne	=	0,15 ,,
Monddurchmesser	=	$0{,}35 \cdot 10^{-5}$,,
Jupiterdurchmesser	=	$1{,}4 \cdot 10^{-4}$,,
Abstand Sonne–Jupiter	=	0,78 ,,

Der Riesenplanet Jupiter ist ein etwas größeres Staubkörnchen von $^1/_{10000}$ mm Durchmesser, das in nicht ganz 1 mm Abstand um die Sonne kreist. Der äußerste Planet Pluto würde in diesem Modell einen mittleren Sonnenabstand von etwa 6 mm haben. Das ganze Sonnensystem hätte in dem Raum einer Kirsche Platz! Und das Licht würde in 3 sec fast genau $^1/_{1000}$ mm zurücklegen.
Mit diesem Modell (Sonnensystem = Kirsche) kommen wir aber zu anschaulichen Entfernungen der Fixsterne. Proxima Centauri würden wir in einem Abstand von 40 m von der Kirsche (= Sonnensystem) finden, und im Mittel würde sich in je 64 Tausend m³ ein Stern, gleich einem Staubkörnchen von $^1/_{1000}$ mm (Bakteriengröße), aufhalten. Die Milchstraße gleicht einem linsenförmigen System von 1000 km Durchmesser und 160 km Dicke. In diesem Raum, dessen Größe wir uns ganz gut vorzustellen vermögen, würden sich die Sterne als einige hundert Milliarden Bakterien aufhalten.
Die nächste Welteninsel, der Andromedanebel, ist jetzt schon 24 000 km weit von uns entfernt, aber zu den weitesten Spiralnebeln führen schon wieder fast unvorstellbare Räume von Millionen Kilometern.
Wir verkleinern unser Modell noch einmal im Verhältnis 1 : 1 Million, dann wird 1 km des Modells II jetzt im Modell III gleich 1 mm. Im Verhältnis zur Wirklichkeit ist der Maßstab dann 1 : 1000 Trillionen, oder aus 1000 Billionen km ($\approx$ 100 Lichtjahren) in der Natur wird jetzt 1 mm. Wir erhalten dann das folgende Bild:

Modell III. Maßstab 1 : 1 000 Trillionen, extragalaktischer Maßstab
(1 000 Billionen km = 100 Lichtjahre in der Natur = 1 mm im Modell)

Der Erddurchmesser schrumpft auf 10^{-12} cm zusammen, wir nähern uns der Größe der Elektronen, deren Durchmesser die Physiker mit $2 \cdot 10^{-13}$ cm angeben.
Der Abstand Erde–Sonne, unsere ehemalige astronomische Einheit, beläuft sich auf $1{,}5 \cdot 10^{-8}$ cm, was dem Wasserstoffmolekül-Durchmesser entspricht. Pluto befindet sich im Abstand von etwa 40 Molekülen von der Sonne. Der nächste Fixstern ist nur $^1/_{20}$ mm entfernt, und wenn er nicht größer ist als die Sonne, wäre sein Durchmesser etwa 10^{-10} cm, also etwa 1000mal so groß wie ein Elektron, aber noch 100mal kleiner als das Molekül. Die mittlere Raumdichte würde je 1 Stern pro 0,000064 mm³ betragen, und die ganze Milchstraße hätte einen größten Durchmesser von 1 m. Im Abstand von 24 m finden wir den nächsten Spiralnebel, den Andromedanebel, alle weiteren uns bis heute bekannten Spiralnebel würden sich auf einen Raum bis etwa 100 km Abstand vom Milchstraßensystem verteilen. Das Licht kriecht unendlich langsam durch den so stark verkleinerten Raum und legt in 100 Jahren gerade 1 mm zurück.

Liste von 190 Eigennamen der helleren Sterne mit ihren Helligkeiten

Viele der helleren Sterne haben Eigennamen, die meist aus dem Arabischen stammen. Eine Zusammenstellung der wichtigsten Namen mit ihren lateinischen Bezeichnungen und Helligkeiten bringt die folgende Liste.

				m
1.	Ákrab	β	Scorpius	2,76
2.	Aláazel	α	Virgo	1,21
3.	Alamák	γ	Andromeda	2,20
4.	Alaráph	β	Virgo	3,80
5.	Albíreo	β	Cygnus	3,10
6.	Alchibá	α	Corvus	4,18
7.	Aldebarán	α	Taurus	1,06
8.	Alderamín	α	Cepheus	2,60
9.	Alfárd, Alférat	α	Hydra	2,16
10.	Aldhaféra	ζ	Leo	2,30
11.	Alfárat	α	Andromeda	2,15
12.	Algénib	γ	Pegasus	2,87
13.	Algénib	α	Perseus	1,90
14.	Algiéba	γ	Leo	2,30
15.	Algól	β	Perseus	2,2–3,5
16.	Algoráb	δ	Corvus	3,11
17.	Alhajót	α	Auriga	0,21
18.	Alhéna	γ	Gemini	1,93
19.	Alióth	ε	Ursa maj.	1,68
20.	Alkáid	η	Ursa maj.	1,91
21.	Alkalúrops	μ	Bootes	4,33
22.	Alkés	α	Crater	4,20
23.	Alkór	g	Ursa maj.	4,02
24.	Alkýone	η	Taurus	2,96
25.	Alové	β	Perseus	2,2–3,5
26.	Alphárd	α	Hydra	2,16
27.	Alphékka	α	Corona	2,31
28.	Alrúkaba	α	Ursa min.	2,12
29.	Alschaín	β	Aquila	3,90
30.	Altáir	α	Aquila	0,89
31.	Alúla	ν	Ursa maj.	2,54
32.	Áncha	ϑ	Aquarius	4,32
33.	Antáres	α	Scorpius	1,22
34.	Apóllo	α	Gemini	1,58
35.	Arídед	α	Cygnus	1,33
36.	Arctúrus	α	Bootes	0,24
37.	Asélllus austr.	δ	Cancer	4,17
38.	Aséllus bor.	γ	Cancer	4,73
39.	Aspidíske	ξ	Puppis	3,47
40.	Atáir	α	Aquila	0,89
41.	Átik	ο	Perseus	3,94
42.	Átlas	f	Taurus	4,28
43.	Azelfafáge	π	Cygnus	4,26
44.	Aziméch	α	Virgo	1,21
45.	Báten Kaítos	ζ	Cetus	3,92
46.	Bellátrix	γ	Orion	1,70
47.	Benetnásch	η	Ursa maj.	1,91
48.	Beteigeúze	α	Orion	0,1–1,2
49.	Caníςula	α	Can. maj.	–1,58
50.	Capélla	α	Auriga	0,21
51.	Cástor	α	Gemini	1,58
52.	Cheph	β	Cassiopeia	2,42
53.	Cúrsa	β	Eridanus	2,92
54.	Cynosúra	α	Uras min.	2,12
55.	Déneb	α	Cygnus	1,33
56.	Déneb Algédi	γ	Capricorn.	3,80
57.	Déneb Kaítos	β	Cetus	2,24
58.	Denébola	β	Leo	2,23
59.	Díphda	β	Cetus	2,24
60.	Dúbhe	α	Ursa maj.	1,95
61.	Elákrab	β	Scorpius	2,76
62.	Elárneb	α	Lepus	2,69
63.	Elgomaisá	α	Canis min.	0,48
64.	Elkáid	η	Ursa maj.	1,91
65.	Elkhíffa austr.	α	Libra	2,90
66.	Elkhíffa bor.	β	Libra	2,74
67.	Elmuthálleth	α	Triangul.	3,58
68.	Elnáth	α	Aries	2,23
69.	Elschera-taín	β, γ	Aries	4,04; 2,72
70.	Enár	α	Eridanus	2,92
71.	Énif	ε	Pegasus	2,54
72.	Esel, südl.	δ	Cancer	4,17
73.	Esel, nördl.	γ	Cancer	4,73
74.	Ettanín	γ	Draco	2,42
75.	Fomahánd	α	Pisc. austr.	1,29
76.	Fomalhaút	α	Pisc. austr.	1,29
77.	Gémma	α	Cor. bor.	2,31
78.	Giédi	α	Capricorn.	3,77
79.	Gorgonenhaupt	β	Perseus	2,2–3,5
80.	Grúmium	ξ	Draco	3,90
81.	Haédus I	ζ	Auriga	3,94
82.	Haédus II	η	Auriga	3,28
83.	Hámal	α	Aries	2,23
84.	Hyáden	α, ϑ, γ, δ, ε	Taurus	1,06; 3,62; 3,86; 3,93; 3,63
85.	Izár	ε	Bootes	2,59
86.	Jakobsstab	δ, ε, ζ	Orion	2,46; 1,75; 1,91
87.	Jed I	δ	Ophiuchus	3,03
88.	Jed II	ε	Ophiuchus	3,34
89.	Kabeléced	α	Leo	1,34
90.	Kíffa austr.	α	Libra	2,90
91.	Kíffa bor.	β	Libra	2,74
92.	Kóchab	β	Ursa min.	2,24
93.	Kornähre	α	Virgo	1,21
94.	Korynephóros	β	Hercules	2,81
95.	Kóxa	ϑ	Leo	3,41
96.	Lésath	λ	Scorpius	1,71

				m
97.	Lúcida Ánseris	6	Vulpecula	4,63
98.	Máasym	λ	Hercules	4,48
99.	Márfik	α	Perseus	1,90
100.	Márkab	α	Pegasus	2,57
101.	Mátar	η	Pegasus	3,10
102.	Mebsúta	ε	Gemini	3,18
103.	Medusen-haupt	β	Perseus	2,3–3,5
104.	Mégrez	δ	Ursa maj.	3,44
105.	Mekbúda	ζ	Gemini	3,7–4,1
106.	Menkalinán	β	Auriga	2,07
107.	Ménkar	α	Cetus	2,82
108.	Ménkhib	ξ	Perseus	4,05
109.	Merák	β	Ursa maj.	2,44
110.	Méres	ε	Bootes	3,63
111.	Mesarthím	γ	Aries	4,04
112.	Míkar	ε	Bootes	2,59
113.	Míntaka	δ	Orion	2,48
114.	Míra	o	Cetus	2,0–10,1
115.	Mírach	β	Andromeda	2,37
116.	Mírak	ε	Bootes	2,59
117.	Mírfak	α	Perseus	1,90
118.	Mírzam	γ	Orion	1,70
119.	Mírzam	β	Canis maj.	1,99
120.	Mírzam	β	Canis min.	3,09
121.	Mísam	h u. χ	Perseus	–
122.	Mizár	ζ	Ursa maj.	2,17
123.	Mulipheín	γ	Canis maj.	4,07
124.	Múphrid	η	Bootes	2,80
125.	Múscida	o	Ursa maj.	4,76
126.	Náos	ζ	Puppis	2,27
127.	Náschira I	γ	Capricorn.	3,80
128.	Náschira II	δ	Capricorn.	2,98
129.	Nath	β	Taurus	1,78
130.	Nekkár	β	Bootes	3,63
131.	Nihál	β	Lepus	2,96
132.	Nódus I	ζ	Draco	3,22
133.	Nódus II	δ	Draco	3,24
134.	Nusakán	β	Cor. bor.	3,72
135.	Palilícium	α	Taurus	1,06
136.	Phakt	α	Columba	2,75
137.	Phékda	γ	Ursa maj.	2,54
138.	Phérkad	γ	Ursa min.	3,14
139.	Phurúd	ζ	Canis maj.	3,10
140.	Poláris	α	Ursa min.	2,12
141.	Póllux	β	Gemini	1,21
142.	Prócyon	α	Canis min.	0,48
143.	Protrygétes	ε	Virgo	2,95
144.	Ras Algéthi	α	Hercules	3,31
145.	Ras Alhagué	α	Ophiuchus	2,14
146.	Ras Elásed austr.	ε	Leo	3,12
147.	Ras Elásed bor.	μ	Leo	4,10

				m
148.	Regengestirn	α, ϑ, γ, δ, ε	Taurus	1,06; 3,62; 3,86; 3,93; 3,63
149.	Régulus	α	Leo	1,34
150.	Reiterlein	g	Ursa maj.	4,02
151.	Rígel	β	Orion	0,34
151.	Rúcba	δ	Cassiopeia	2,80
153.	Rúkkabah	α	Ursa min.	2,12
154.	Rutílicus	β	Hercules	2,81
155.	Sábik	η	Ophiuchus	2,63
156.	Sadáchbia	γ	Aquarius	3,97
157.	Sadalmélek	α	Aquarius	3,19
158.	Sadalsúd	β	Aquarius	3,07
159.	Schaúla	λ	Scorpius	1,71
160.	Schéat	β	Pegasus	2,61
161.	Schéddi	δ	Capricorn.	2,98
162.	Schédir	α	Cassiopeia	2,1–2,6
163.	Sertán	α	Cancer	4,27
164.	Sheliák	β	Lyra	3,4–4,3
165.	Sírrah	α	Andromeda	2,15
166.	Sírius	α	Can. maj.	−1,58
167.	Spíca	α	Virgo	1,21
168.	Súbra	o	Leo	3,76
169.	Sulaphát	γ	Lyra	3,30
170.	Tarazéd	γ	Aquila	2,80
171.	Teját postérior	μ	Gemini	3,19
172.	Teját príor	η	Gemini	3,2–4,2
173.	Thubán	α	Draco	3,64
174.	Tisch	α, β, γ	Pegas.	2,57; 2,61; 2.87
		α	Andromeda	2,15
175.	Tolimán	α	Centaurus	0,33
176.	Únuk Elhaíja	α	Serpens	2,75
177.	Vespertílio	α	Scorpius	1,22
178.	Vindemiátrix	ε	Virgo	2,95
179.	Wächter	α, β	Urs. min.	2,12; 2,24
180.	Wásat	δ	Gemini	3,51
181.	Wéga	α	Lyra	0,14
182.	Wézen	δ	Canis maj	1,98
183.	Yed	δ	Ophiuchus	3,03
184.	Zaúrak	γ	Eridanus	3,19
185.	Zavijavá	β	Virgo	3,80
186.	Zósma	δ	Leo	2,58
187.	Zubén Elákrab	σ	Libra	3,41
188.	Zubén el genúbi	α	Libra	2,90
189.	Zubén el gubi	γ	Libra	4,02
190.	Zubén el schemáli	β	Libra	2,74

Die größten Fernrohre und Spiegelteleskope der Welt

Jeder Amateurastronom, der ein kleines Instrument besitzt, denkt oft voller Neid an die Rieseninstrumente, die auf einigen Sternwarten vorhanden sind und die er sich schon aus finanziellen Gründen niemals leisten kann.

Wenn wir überhaupt nach der Verteilung der Fernrohre auf der Erde fragen, ergibt sich die Tatsache, daß sich die überwiegende Anzahl aller Instrumente auf der Nordhalbkugel befindet, während die Südhalbkugel sehr vernachlässigt ist. Beobachtungen der südlichen Sterne sind für uns aber sehr wichtig, und man bemüht sich seit einigen Jahrzehnten sehr, große Instrumente auch auf der Südhalbkugel aufzustellen. Die Größe eines Instrumentes kennzeichnet man, indem man den Durchmesser der Objektivlinse oder des Spiegels in Zoll oder Zentimeter angibt. Die Bezeichnung 200-Zöller oder 508-cm-Spiegel beziehen sich also auf das gleiche Instrument.

Da sind zunächst die alten klassischen Refraktoren. Ihrer Größe ist eine technische Grenze gesetzt, weil sich eine einwandfreie Objektivlinse von mehr als 1 m Durchmesser praktisch nicht spannungs- und blasenfrei herstellen läßt. Einige Jahre war der Lickrefraktor auf dem Mt. Hamilton mit einer Öffnung von 91 cm der größte der Welt. Er ist seit 1888 in Betrieb. Der jetzt größte Refraktor, mit einer Objektivöffnung von 102 cm, wurde 1897 auf dem Yerkesobservatorium in Williams Bay, im Bundesstaat Michigan, eingeweiht. Es gibt noch drei weitere Refraktoren mit einer Öffnung von mehr als 76 cm; das sind der von Meudon bei Paris (83 cm), der von Potsdam (80 cm) und der von Nizza (76 cm). Die Luftunruhe erlaubt auch bei diesen Rieseninstrumenten nicht, Vergrößerungen von mehr als 750–1000fach anzuwenden. Wichtig ist noch ein bestimmter Typ von fotografischen Fernrohren, die sogenannten *Astrographen*, die bei höchster Anforderung an das Objektiv ein Gesichtsfeld von $10 \times 10^\circ$ auf einer Platte von 30×30 cm fehlerfrei abbilden. Die Objektive haben eine Öffnung von 40 cm und eine kurze Brennweite, um eine große Lichtstärke zu erreichen.

Eine sehr große Rolle spielen heute die *Spiegelteleskope,* bei denen das einfallende Licht von einem konkaven Spiegel reflektiert wird. Sie haben manche Vorteile gegenüber den Refraktoren; z. B. den, daß nur eine Fläche sehr genau geschliffen werden muß. Die berechnete Form der Spiegel muß aber auf wenigstens $^1/_{10\,000}$ mm genau eingehalten werden.

Solche Spiegel lassen sich bis zu 6 m Durchmesser herstellen. Welche technischen Schwierigkeiten auch dabei zu überwinden sind, mag man abschätzen, wenn man hört, daß der Bau des großen 200zölligen Spiegelteleskops auf dem Mt. Palomar eine Bauzeit von insgesamt rund 20 Jahren benötigte, bei einem Kostenaufwand von 6,5 Millionen Dollar. Allein das Abkühlen des in einem Arbeitsgang gegossenen Glasblocks erforderte mindestens 1 Jahr Zeit.

Leider ist das Gesichtsfeld eines solchen Spiegels nur in und ganz nahe der optischen Achse einwandfrei und zeigt außerhalb dieses Gebietes Verzeichnungen. Diese konnten erst beseitigt werden, als es 1931 dem Hamburger Astrooptiker *Bernhard Schmidt* gelang, durch Zwischenschaltung einer entsprechend gekrümmten Glasplatte in den Strahlengang die Verzeichnung rückgängig zu machen. So wurde über das ganze Gesichtsfeld eine einwandfreie Abbildung erzielt. Seitdem sind diese sogenannten *Schmidt-Spiegel* auf der ganzen Welt verbreitet und in Gebrauch. Leider lassen sich diese Korrektionsplatten nach Schmidt ebenfalls nicht in beliebiger Größe herstellen, so daß es Schmidt-Spiegel nur bis zu einer gewissen Größe gibt. Die ganz großen Spiegelteleskope sind daher keine Schmidt-Spiegel.

Von Interesse ist sicher eine knappe Übersicht über die größten Spiegelteleskope der Welt.

Spiegelteleskope mit über 300 cm Spiegeldurchmesser
(Die Jahreszahl gibt die Inbetriebnahme an)

Mt. Palomar (Kalifornien)	508 cm	1948
Mt. Hamilton (Lick-Obs., Kalifornien)	305 cm	1959
Zelenchukskaya (UdSSR)	590 cm	1972
Kitt Peak (Arizona)	400 cm	1973
Siding Springs (Australien)	380 cm	1974
Cerro La Silla (Chile; europäische Südsternwarte)	365 cm	1976
Cerro Tololo (Chile; amerikanische Südsternwarte)	400 cm	1976
Calar Alto (Spanien; MPI für Astronomie, Heidelberg)	360 cm	1982
Mauna Kea (Hawaii; NASA)	320 cm	1982
Mauna Kea (Hawaii; Canada-France-Hawaii-Tel.)	360 cm	1982
Mauna Kea (Hawaii; United Kingdom Infrarot-Tel.)	380 cm	1983
La Palma (Spanien)	420 cm	geplant
Mount Hopkins (Arizona; Multiple-Mirror-Tel.)	450 cm	1979

Die Bewegungen der hellen großen Planeten

Die hellen großen Planeten, die seit Jahrtausenden bekannt sind, konnten nicht in die Sternkarten eingetragen werden, da sie ihre Stellungen dauernd verändern. Um ihre Bewegungen dennoch leicht verfolgen zu können, muß man sich 2 Dinge merken: Sie sind – mit Ausnahme des Merkur – ungewöhnlich hell, und ihr Licht flackert nicht wie das der hellen Fixsterne. Außerdem stehen sie immer mehr oder weniger nahe an der Ekliptik.
Findet man also nahe der Ekliptik einen ungewöhnlich hellen Stern, dessen Licht nicht flimmert und der nicht in den Sternkarten zu finden ist, so wird es fast immer einer der großen hellen Planeten sein.
Von der Erde aus gesehen wiederholen sich die Stellungen und Bewegungen der großen Planeten genähert nach einem *synodischen Umlauf,* nach dessen Ablauf die ungefähr gleiche Stellung zur Sonne wieder erreicht wird. Die einzelnen Phasen eines solchen Umlaufs haben für die innerhalb der Erdbahn um die Sonne laufenden *inneren Planeten* (Merkur und Venus) einen etwas anderen Verlauf als für die außerhalb der Erdbahn umlaufenden *äußeren Planeten* (Mars, Jupiter und Saturn).
Die inneren Planeten *Merkur* und *Venus* können sich nur bis zu einem größten Winkelabstand (größte Elongation) beiderseits der Sonne von dieser entfernen. Außerdem gelangen sie sowohl in die *obere* als auch in die *untere Konjunktion* zur Sonne. Beide Male stehen sie, von uns aus gesehen, in der Richtung Erde–Sonne; das erste Mal jedoch weit jenseits der Sonne, das andere Mal dagegen zwischen Erde und Sonne; das erste Mal haben sie ihren größten, das andere Mal ihren kleinsten Abstand von der Erde. Sie können aber *nicht* in die Opposition zur Sonne gelangen.
Die *äußeren Planeten* (Mars, Jupiter und Saturn) hingegen befinden sich bei der *Konjunktion* ebenfalls in Richtung Erde–Sonne, aber weit jenseits der letzteren. (Dies entspricht der oberen Konjunktion der inneren Planeten.) Eine untere Konjunktion gibt es für die äußeren Planeten nicht. Dafür gelangen sie aber in *Opposition* (Gegenüberstellung) zur Sonne und erreichen dabei ihre größte Erdnähe. Von der Konjunktion bis zur Opposition verläuft etwa die halbe synodische Umlaufszeit.

Die folgenden Daten sind Mittelwerte, von denen im Einzelfall auch merkliche Abweichungen vorkommen. Die Hauptgründe für solche Abweichungen liegen darin, daß die Bahnen mehr oder weniger elliptisch sind und daß die Bewegungen durch die Anziehungen der Planeten Störungen erleiden.

Zur Bewegung der inneren Planeten
(gezählt von der oberen Konjunktion an)

Erscheinung	Merkur	Venus	
	Zahl der Tage		
Obere Konjunktion	0	0	
Erscheinen als **Abendstern**	12	35	
größte östliche **Elongation**	36	221	}
Verschwinden als **Abendstern**	53	286	}
Untere Konjunktion	58	292	} rückläufige Bewegung
Erscheinen als **Morgenstern**	63	298	}
größte westliche **Elongation**	80	362	}
Verschwinden als **Morgenstern**	104	549	
Obere Konjunktion	116	584	

Zur Bewegung der äußeren Planeten
(gezählt von der Konjunktion an)

Erscheinung	Mars	Jupiter	Saturn	
	Zahl der Tage			
Konjunktion	0	0	0	
Erscheinen am **Morgenhimmel**	54	13	18	
Beginn der rückläufigen Bewegung	354	140	121	}
Opposition	390	200	189	} rückläufige Bewegung
Ende der rückläufigen Bewegung	426	260	257	}
Verschwinden am **Abendhimmel**	726	386	360	
Konjunktion	780	399	378	

Die wichtigsten Stellungen der hellen großen Planeten 1985–1990

Größte Elongationen von Merkur und Venus (Merkur kann nur unter günstigsten Bedingungen gesehen werden). Genähertes Datum der Opposition von Mars, Jupiter und Saturn.

Jahr	Merkur als Morgenstern (gr. westl. Elong.)	Merkur als Abendstern (gr. östl. Elong.)	Venus Morgenstern (gr. westl. Elong.)	Venus Abendstern (gr. östl. Elong.)	Opposition von Mars	Opposition von Jupiter	Opposition von Saturn
1985			Juni 12 46°	Jan 22 47°	–	Aug 04	Mai 15
	Jan 03 23°	März 17 18°,5					
	Mai 01 27°	Juli 14 26°,5					
	Aug 28 18°	Nov 08 23°					
	Dez 17 21°,5						
1986		Feb 28 18°		Aug 27 46°	Juli 10	Sep 10	Mai 28
	April 13 27°,5	Juni 25 25°,5					
	Aug 11 19°	Okt 21 24°,5					
	Nov 30 20°						
1987		Feb 12 18°	Jan 15 47°		–	Okt 18	Juni 09
	März 26 28°	Juni 07 24°					
	Juli 25 20°	Okt 04 26°					
	Nov 13 19°						
1988		Jan 26 18°,5	Aug 22 46°	April 03 46°	Sep 28	Nov 23	Juni 20
	März 08 27°,5	Mai 19 22°					
	Juli 06 21°,5	Sep 15 26°,5					
	Okt 26 18°,5						
1989		Jan 09 19°		Nov 08 47°	–	Dez 27	Juli 02
	Feb 18 26°,5	Mai 01 21°					
	Juni 18 23°	Aug 29 27°					
	Okt 10 18°	Dez 23 20°					
1990	Feb 01 25°	Apr 13 19°,5	März 30 46°,5		Nov 27	–	Juli 14
	Mai 31 25°	Aug 11 27°,5					
	Sep 24 18°	Dez 06 21°					

Quelle: Jean Meeus „Astronomical Tables of the Sun, Moon, and Planets“. Richmond, Vir. 1983

Übersicht über die Sonnen- und Mondfinsternisse von 1985 bis 1990

Sonnenfinsternisse 1985–1990 (in jedem Jahr treten mindestens 2, höchstens jedoch 5 Sonnenfinsternisse auf). Von wissenschaftlichem Interesse sind nur die totalen Finsternisse.

Datum			Art*	Zone der Sichtbarkeit
1985	Mai	19	p	Arktis
	Nov	12	t	Antarktis, Südpazifik
1986	Apr	9	p	Australien
	Okt	3	r	Nordamerika, Nordatlantik
1987	März	29	rt	Atlantik
	Sep	23	r	Südostasien, Pazifik
1988	März	18	t	Pazifik
	Sep	11	r	Indischer Ozean
1989	März	7	p	Grönland
	Aug	31	p	Indischer Ozean
1990	Jan	26	r	Südatlantik, Antarktis
	Juli	22	t	Nordsibirien, Arktis

* p = partiell; t = total; r = ringförmig

In Mitteleuropa sichtbare Mondfinsternisse 1985–1990. Der Mond wird **nicht** in jedem Jahr verfinstert. Eine Mondfinsternis ist überall dort sichtbar, wo der Mond über dem Horizont steht.

Datum			Art
1985	Mai	04	total
	Okt	28	total
1986	Okt	17	total
1989	Feb	20	total
	Aug	17	total
1990	Feb	09	total

Zeiten der Neumonde 1985–1990.

	Jan.	Febr.	März	April	Mai	Juni	Juli	Aug.	Sept.	Okt.	Nov.	Dez.
1985	21	19	21	20	19	18	17	16	14	14	12	12
1986	10	9	10	9	8	7	7	5	4	3	2	1 31
1987	29	28	29	28	27	26	25	24	23	22	21	20
1988	19	17	18	16	15	14	13	12	11	10	9	9
1989	7	6	7	6	5	3	3	1 31	29	29	28	28
1990	26	25	26	25	24	22	22	20	19	18	17	17

20 helle Veränderliche

(Diese Sterne sind in den Sternbildern des Sternbilder-ABC auf Seite 19–30 bezeichnet.)

Sternbild	Stern	Hellig-keit	Periode in Tagen	Art d. Licht-wechsels	Jahr d. Entdeckung und Entdecker	Bemerkungen
		m m	d			
Adler	η	3,7–4,4	7,1767	δ-Ceph.	1784 Pigott	–
Bär, Kleiner	α	2.1–2,3	3,9686	ζ-Gem.	1910 Hertzsprung	Doppelstern: Begleiter $9^m,0$ in 18″ Abst.
Fuhrmann	ε	3,3–4,1	9883	Bedeckung	1821 Fritsch	2 Riesensterne; letzte Bedeckung 1983
„	ζ	4,9–5,6	972	„	1925 Bottlinger	K-Überriese u. heißer B-Stern; 32+13 m ⊙
Herkules	α	3,1–3,9	–	μ-Ceph.	1795 W. Herschel	Doppelstern: Begleiter $6^m,1$ in 4″,6 Abst.
Kassiopeia	α	2,1–2,6	–	μ-Ceph.	1831 Birt	Vielleicht überlagern sich Perioden von 26^d und 360^d
„	γ	1,6–3,0	–	unregelm.	1936 Baize	(bereits i. Nov. 1894 einmal aufgeleuchtet)
Kepheus	δ	3,7–4,4	5,3663	δ-Ceph.	1784 Goodrike	Entf. 600 Lj. Mittl. Durchm. 33 ⊙
„	μ	4,0–4,8	–	μ-Ceph.	1848 Hind	Perioden v. 730^d, 904^d u. 4930^d überlagern sich; Granatstern, Durchm. 70 ⊙
Leier	R	4,0–4,5	–	μ-Ceph.	1855 Baxendell	–
„	β	3,4–4,3	12,9301	Bedeckung	1784 Goodrike	Optischer Doppelstern: Begleiter $6^m,7$ in 46″ Abstand
Orion	α	0,1–1,2	2070	μ-Ceph.	1836 J. Herschel	Unregelmäßige Schwankungen v. einigen Wochen und Monaten. Entf. 650 Lj. Roter Riese, Durchm. 400 ⊙
Perseus	β	2,2–3,5	2,8673	Bedeckung	1667 Montanari	Algol, Durchm. 3,2 u. 3,6 ⊙; Entf. 105 Lj.
„	ϱ	3,2–4,1	910 (?)	μ-Ceph.	1853 Schmidt	Viell. überlag. sich Period. v. 33,3 u. 910^d
Schwan	χ	4,2–14,0	412,9	Mira	1686 G. Kirch	–
Stier	λ	3,8–4,1	3,95295	Bedeckung	1848 Baxendell	–
Walfisch	o	2,0–10,1	331,6	Mira	1596 Fabricius	Doppelstern: Begl. 10^m, Abstand $<$ 1″: Entf. 250 Lj., Durchm. 400 ⊙
Wasserschlange	R	3,5–10,1	441,7	Mira	1704 Maraldi	–
Zwillinge	ζ	3,7–4,1	10,1510	ζ-Gem.	1847 Schmidt	–
„	η	3,2–4,2	233,6		1844 Schmidt	–

Verzeichnis einiger Doppelsterne

(Alle aufgeführten Doppelsterne findet man in den Sternbildern des Sternbilder-ABC, Seite 19–30 verzeichnet. Ausgenommen hiervon sind nur die beiden Sterne β im Einhorn und ζ im Pfeil.)

Sternbild	Stern	Helligkeiten	Abstand	Bemerkungen
Gruppe I: Mit bloßem Auge erkennbar (auf Karten mit Pfeil versehen)				
		m m		
Großer Bär	ζ	2,4 4,0	705″	Mizar-Alkor; Entf. 76 Lj., s. Gr. III
Leier	ε	4,5 4,7	208	Prüfstern für sehr gute Augen; jede Komponente doppelt, s. Gr. IV
Stier	ϑ	3,6 3,9	337	Leicht für gute Augen
Gruppe II: Mit Opernglas und Feldstecher (auf Karten mit Pfeil versehen)				
Bootes	μ	4,5 6,7	108	Begleiter doppelt, s. Gr. IV; beide Sterne weiß
"	δ	3,5 7,7	105	Hauptstern blaßgelb, Begl. hellblau
Drache	ν	5,0 5,0	62	–
Fische	ζ	5,6 6,5	24	Hauptstern weiß, Begl. grau; Entf. 150 Lj.
"	ψ_1	5,5 5,8	30	Beide Sterne weiß; außerdem ⁂ $10^m,5$ in 94″ Abstand
Fuchs	6	4,4 5,7	400	–
Haar der Berenike	24	5,2 6,7	20	Hauptstern gelb, Begl. blau
Krebs	ι	4,2 6,6	30	Hauptstern blaßorange, Begl. blau
Leier	β	3,4 6,7	46	Hauptstern variabel, siehe Veränderliche; Entfernung 540 Lj.
"	ζ	4,3 5,5	44	Hauptstern gelb, Begl. grünlich
Orion	ϑ	4,9 5,0	135	Enthält d. berühmte Trapez, s. Gr. III
"	δ	2,5 6,8	53	Hauptst. weiß, Begl. violett; Entfern. 1100 Lj.
Schwan	β	3,2 5,4	35	Hauptst. orange, Begl. blau; Entfern. 320 Lj.
"	μ	4,5 6,2	204	Hauptst. weiß, Begl. blau; Hauptstern enger Doppelst., Umlaufszeit 508 J.
"	o_2	4,0/6,5/5,0	107 337	Dreifach; Hauptstern u. 1. Begl. blau, 2. Begl. orange
Steinbock	β	3,2 6,0	205	Hauptstern orange, Begl. blau
Schlange	ϑ	4,5 5,4	22	Beide Sterne gelb
(auf Karten nicht mit Pfeil versehen)				
Giraffe	β	4,2 8,8	80	–
Steinbock	α	3,8 4,6	375	Beide gelb u. wieder doppelt
Stier	τ	4,3 7,8	63	–
Waage	α_2	2,9 5,3	230	–
Wassermann	ψ_1	4,5 9,1	50	Schwächere Komp. ist ganz enger Doppelstern
Gruppe III: Mit kleinem Fernrohr bis 2 Zoll Öffnung				
Andromeda	γ	2,3 5,1	10	Hauptst. gelbrot, Begl. blaugrün; Begl. enger Doppelst., Umlaufszeit 56 J.
Bär, Großer	ζ	2,4 4,0	14	Beide Sterne weißgelb. Alkor in 705″ Abstand, s. Gr. I
Bär, Kleiner	α	2,1 9,0	18	Hauptst. gelb, Begl. weiß
Delphin	γ	4,5 5,5	10	Hauptst. gelb, Begl. blaugrün; Entf. 110 Lj.
Herkules	α	3,5 5,4	5	Hauptst. rötlichgelb, Begl. blau; Hauptstern veränderlich
"	δ	3,2 8,3	10	Optischer Doppelstern; Hauptst. grünlich, Begl. bläulich; Entf. 100 Lj.
"	μ	3,5 10,0	34	Hauptst. gelb, Begl. blau. Begl. enger Doppelstern; Umlaufszeit 43 Jahre

Sternbild	Stern	Helligkeiten	Abstand	Bemerkungen
Gruppe III: Mit kleinem Fernrohr bis 2 Zoll Öffnung (Fortsetzung)				
		m m		
Herkules	ϱ	4,5 5,5	4″	Hauptst. weiß, Begl. grün
"	γ	3,5 9,5	38	Hauptst. weiß, Begl. rötlich
Jagdhunde	12	2,9 5,4	20	Hauptst. weiß, Begl. gelb, Entf. 142 Lj.
Jungfrau	γ	3,6 3,7	5	Beide Sterne weißgelb. Umlaufszeit 172 Jahre; Entf. 37 Lj.
Einhorn	β	4,7/5,2/5,6	7 u. 3	Dreifach! Entfern. 470 Lj. Sterne weiß
Kassiopeia	η	3,7 7,3	11	Hauptst. gelb, Begl. rötlich, Umlaufszeit 480 J., Entfernung 18 Lj., Massen 0,7 u. 0,5 $\odot$
Kepheus	β	3,3 8,0	13	Hauptstern weiß, Begl. blau
"	ξ	4,6 6,5	7	Hauptst. gelb, Begl. blau
Krebs	ζ	5,6 6,0	5,5	Dreifach (enges Paar); Umlaufszeit 1137 Jahre; alle Sterne gelb
Krone	ζ	5,1 6,0	6	Hauptst. weiß, Begl. gelb, Entf. 142 Lj.
Löwe	γ	2,6 3,8	4	Hauptst. orange, Begl. gelb; Umlaufszeit 620 Jahre, Entf. 172 Lj.
"	54	4,5 6,3	6	Hauptst. weiß, Begl. blau
Leier	η	4,5 8,6	28	Hauptst. blau, Begl. rötlich
Orion	β	0,3 7,3	9	Hauptst. weißgelb, Begl. blau
"	ι	2,9 7,0	11	Hauptst. weiß, Begl. blaßblau. Entfernung 155 Lj.
"	λ	3,7 5,6	4	Hauptst. gelb, Begl. purpur. 3. Stern 10^{m}
"	σ	3,8 7,5	13	Fünffach; 3 Sterne i. 2-Zöller sichtbar; 4. St. $6^{m},3$ in 42″; 5. St. $10^{m},3$ in 11″
"	ϑ_1	5–8	8–24	Das berühmte Trapez im Orion (4 St.)
Perseus	ε	2,9 8,1	9	Hauptst. weiß, Begl. bläulich
"	ζ	2,9 9,5	13	Vierfach; im 2-Zöller nur 2 Sterne. Hauptst. weiß, Begl. blau
"	η	3,9 8,4	28	Hauptst. orange, Begl. blau; außerdem Stern $10^{m},0$ in 66″ Abst. Entf. 540 Lj.
Pfeil	ζ	5,0 8,7	9	Hauptst. ist sehr enger Doppelstern, Umlaufszeit 25 Jahre
Schiff	$\varkappa$	4,5 4,6	10	Beide Sterne weiß
Schlange	β	3,7 9,5	31	Hauptst. bläulich-weiß
"	δ	4,2 5,2	4	–
Schlangenträger	70	4,2 5,9	4	Hauptst. gelb, Begl. rötlich; Umlaufszeit 88 Jahre
Skorpion	ξ	4,2 7,2	7	Hauptst. enger Doppelstern; Umlaufszeit 46 Jahre
Widder	γ	4,8 4,8	8	Beide Sterne weiß. Entf. 200 Lj.
Zwillinge	α	2,0 2,8	2	Kastor, Umlaufszt. 420 J.; beide Sterne sind spektroskop. Doppelst.; 5. Stern $9^{m},5$ in 73″ gehört zum System und ist Bedekkungsveränderlicher
Gruppe IV: Mit Fernrohr von 3–4 Zoll Öffnung				
Bootes	μ	7,2 7,8	2	Umlaufszeit 260 Jahre
"	ε	2,7 5,1	3	Hauptst. gelbrot, Begl. blau. Entfern. 251 Lj.
Bär, Großer	ι	3,1 10,3	6	Begleiter ist enger Doppelstern. Umlaufszeit 17 Jahre
" "	ξ	4,4 4,9	2	Umlaufszeit 60 Jahre
" "	ν	3,7 10,1	7	–
Drache	ε	4,0 7,6	3	Hauptstern gelb, Begleiter blau
"	η	2,9 8,3	5	–
Fische	α	4,3 5,2	2	Hauptst. weißgelb, Begleiter weiß? Umlaufszeit etwa 1000 Jahre
"	φ	4,6 10,0	8	–
Giraffe	19 H	4,5 9,0	10	Hauptstern gelb, Begleiter blau
Hase	$\varkappa$	4,4 7,9	2,5	–

Sternbild	Stern	Hellig-keiten	Ab-stand	Bemerkungen
		m m		
Jungfrau	ϑ	4,4 9,0″	7″	Dreifach; 3. Stern 10ᵐ in 71″
Kepheus	$\varkappa$	4,4 8,4	7	–
Leier	ε_1	5,1 6,1	3	– } s. Gr. I
„	ε_2	5,1 5,4	2	– } s. Gr. I
Luchs	38	3,9 6,6	3	–
Orion	ζ	2,0 4,2	2,5	Dreifach; Hauptst. gelb, Begl. blau; 3. Stern 10^m in 57″
Perseus	ϑ	4,2 10,0	18	Außerdem Stern $9^m,5$ in 80″ Abstand
Schwan	δ	3,0 6,5	2	Umlaufszeit 540 Jahre
Skorpion	α	1,2 6,5	3	Hauptst. rot, Begl. blau. Durchmesser 480 ⊙ ; Entf. 172 Lj.
Walfisch	γ	3,6 7,4	3	Hauptstern gelb, Begleiter blau
Wasser-mann	ζ	4,4 6,6	2	Beide Sterne weißgelb, Umlaufszeit etwa 600 Jahre
Wasser-schlange	ε	3,5 6,9	3	Hauptst. gelb, Begl. rotgelb. Hauptst. ist eng. Doppelst., Umlaufszeit 15,3 J.
Zwillinge	δ	3,5 8,5	6	Hauptst. gelb, Begl. blau. Entf. 67 Lj.
„	$\varkappa$	3,7 8,2	7	Hauptst. orange, Begl. blaßblau
„	λ	3,2 10,3	10	Hauptst. weiß, Begl. gelblich
Gruppe V: Mit größerem Fernrohr				
Bootes	ζ	4,4 4,8	1,2	Umlaufszeit 123 Jahre
Delphin	β	4,1 5,1	0,5	Umlaufszeit 27 Jahre
Fuhrmann	ϑ	2,7 7,2	3,3	–
Füllen	δ	5,2 5,3	0,3	Umlaufszeit 5,7 Jahre, 3. St. $10^m,2$ in 55″
Haar der Berenike	35	5,2 8,0	1,0	Umlaufszeit 674 Jahre
Jagdhunde	25	5,1 7,0	1,7	Umlaufszeit 220 Jahre
Krone	γ	4,0 7,0	0,5	Umlaufszeit 90 Jahre
Löwe	ι	4,1 7,3	1,0	Umlaufszeit 205 Jahre
Orion	η	3,8 4,8	1,5	–
Schlangen-träger	λ	4,0 6,1	0,7	Umlaufszeit 132 Jahre
Schwan	μ	4,7 6,1	1,6	Umlaufszeit 500 Jahre (s. Gruppe II)
Zwillinge	η	3,2 7,3	1,4	Hauptstern veränderlich

Sternhaufen und Nebel (auf den Karten mit → bezeichnet)

Die Helligkeitsangaben schwanken sehr stark in verschiedenen Quellen. Die Sichtbarkeitsbedingungen der folgenden Objekte hängen außerdem noch stark von den örtlichen Bedingungen ab.

Gruppe I: mit bloßem Auge sichtbar

Sternbild	Name oder M=Messier Nr. od. NGC Nr.	Hellig-keit	Durch-messer in ′	Entfern. Lichtjahre	Durchm.	R. G. km/sec	Zahl d. Verän-derl.	Bemerkungen
1. Offene Sternhaufen								
		m						
Stier	Plejaden M 45	1,0	100	500	15	—	—	160 Sterne 3^m—14^m
Krebs	Praesepe M 44	3,8	95	500	14	—	—	577 Sterne 6^m—17^m, Raumgeschw. 30 km/sec
Perseus	h (869)	4,4	36	4 400	46	—	—	350 Sterne 7^m—12^m
"	χ (884)	4,7	36	4 400	46	—	—	350 Sterne 7^m—12^m
Gr. Hund	M 41 (2287)	4,9	30	1 600	14	—	—	150 Sterne 8^m—11^m, 4° südl. Sirius
Schiff	(2422)	4,6	25	2 300	17	—	—	50 Sterne
Einhorn	(2244)	4,8	40	1 500	17	—	—	16 Sterne, nebl. Haufen um Stern 12
2. Kugelsternhaufen								
Herkules	M 13 (6205)	5,8	10	34 000	99	−228	7	30 000 Sterne gezählt; Masse zu 110 000 ⊙ geschätzt
"	M 92 (6341)	6,1	8	36 000	84	−118	14	—
Jagdhunde	M 3 (5272)	6,4	10	40 000	116	−150	200	Masse etwa 70 000 Sonnen
Schlange	M 5 (5904)	6,2	13	36 000	136	+ 45	70	15 000 Sterne gezählt
Schütze	M 22 (6656)	5,7	17	22 000	109	—	21	70 000 Sterne gezählt (für uns tief im Süden)
"	M 55 (6809)	6,4	10	29 000	84	—	2	(für uns sehr tief im Süden)
Wassermann	M 2 (7089)	6,3	8	46 000	107	−3	10	—
3. Spiralnebel								
Andromeda	M 31 (224)	4,3	400×91	1 800 000	75 000	−300	> 700	über 130 Novae, Masse zu $3{,}7 \times 10^{11}$ ⊙ geschätzt
4. Gasnebel								
Orion	M 42 (1976)	1,8	3°	1 700	89	—	—	Masse neuerdings zu 10 Sonnen gesch.

Gruppe II: im Feldstecher erkennbar

Sternbild	Name oder M=Messier Nr. od. NGC Nr.	Hellig-keit	Durch-messer in ′	Entfern. Lichtjahre	Durchm.	R. G. km/sec	Zahl d. Verän-derl.	Bemerkungen
1. Offene Sternhaufen								
		m						
Andromeda	(752)	5,8	45	1 300	17	—	—	70 Sterne
Einhorn	M 50 (2323)	6,2	10	1 600	5	—	—	100 Sterne
„	(2548)	5,3	30	2 000	17	—	—	80 Sterne
„	(2301)	6,2	15	1 600	7	—	—	60 Sterne
Krebs	M 67 (2682)	6,2	15	3 700	16	—	—	67 Sterne
Schiff	M 46 (2437)	5,6	24	3 700	26	—	—	150 Sterne
Schlangen-träger	(6633)	5,7	20	1 000	6	—	—	65 Sterne
Schwan	M 39 (7092)	5,2	30	500	4	—	—	25 Sterne
Skorpion	M 6 (6405)	4,7	25	1 200	9	—	—	50 Sterne } bei uns immer **sehr** tief am Südhimmel
„	M 7 (6475)	4,9	60	800	14	—	—	50 Sterne }
Schild	M 11 (6705)	5,8	10	4 000	12	—	—	200 Sterne
Zwillinge	M 35 (2168)	5,8	40	1 600	19	—	—	120 Sterne
2. Kugelsternhaufen								
Haar der Berenike	M 53 (5024)	7,6	3	60 000	52	− 112	42	—
Pegasus	M 15 (7078)	6,5	7	42 000	88	− 114	74	—
Skorpion	M 4 (6121)	6,2	14	23 000	94	—	33	für uns tief im Süden
Schlangen-träger	M 10 (6254)	6,7	8	36 000	84	+ 73	—	—
„	M 12 (6218)	6,6	9	36 000	94	+ 36	—	—
„	M 19 (6273)	6,6	4	53 000	62	+ 102	—	bleibt für uns tief im Süden
Steinbock	M 30 (7099)	8,4	6	47 000	82	− 164	3	bleibt für uns tief im Süden
3. Spiralnebel								
Dreieck	M 33 (598)	6,7	60	1 800 000	26 800	− 167	55	6 Novae, Masse etwa 10^{10} Sonnen
Jagdhunde	M 51 (5194)	8,1	12	6,0 Mill.	21 000	+ 250	—	etwa 10^{10} Sonnenmassen
Löwe	M 96 (3368)	9,1	7	11,4 Mill.	23 200	+ 940	—	—
Haar der Berenike	M 100 (4321)	10,6	3	14 Mill.	13 200	+1650	—	—
4. Gasnebel								
Schütze	M 8 (6523)	5,8	25	4 500	15	+ 8	—	für uns tief im Süden

Einige Zahlen aus dem Reich der Sterne

1. Die Erde

Länge der Erdachse (Polardurchmesser)	12 713,8	km
Länge des Äquatordurchmessers	12 756,8	km
Abplattung	1 : 297,0	
Oberfläche der Erde	509 950 700	km²
Wasseroberfläche	71%	
Landoberfläche	29%	
Gesamtmasse der Erde in g	$5{,}97 \times 10^{27}$	g
Gesamtrauminhalt	$1{,}08 \times 10^{12}$	km³
Mittlere Dichte der Erde	5,53	
Größte Höhe über dem Meere	8882	m
Größte Meerestiefe	10 793	m
Mittlere Geschwindigkeit in der Bahn um die Sonne	29,8	km/sec
Dauer der Bewegung des Äquatorpoles um den Pol der Ekliptik (Präzession)	26 000	Jahre
Schiefe der Ekliptik (1970,0)	23°26′35″,47	
Alter der Erde mindestens	4,5 Milliarden	Jahre

2. Der Mond

Mittlere Entfernung von der Erde (60,266 Erdradien)	384 404	km
Scheinbarer Durchmesser in mittlerer Entfernung	31′5″,16	
Wahrer Durchmesser	3476	km
Oberfläche (Erde = 1)	1 : 13,5	
Volumen (Erde = 1)	1 : 49,4	
Dichte (Erde = 1)	0,606	
Masse (Erde = 1)	1 : 81,93	
Größte Höhe der Mondberge	8500	m
Geschwindigkeit in der Bahn um die Erde	1,023	km/sec
Neigung der Mondbahn gegen die Ekliptik	5°8′43″,3	
Umlaufszeit (siderisch, d. h. bezogen auf die Fixsterne)	27,32166	Tage
Umlaufszeit (synodisch, d. h. bezogen auf die gleiche Phase)	29,53059	Tage
Helligkeit des Vollmondes	$-12^{m},55$	
Intensitätsverhältnis Vollmond: Sonne	1 : 468 000	
Zahl der von der Erde aus beobachteten Mondkrater auf der Vorderseite	etwa 33 000	
Alter des Mondes mindestens	4,5 Milliarden	Jahre

3. Die Sonne

Mittlere Entfernung v. d. Erde (etwa 110 Sonnendurchmesser)	149 598 000	km
Scheinbarer Durchmesser in mittlerer Entfernung	31′59″,26	
Wahrer Durchmesser (etwa 109 Erddurchmesser)	1 391 000	km
Oberfläche (Erde = 1)	11 918	
Volumen (Erde = 1)	1 301 200	
Dichte (Erde = 1)	0,255	
Masse (Erde = 1)	332 270	
Masse in g	$1{,}991 \times 10^{33}$	g
Temperatur an der Sonnenoberfläche	5950	°C
Temperatur im Kern der Sonne etwa	20 Millionen	°C
Temperatur in den Sonnenflecken etwa	4700	°C
Periode der Sonnenflecken	11,07	Jahre
Letztes Sonnenfleckenminimum	1964,8	
Letztes Sonnenfleckenmaximum	1969,1	
Größter beobachteter Sonnenfleckendurchmesser	230 000	km
Dauer der Sonnenrotation etwa	25–33	Tage
Größte Höhe der Sonnenprotuberanzen	1 600 000	km
Größte beob. Geschwindigkeit in den Protuberanzen etwa	700	km/sec
Solarkonstante in Gramm-Kalorien pro cm² pro Minute	1,93	
Geschwindigkeit der Sonne in ihrer Bahn um das Zentrum der Milchstraße	220	km/sec
Alter der Sonne mindestens	4,5 bis 5 Milliarden	Jahre

4. Die Planeten

	Merkur	Venus	Erde	Mars	Jupiter	Saturn	Uranus	Neptun	Pluto
Mittlere Entfernung v. d. Sonne in Millionen km	57,9	108,2	149,6	227,9	778,3	1428	2872	4498	5910
(Sonne–Erde = 1)	0,39	0,72	1,00	1,52	5,20	9,55	19,20	30,09	39,52
Äquatordurchmesser in km	4840	12 228	12 756	6770	140 720	116 820	53 400	49 700	3000
Umlaufszeit (siderisch) in Tagen od. Jahren	87,97	224,70	365,26	686,98	11,86 J.	29,46 J.	84,02 J.	164,79 J.	247,70 J.
Neigung der Bahnebene gegen die Ekliptik	7° 0′	3° 24′	–	1° 51′	1° 18′	2° 29′	0° 46′	1° 46′	17° 8′
Volumen (Erde = 1)	0,06	0,88	1,00	0,15	1347	770	51	43	0,1 ?
Masse (Erde = 1)	0,05	0,81	1,00	0,11	317,4	95,1	14,5	17,6	0,9 ?
Dichte (Erde = 1)	1,02	0,92	1,00	0,72	0,24	0,12	0,29	0,40	?
Zahl der Monde (1983)	0	0	1	2	16	17	5	2	1
Mittlere Helligkeit *	$-1^{m},7$	$-3^{m},8$	–	$-2^{m},0$	$-2^{m},6$	$+0^{m},7$	$+5^{m},5$	$+7^{m},8$	$+14^{m},9$

* Für Merkur und Venus bei größter Elongation, für die anderen Planeten in mittlerer Opposition.

5. Die wichtigsten Sternarten

Typ	Name	Spektr.	Wahrer Durchm. ⊙ = 1	scheinb. Durchm. ″	Masse ⊙ = 1	Dichte Wasser = 1
Über-giganten	Antares	M	285*	0,040	30	3×10^{-7}
	Beteigeuze	M	300–420*	0,048	15	6×10^{-7}
Riesen	Kapella	G	12	0,007	4,2	0,0024
	Arkturus	K	23*	0,020	8	0,0003
	Aldebaran	K	36*	0,020	4	2×10^{-5}
Zwerge	Sirius	A	1,8	0,006	2,4	0,42
	α Centauri	G	1,0	0,007	1,1	1,1
	70 Ophiuchi	K	1,0	0,002	0,9	0,9
Weiße Zwerge	o_2 Eridanus B	A	0,019		0,44	1×10^{5}
	Sirius B	wA	0,030		0,85	4×10^{4}
	v. Maanens ⁂	F	0,017		0,14	4×10^{5}

* sind interferometrisch gemessene Durchmesser
1 Lichtjahr = $9,460\times10^{12}$ km
1 Parsec = 3,260 Lichtjahre = $3,084\times10^{13}$ km

6. Die 18 nächsten Sterne

Name	scheinb. Helligkt.	absolute Helligkt.	Parall.	Entf. in Lichtj.	Eigen-beweg.	Spektr.
	m	m	″		″	
Prox. Centauri	11,3	15,7	0,762	4,3	3,36	M
α Centauri A	0,3	4,7	0,756	4,3	3,36	G
„ B	1,7	6,1	0,756	4,3	3,85	K
+4.° 3561	9,5	13,1	0,543	6,0	3,67	M
Luyten 726–8A	12,4	16,2	0,500	6,5	3,67	M
Luyten 726–8B	13,0	16,7	0,500	6,5	10,25	M
Wolf 359	13,5	16,5	0,403	8,0	4,76	M
+36.2147	7,5	10,4	0,388	8,4	4,78	M
Sirius A	−1,6	1,4	0,375	8,6	1,32	A
„ B	8,5	11,4	0,375	8,6	1,32	wA
Roß 154	10,5	13,2	0,350	9,3	0,67	M
Innes Stern	12	14,7	0,340	9,6	2,69	—
L. 789–6	12,3	14,9	0,328	9,9	3,27	M
Roß 248	12,2	14,7	0,314	10,4	1,82	M
ε Eridani	3,8	6,2	0,305	10,7	0,98	K
τ Ceti	3,7	6,0	0,298	10,9	1,92	G
61 Cygni A	5,4	7,7	0,296	11,0	5,20	K
„ B	6	8,4	0,296	11,0	5,20	K

7. Verzeichnis der wichtigsten in Europa beobachtbaren Meteorströme
(geordnet nach dem Datum des Maximums, nach C. Hoffmeister)

Bezeichnung	Radiant	Beobachtungs-zeitraum	Datum und Art des Maximums		Bemerkung
Quadrantiden	227° +46°	–	Jan. 3,	spitz	Charakter unbekannt
Hydraiden	184 −27	März 12–April 5	März 25,	flach	Zweig der Virginiden ¹)
Virginiden	200 − 6	März 1–Mai 10	April 3,	flach	ekliptikal. Strom
Lyriden	273 +35	April 12–April 24	April 22,	spitz u. schmal	Komet 1861 I ²)
Mai-Aquariden	338 − 1	April 29–Mai 21	Mai 5,	spitz	Komet Halley ³)
Scorpius-Sagittariiden	270 −30	April 20–Juli 30	Juni 14,	mäßig	ekliptikal. Strom
Juli-Aquariden	343 −17	Juli 25–Aug. 10	Aug. 3,	spitz	ekliptikal. Strom
Perseiden	43 +56	Juli 20–Aug. 19	Aug. 11,	spitz	Komet 1862 III ⁴)
Cygniden	324 +51	Juli 25–Sept. 8	Aug. 16,	sehr flach	planetarisch ⁵)
Cepheiden	308 +64	–	Aug. 18,	sehr flach	Zweig der Cygniden ⁵)
Pisciden	0 + 4	Aug. 16–Okt. 8	Sept. 12,	flach	ekliptikal. Strom
Orioniden	94 +16	Oktober 11–30	Okt. 19,	mäßig spitz	Komet Halley
Tauriden	58 +21	Sept. 24–Dez. 10	Nov. 13,	mäßig flach	ekliptikal. Strom
Leoniden	151 +21	November 11–20	Nov. 16,	mäßig spitz	Komet 1866 I (instabil) ⁶)
Geminiden	113 +30	Dezember 5–19	Dez. 12,	spitz	ekliptikal. Strom

¹) nicht sehr auffällig; ²) Dauer kurz; Maximum kann nicht jedes Jahr erfaßt werden; ³) in höheren Nordbreiten schwer zu beobachten; ⁴) stärkster Strom des Jahres; ⁵) schwacher Strom; ⁶) infolge von Störungen der Bahn durch Jupiter jetzt unbedeutend.

Vollständiges Verzeichnis der Messier-Objekte

1 Messier	2 NGC-Nr.	3 Typ	4 Objekt	5 Helligkeit	6 Abmessung in Bogenminuten	7 Sternbild	8a Rektazension 1950	8b Deklination 1950
M 1	1952	Planetarischer Nebel	F	9^m	6′ × 4′	Stier	$05^h31^m{,}5$	+ 21° 59′
M 2	7089	Kugelsternhaufen	F	7	12	Wassermann	21 30,9	– 01 03
M 3	5272	Kugelsternhaufen	F	7	19	Jagdhunde	13 39,9	+ 28 38
M 4	6121	Kugelsternhaufen	A	6	23	Skorpion	16 20,6	– 26 24
M 5	5904	Kugelsternhaufen	F	6	20	Schlange	15 16,0	+ 02 16
M 6	6405	Offener Sternhaufen	F	6	26	Skorpion	17 36,7	– 32 11
M 7	6475	Offener Sternhaufen	A	5	50	Skorpion	17 50,6	– 34 48
M 8	6523	Diffuser Nebel	F	6	90 × 40	Schütze	18 00,7	– 24 23
M 9	6333	Kugelsternhaufen	T	6	8	Schlangenträger	17 16,2	– 18 28
M 10	6254	Kugelsternhaufen	F	7	12	Schlangenträger	16 54,5	– 04 02
M 11	6705	Offener Sternhaufen	A	6	12	Schild	18 48,4	– 06 20
M 12	6218	Kugelsternhaufen	F	7	12	Schlangenträger	16 44,6	– 01 52
M 13	6205	Kugelsternhaufen	F	6	23	Herkules	16 39,9	+ 36 33
M 14	6402	Kugelsternhaufen	T	9	7	Schlangenträger	17 35,0	– 03 13
M 15	7078	Kugelsternhaufen	F	7	12	Pegasus	21 27,6	+ 11 57
M 16	6611	Offener Sternh. + Diff. Neb.	F	7	8	Schlange	18 16,0	– 13 48
M 17	6618	Offener Sternh. + Diff. Neb.	T		46 × 37	Schütze	18 17,9	– 16 12
M 18	6613	Offener Sternhaufen	F	7	7	Schütze	18 17,0	– 17 09
M 19	6273	Kugelsternhaufen	F	8	5	Schlangenträger	16 59,5	– 26 11
M 20	6514	Diffuser Nebel	F		29 × 27	Schütze	17 59,6	– 23 02
M 21	6531	Offener Sternhaufen	F	7	12	Schütze	18 01,6	– 22 30
M 22	6656	Kugelsternhaufen	A	6	17	Schütze	18 33,3	– 23 58
M 23	6494	Offener Sternhaufen	F	7	27	Schütze	17 53,9	– 19 01
M 24	6603	Offener Sternhaufen	A	5	90	Schütze	18 14,0	– 18 30
M 25	IC 4725	Offener Sternhaufen	F	6	35	Schütze	18 28,8	– 19 17
M 26	6694	Offener Sternhaufen	T	8	9	Schild	18 42,5	– 09 27
M 27	6853	Planetarischer Nebel	T	8	8 × 4	Füchschen	19 57,5	– 22 35
M 28	6626	Kugelsternhaufen	T	8	15	Schütze	18 21,5	– 24 54
M 29	6913	Offener Sternhaufen	F	7	7	Schwan	20 22,1	+ 38 22
M 30	7099	Kugelsternhaufen	F	8	9	Steinbock	21 37,5	– 23 25

M 31	224	Spiralgalaxis	A	4	160 × 40	Andromeda	00 40,0	+ 41 00
M 32	221	Elliptische Galaxis	T	9	3 × 2	Andromeda	00 40,0	+ 40 36
M 33	598	Spiralgalaxis	F	6	60 × 40	Dreieck	01 31,1	+ 30 24
M 34	1039	Offener Sternhaufen	F	6	30	Perseus	02 38,8	+ 42 34
M 35	2168	Offener Sternhaufen	A	6	29	Zwillinge	06 05,8	+ 24 21
M 36	1960	Offener Sternhaufen	F	6	16	Fuhrmann	05 32,8	+ 34 06
M 37	2099	Offener Sternhaufen	F	6	24	Fuhrmann	05 49,1	+ 32 32
M 38	1912	Offener Sternhaufen	F	7	18	Fuhrmann	05 25,3	+ 35 48
M 39	7092	Offener Sternhaufen	A	5	32	Schwan	21 30,4	+ 48 13
M 40	–	Sterngruppe	T	9	–	Gr. Bärin	12 20,0	+ 58 22
M 41	2287	Offener Sternhaufen	F	6	32	Gr. Hund	06 44,9	– 20 41
M 42	1976	Diffuser Nebel	F		66 × 60	Orion	05 32,9	– 05 25
M 43	1982	Diffuser Nebel	F			Orion	05 33,1	– 05 18
M 44	2632	Offener Sternhaufen	A	4	90	Krebs	08 37,2	+ 20 10
M 45	(Plejaden)	Offener Sternhaufen	A		100	Stier	03 44,5	+ 23 57
M 46	2437	Offener Sternhaufen	F	7	27	Schiffsheck	07 39,6	– 14 42
M 47	2422	Offener Sternhaufen	F	5	25	Schiffsheck	07 34,3	– 14 22
M 48	2548	Offener Sternhaufen	F	6	30	Wasserschlange	08 11,3	– 05 38
M 49	4472	Ellipt. Galaxis	T	9	4	Jungfrau	12 27,3	+ 08 16
M 50	2323	Offener Sternhaufen	F	6	16	Einhorn	07 00,6	– 08 16
M 51	5194-5	Spiralgalaxis	T	9	12 × 6	Jagdhunde	13 27,8	+ 47 27
M 52	7654	Offener Sternhaufen	T	8	13	Kassiopeia	23 22,0	+ 61 19
M 53	5024	Kugelsternhaufen	T	8	14	Haar d. Berenike	13 10,5	+ 18 26
M 54	6715	Kugelsternhaufen	T	8	6	Schütze	18 52,0	– 30 32
M 55	6809	Kugelsternhaufen	T	6	15	Schütze	19 36,9	– 31 03
M 56	6779	Kugelsternhaufen	T	9	5	Leier	19 14,6	+ 30 05
M 57	6720	Planetarischer Nebel	T	9	1 × 1	Leier	18 51,8	+ 32 58
M 58	4579	Spiralgalaxis	T	10	4 × 3	Jungfrau	12 35,1	+ 12 05
M 59	4621	Ellipt. Galaxis	T	10	3 × 2	Jungfrau	12 39,5	+ 11 55
M 60	4649	Ellipt. Galaxis	T	10	4 × 3	Jungfrau	12 41,1	+ 11 49
M 61	4303	Spiralgalaxis	T	10	6	Jungfrau	12 19,4	+ 04 45
M 62	6266	Kugelsternhaufen	T	7	6	Schlangenträger	16 58,1	– 30 03
M 63	5055	Spiralgalaxis	T	9	8 × 3	Jagdhunde	13 13,5	+ 42 17
M 64	4826	Spiralgalaxis	T	8	8 × 4	Haar d. Berenike	12 54,3	+ 21 57
M 65	3623	Spiralgalaxis	T	10	8 × 2	Löwe	11 16,3	+ 13 23
M 66	3627	Spiralgalaxis	T	9	8 × 2	Löwe	11 17,6	+ 13 17

Vollständiges Verzeichnis der Messier-Objekte

1 Messier	2 NGC-Nr.	3 Typ	4 Objekt	5 Hellig-keit	6 Abmessung in Bogen-minuten	7 Sternbild	8a Rekta-zension 1950	8b Deklina-tion 1950
M 67	2682	Offener Sternhaufen	F	7	18	Krebs	08 48,5	+ 12 00
M 68	4590	Kugelsternhaufen	T	9	9	Wasserschlange	12 36,8	– 26 29
M 69	6637	Kugelsternhaufen	T	8	4	Schütze	18 28,1	– 32 23
M 70	6681	Kugelsternhaufen	T	8	4	Schütze	18 40,0	– 32 21
M 71	6838	Kugelsternhaufen	T	8	6	Pfeil	19 51,5	+ 18 39
M 72	6981	Kugelsternhaufen	T	9	5	Wassermann	20 50,7	– 12 44
M 73	6994	Sterngruppe	T	10	–	Wassermann	20 56,2	– 12 50
M 74	628	Spiralgalaxis	T	9	8	Fische	01 34,0	+ 15 32
M 75	6864	Kugelsternhaufen	T	9	5	Schütze	20 03,2	– 22 04
M 76	650-1	Planetarischer Nebel	T	11	2 × 1	Perseus	01 39,1	+ 51 19
M 77	1068	Spiralgalaxis	T	9	6	Wal	02 40,1	– 00 14
M 78	2068	Diffuser Nebel	T	8	8 × 6	Orion	05 44,2	+ 00 02
M 79	1904	Kugelsternhaufen	T	8	8	Hase	05 22,2	– 24 34
M 80	6093	Kugelsternhaufen	F	8	3	Skorpion	16 14,1	– 22 52
M 81	3031	Spiralgalaxis	F	8	16 × 10	Gr. Bärin	09 51,5	+ 69 18
M 82	3034	Spiralgalaxis	T	9	9 × 4	Gr. Bärin	09 51,9	+ 69 56
M 83	5236	Spiralgalaxis	T	8	10 × 8	Wasserschlange	13 34,3	– 29 37
M 84	4374	Elliptische Galaxis	T	9	2	Jungfrau	12 22,6	+ 13 10
M 85	4382	Elliptische Galaxis	T	9	4 × 2	Haar d. Berenike	12 22,8	+ 18 28
M 86	4406	Elliptische Galaxis	T	9	2 × 1	Jungfrau	12 23,7	+ 13 13
M 87	4486	Elliptische Galaxis	T	9	2	Jungfrau	12 28,3	+ 12 40
M 88	4501	Spiralgalaxis	T	9	5 × 2	Haar d. Berenike	12 29,5	+ 14 42
M 89	4552	Elliptische Galaxis	T	10	2	Jungfrau	12 33,1	+ 12 50
M 90	4569	Spiralgalaxis	T	9	7 × 3	Jungfrau	12 34,3	+ 13 26
M 91	4548	Spiralgalaxis	T	10	4	Haar d. Berenike	12 32,9	+ 14 46
M 92	6341	Kugelsternhaufen	F	7	12	Herkules	17 15,6	+ 43 12
M 93	2447	Offener Sternhaufen	F	6	18	Schiffsheck	07 42,4	– 23 45
M 94	4736	Spiralgalaxis	T	8	7 × 3	Jagdhunde	12 48,6	+ 41 23
M 95	3351	Spiralgalaxis	T	9	3	Löwe	10 41,3	+ 11 58
M 96	3368	Spiralgalaxis	T	10	6 × 4	Löwe	10 44,2	+ 12 05

M 97	3587	Planetarischer Nebel	T	11	3	Gr. Bärin	11 11,9	+ 55 18
M 98	4192	Spiralgalaxis	T	10	8 × 2	Haar d. Berenike	12 11,3	+ 15 11
M 99	4254	Spiralgalaxis	T	10	4	Haar d. Berenike	12 16,3	+ 14 42
M 100	4321	Spiralgalaxis	T	9	5	Haar d. Berenike	12 20,4	+ 16 06
M 101	5457	Spiralgalaxis	T	8	22	Gr. Bärin	14 01,4	+ 54 35
M 102	5866	Spiralgalaxis	T	11		Drache	15 05,1	+ 55 57
M 103	581	Offener Sternhaufen	F	6	6	Kassiopeia	01 29,9	+ 60 26
M 104	4594	Spiralgalaxis	T	8	6 × 2	Jungfrau	12 37,3	− 11 21
M 105	3379	Elliptische Galaxis	T	10	2	Löwe	10 45,2	+ 12 51
M 106	4258	Sprialgalaxis	T	8	19 × 8	Jagdhunde	12 16,5	+ 47 35
M 107	6171	Kugelsternhaufen	T	9	3	Schlangenträger	16 29,7	− 12 57
M 108	3556	Spiralgalaxis	T	10	8 × 1	Gr. Bärin	11 08,7	+ 55 57
M 109	3992	Spiralgalaxis	T	10	7 × 4	Gr. Bärin	11 55,0	+ 53 39
M 110	205	Elliptische Galaxis	T	8	10 × 5	Andromeda	00 37,6	+ 41 25

Anmerkung: Halbfett gedruckte M-Nummern bedeuten: Diese Objekte sind mit kleineren Instrumenten leicht zu finden.

Angaben in Spalte 4: A = mit bloßem Auge in klarer, mondscheinloser Nacht wahrnehmbar
F = im Fernglas sichtbar
T = teleskopische Objekte

M 1 = Krebsnebel
M 8 = Lagunennebel
M 13 = Herkuleshaufen
M 17 = Omeganebel
M 20 = Trifidnebel
M 27 = Hantelnebel
M 31 = Andromedanebel

M 42 = Großer Orionnebel
M 44 = Praesepe oder Krippe
M 45 = Plejaden
M 51 = Wirbel- oder Strudelnebel
M 57 = Ringnebel
M 97 = Eulennebel
M 104 = Sombreronebel

Literatur

1. Einführende Bücher

BARAVALLE, Hermann von: Die Erscheinungen am Sternenhimmel; Stuttgart 1962, V. Freies Geistesleben

BOURGE, Pierre et LACROUX, Jean: Observer le ciel à l'oeil nu et aux jumelles; Paris 1982, Bordas

BRANDT, Rudolf † u.a.: Himmelsbeobachtungen mit dem Fernglas; Leipzig 1983, Johann Ambrosius Barth

BÜDELER, Werner: Den Sternen auf der Spur; Gütersloh 1963, C. Bertelsmann

EKRUTT, Joachim W.: Ekrutts Sterne-Kompass; München 1984, Gräfe und Unzer

EYNERN, Peter von: Das Taschenbuch vom Sternenhimmel; München 1972, Wilhelm Heyne

GERSTENBERGER, Max: Astronomie des Alltags; Stuttgart 1976, Franckh'sche Verlagshandlung

GIESE, Richard-Heinrich: Einführung in die Astronomie; Darmstadt 1981, Wissenschaftliche Buchgesellschaft

GRIESSER, Markus: Die Welt der Sterne; Bern + Stuttgart 1979, Hallwag

HERRMANN, Dieter B.: Das Sternguckerbuch; Berlin 1981, V. Neues Leben

HERRMANN, Joachim: Meyers großes Sternbuch für Kinder; Mannheim 1981, Bibliographisches Institut

LINDNER, Klaus: Astronomie selbst erlebt; Köln 1977, Aulis Verlag Deubner

OBERNDORFER, Hans: Schau mal in die Sterne, Stuttgart 1984, Franckh'sche Verlagshandlung

RÜKL, Antonin: Welten, Sterne und Planeten; München 1979, Mosaik

SCHULTZ, Joachim: Rhythmen der Sterne; Dornach 1963, Philosophisch-Anthroposophischer Verlag am Goetheanum

STEIN, Walter: Das Kleine Sternenbuch; Bielefeld 1975, Klasing + Co.

THÖNE, Karl: Einführung in die Astronomie. Bern + Stuttgart 1971, Hallwag

2. Kalender

AHNERT, Paul: Kalender für Sternfreunde . . . ; Leipzig, Johann Ambrosius Barth

BURGAT, Wilhelmine: Der Sternenhimmel . . . ; Aarau + Frankfurt/M, Sauerländer

KELLER, Hans-Ulrich: Das Himmelsjahr . . . ; Stuttgart, Franckh'sche Verlagshandlung

VETTER, Suso: Sternenkalender . . . ; Dornach, Philosophisch-Anthroposophischer Verlag am Goetheanum

3. Atlanten und Karten

KLEPEŠTA, Josef und RÜKL, Antonin: Taschenatlas der Sternbilder; Hanau 1975, Werner Dausien

LEWIS, H. A. G.: The Times Atlas of the Moon; London 1969, Times Newspapers Ltd., Printing House Square

MARX, Siegfried und PFAU, Werner: Sternatlas (1975,o); Leipzig 1974, Johann Ambrosius Barth

ROTH, Günter D.: Sterne und Sternbilder; München 1982, BLV Verlagsgesellschaft

RÜKL, Antonin: Mond-Mars-Venus Taschenatlas; Hanau 1977, Werner Dausien

SCHAIFERS, Karl: Schurig-Götz Himmelsatlas (1950,o); Mannheim/Wien/Zürich 1960, Bibliographisches Institut

SCHWARZENBACH, Hans u.a.: Der Mond – La Lune – The Moon – La Luna. Vorder- und Rückseite des Mondes (∅ 690 mm) mit Textheft; Bern 1980, Hallwag

VEHRENBERG, Hans: Mein Messierbuch – Atlas der schönsten Himmelsobjekte; Düsseldorf 1978³, Treugesell

VEHRENBERG, Hans und BLANK, Dieter: Handbuch der Sternbilder; Düsseldorf 1981, Treugesell

VOIGT, A. und GIEBLER, Heinrich: Berliner Mondatlas in 107 fotografischen Blättern; Berlin ■, Wilhelm Foerster-Sternwarte

WOLF, Hellmuth: Erdmond. Vorderseite/Rückseite. (∅ 452 mm) Gotha/Leipzig 1977/VEB Hermann Haack

4. Drehbare Sternkarten

BOURGE, Pierre: Carte Céleste Mobile „Miniciel"; Paris 1976, Maison de l'Astronomie, 35, rue de Rivoli, F-75004 Paris

HEERMANN, Hanns-Joachim: Drehbare Kosmos-Sternkarte mit Planetenzeiger (∅ 212 mm); Stuttgart, Franckh'sche Verlagshandlung

MARX, Siegfried und PFAU, Werner: Drehbare Sternkarte (∅ 257 mm); Leipzig, Johann Ambrosius Barth
SCHULTZ, Joachim: Drehbare Sternkarte „Zodiak" (∅ 237 mm); Dornach, Mathematisch-Astronomische Sektion am Goetheanum
SUTER, H.: Drehbare Sternkarte SIRIUS. Kleines Modell (∅ 166 mm); Bern und Stuttgart, Hallwag. Großes Modell (∅ 288 mm); Bern und Stuttgart, Hallwag
ZENKERT, Arnold (wissenschaftliche Bearbeitung) und HEERMANN, Hanns-Joachim (Texte): Orion, Drehbare Sternkarte, Stuttgart 1984, Franckh'sche Verlagshandlung

5. Astrofotografie

BOURGE, Pierre e.a.: La Photographie Astronomique d'Amateur; Paris 1979, Paul Montel
GRIESSER, Markus: Himmelsfotografie; Bern und Stuttgart 1974, Hallwag
KARKOSCHKA, Erich u.a.: Astrofotografie; Stuttgart 1980, Franckh'sche Verlagshandlung
KNAPP, W. und HAHN, Hermann-Michael: Astrofotografie als Hobby; Herrsching 1980,vwi Verlag Gerhard Knülle

6. Beobachtungsgeräte

OBERNDORFER, Hans: Fernrohr-Selbstbau. Fenster ins Weltall; Düsseldorf 1979, Treugesell. München 1982, Verlag Sterne und Weltraum
ROHR †, Hans: Das Fernrohr für Jedermann; Zürich 1955, Rascher Verlag
STAUS, Anton: Fernrohrmontierungen und ihre Schutzbauten; München 1983, UNI-Druck, Amalienstr. 85, 8 München 13
WENSKE, Kurt: Spiegeloptik; Mannheim 1969, Bibliographisches Institut, jetzt München, Verlag Sterne und Weltraum Dr. Vehrenberg GmbH

7. Lexika und Tabellen

AHNERT, Paul: Kleine praktische Astronomie; Leipzig 1983, Johann Ambrosius Barth
HERRMANN, Joachim: dtv-Atlas zur Astronomie; München 1973, dtv-Verlag
HERRMANN, Joachim: Großes Lexikon der Astronomie; München 1980, Mosaik-Verlag
SCHAIFERS, Karl und TRAVING, Gerhard: Meyers Handbuch über das Weltall; Mannheim/Wien/Zürich 1973, Bibliographisches Institut
STUMPFF, Karl: Das Fischer Lexikon – Astronomie; Frankfurt/M 1957, Fischer
WEIGERT, A. und ZIMMERMANN, Helmut: Brockhaus abc Astronomie; Leipzig 1971, F. A. Brockhaus

8. Gesamtdarstellungen und Einzeldarstellungen

BRIGGS, Geoffrey und TAYLOR, Fredric: Cambridge Fotoatlas der Planeten; Stuttgart 1984, Franckh'sche Verlagshandlung
EKRUTT, Joachim W.: Die Sonne; Hamburg 1981, GEO
GARDNER, Martin: Mathematische Planetenzauberei; Berlin/Frankfurt-M/Wien 1980, Ullstein
HAHN, Hermann-Michael: Zwischen den Planeten; Stuttgart 1984, Franckh'sche Verlagshandlung
HERRMANN, Joachim: Der Amateurastronom; Stuttgart 1976, Franckh'sche Verlagshandlung
KIPPENHAHN, Rudolf: 100 Milliarden Sonnen; München 1980, Piper + Co.
KIPPENHAHN, Rudolf: Licht vom Rand der Welt; Stuttgart 1984, DVA
KÖHLER, Horst W.: Der Mars; Braunschweig 1978, Vieweg
KÖHLER, Horst W.: Die Planeten; Braunschweig 1983, Vieweg
KÜHN, Ludwig: Das Milchstraßensystem; Stuttgart 1978, Wissenschaftliche Verlagsgesellschaft
LEARNER, Richard: Das Teleskop; London 1981, Harrow House. München 1982, Christian
MARX, Siegfried und PFAU, Werner: Sternwarten der Welt; Freiburg/Basel/Wien 1980, Herder
MOORE, Patrick: Der Mond; Freiburg/Basel/Wien 1982, Herder
MULDER, Elisabeth: Sonne, Mond und Sterne; Stuttgart 1980, Verlag Freies Geistesleben
RONAN, Colin A.: Das Kosmosbuch des Weltalls;Stuttgart 1983, Franckh'sche Verlagshandlung
RONAN, Colin A.: Das Kosmosbuch der Sterne; Stuttgart 1982, Franckh'sche Verlagshandlung
ROTH, Günter D.: Taschenbuch für Planetenbeobachter; München 1983, Verlag Sterne und Weltraum
RUDAUX, Lucien et VAUCOULEURS, Gérard de: Astronomie – Les Astres, L'Univers; Paris 1959; Librairie Larousse

RYAN, Peter und PESEK, Ludek: Das Sonnensystem; München 1981, Paul List
SCHAIFERS, Karl: Geschwister der Sonne; Hamburg 1976, Hoffmann und Campe
SCHROEDER, Wolfgang: Praktische Astronomie für Sternfreunde; Stuttgart 1983, Franckh'sche Verlagshandlung
STANEK, Bruno: Das Sonnensystem; Bern und Stuttgart 1977, Hallwag
STRUVE, Otto: Astronomie – Einführung in ihre Grundlagen; Berlin 1962, Walter de Gruyter
THÖNE, Karl: Astronomie als Hobby; München 1974, Wilhelm Goldmann
WALDMEIER, Max: Panoptikum der Sterne; Bern und Stuttgart 1976, Hallwag
WEIGERT, Alfred und WENDKER, Heinrich J.: Astronomie und Astrophysik – ein Grundkurs; Weinheim 1982, Physik-Verlag
WEPNER, Wolfgang: Mathematisches Hilfsbuch für Studierende und Freunde der Astronomie; Düsseldorf (1982), Treugesell
WERNER †, Helmut: Vom Polarstern bis zum Kreuz des Südens; Stuttgart 1960, Gustav Fischer

9. Astronomiegeschichte

BECKER, Friedrich: Geschichte der Astronomie; Mannheim/Wien/Zürich 1980, Bibliographisches Institut
CORNELL, James: Die ersten Astronomen; New York 1981, Charles Scribner's Sons. Basel/Boston/Stuttgart 1983, Birkhäuser
DORSCHNER, Johann u.a.: Astronomie vom Altertum bis heute; Frankfurt/M 1975, Umschau
HERRMANN, Dieter B.: Entdecker des Himmels; Leipzig/Jena/Berlin 1970, Urania
WAERDEN, Bartel Leendert van der: Erwachende Wissenschaft Band 2: Die Anfänge der Astronomie; Basel/Boston/Stuttgart 1980, Birkhäuser

10. Praktische Astronomie

GONDOLATSCH, Friedrich/GROSCHOPF, Gottfried/ZIMMERMANN, Otto:
- Astronomie I – Die Sonne und ihre Planeten; Klett Studienbücher Physik; Stuttgart 1977, Ernst Klett
- Astronomie II Fixsterne und Sternsysteme; Klett Studienbücher Physik; Stuttgart 1979, Ernst Klett

GIESE, Richard H. und HEINKE, Werner: Astronomie III. Übungsaufgaben aus Astronomie und Raumfahrt mit ausführlichen Lösungen; Klett Studienbücher Physik; Stuttgart 1979, Ernst Klett
FUCHS, Peter/HAUPT, Klaus-Peter/LOOSE, Hans-Hermann: Astronomie IV Praktikum mit 15 Versuchsaufgaben; Klett Studienbücher Physik; Stuttgart 1981, Ernst Klett
MINNAERT, M. G. J.: Practical Work in Elementary Astronomy; Dordrecht 1969, D. Reidel Publishing Company
ZIMMERMANN, Otto: Astronomische Aufgaben für den Physikunterricht; Mannheim 1966, Bibliographisches Institut
ZIMMERMANN, Otto: Astronomisches Praktikum I und II für Arbeitsgemeinschaften und zum Selbstunterricht; Mannheim 1969, Bibliographisches Institut

11. Zeitschriften

l'Astronomia (11×): Edizioni di l'Astronomia, L.go Risorgimento, 6, I-20090 Trezzano sul Naviglio (Mi)
l'Astronomie (12×): Société Astronomique de France (SAF), 3, rue Beethoven, F-75016 Paris
Astronomie und Raumfahrt (6×): Kulturbund der DDR; Zeitungsvertriebsamt, Abt. Export, Straße der Pariser Kommune 3 – 4, DDR-1017 Berlin
Astronomy (12×): AstroMedia Corp., 411 E. Mason St., P.O. Box 92788, Milwaukee, Wi 53202, USA
Ciel et Espace (12×): Association Française d'Astronomie (AFA), 115, rue de Charenton, F-75012 Paris
Orion (6×): Schweizerische Astronomische Gesellschaft (SAG), Zentralsekretariat der SAG, Andreas Tarnutzer, Hirtenhofstr. 9, CH-6005 Luzern
Sky and Telescope (12×): Sky Publishing Corporation, 49 Bay State Rd., Cambridge, Mass. 02238-1290, USA
Die Sterne, Zeitschrift für alle Gebiete der Himmelskunde (6×): Verlag Johann Ambrosius Barth, DDR-7010 Leipzig, Salomonstraße 18 b
Sterne + Weltraum, Astronomische Monatsschrift (11×): Verlag Sterne und Weltraum Dr. Vehrenberg GmbH, Portiastr. 10, D-8000 München 90
Der Sternenbote, Österreichische Astronomische Monatsschrift (12×): Astronomisches Büro, Hermann Mucke, Hasenwartgasse 32, A-1238 Wien

Sach- und Namenverzeichnis

Das Verzeichnis enthält nicht die Sternbildnamen. Sie sind zu finden im Kleinen Sternbilder-ABC, S. 17–30. Die Namen der Mondkrater befinden sich auf der Rückseite der Mondkarte am Schluß des Buches.